U0610173

向家坝地下电站工程实践

刘益勇　王毅　景茂贵　易志　王爱国　等　编著

中国三峡出版传媒

中国三峡出版社

图书在版编目（CIP）数据

向家坝地下电站工程实践／刘益勇等编著 . —北京：中国三峡出版社，2021.6
ISBN 978－7－5206－0187－0

Ⅰ.①向… Ⅱ.①刘… Ⅲ.①地下水电站-工程施工 Ⅳ.①TV745

中国版本图书馆 CIP 数据核字（2021）第 006140 号

中国三峡出版社出版发行

（北京市通州区新华北街 156 号　101100）

电话：（010）57082645　57082640

http://media. ctg. com. cn

北京中科印刷有限公司印刷　新华书店经销

2021 年 12 月第 1 版　2021 年 12 月第 1 次印刷

开本：787 毫米×1092 毫米　1/16　印张：19

字数：474 千字

ISBN 978－7－5206－0187－0　定价：138 元

前　言

金沙江是我国最大的水电基地，是"西电东送"的主力。向家坝水电站是金沙江下游河段规划的最末一个梯级，坝址位于四川省宜宾县和云南省水富县交界处，距下游宜宾市33km，离水富县城1.5km。工程枢纽主要由挡水建筑物、泄洪消能建筑物、冲排沙建筑物、左岸坝后电站、右岸地下电站、通航建筑物及灌溉取水口等组成，总装机容量6400MW，装机规模在已投产电站中位列中国第三、世界第四。

向家坝右岸地下电站由引水系统、厂房系统、尾水系统三大部分组成，位于右岸坝肩上游山体内，共布置了体型各异、大小不等的120余条洞室，其中特大型洞室18条，这些洞室纵横交错、平竖相贯，组成了复杂的大型地下洞室群。地下电站洞室群跨度大、边墙高，多项技术指标位居世界前列：主厂房岩锚梁以上开挖跨度33.4m，岩锚梁以下开挖跨度31.4m，开挖高度85.5m；引水隧洞开挖直径16.3m，压力钢管直径14.4m；变顶高尾水隧洞最大开挖断面24.3m×38.15m（宽×高）。

向家坝右岸地下电站施工难度大：工程区域缓倾角岩层及层间结构面、软弱夹层对大洞室大跨度顶拱稳定不利；垂直节理裂隙与水平层状节理裂隙切割，容易影响边墙稳定；主厂房距水库岸坡最近距离仅为95m左右，且河床边坡卸荷区裂隙较为发育，周围裂隙岩体的非均质性和各向异性以及大量排水孔的渗流溢出面难以确定，地下水较丰富，且具有侵蚀性及低瓦斯等特性，较其他类似工程渗流问题要复杂许多；地下厂房安装采用的是目前已建、在建和拟建工程中起吊重量最大的桥式起重机之一，岩壁梁承载要求高；施工通道均在进厂交通洞派生，通道出口布置集中，通道长、转弯多，通风散烟难度大，且有易燃易爆、有毒有害的瓦斯气体；变顶高尾水隧洞取代传统的尾水调压室，目前国内仅有三峡、彭水、向家坝三座水电站采用了这项技术，需要确保安全性、可实施性。

针对向家坝右岸地下电站建设中的突出技术问题，参建各方高度重视，认真对待，通过提前研究、严格设计、动态控制、综合处理，有效解决了超大规模地下厂房洞室群的围岩稳定、近库厂房渗流控制、大吨位岩壁梁设计、洞室群瓦斯防治和变顶高尾水隧洞设计等关键技术问题，积累了宝贵的经验，可供同类工程借鉴和推广应用。

本书共分为9章：

第1章简要介绍了工程概况、地质条件、工程布置和施工规划等。

第2章介绍地下电站引水系统，重点论述了土石方开挖所面临的倒悬体开挖与支护、渣料入江、引水隧洞断面大、55°斜井且空间拐弯、石方洞室开挖成型难、混凝土浇筑安全风险大等施工重难点。

第3章介绍地下电站厂房系统，详细说明了主厂房顶拱稳定、岩锚梁开挖、高边墙开挖、蜗壳混凝土浇筑、混凝土温控、施工通道布置等重点技术问题及措施。

第4章介绍地下电站尾水系统，详细说明了尾水扩散段特殊开挖、尾水岔洞开挖和混凝土浇筑、尾水主洞开挖与挂顶混凝土施工、混凝土温控等重点技术问题及措施。

第5章详细介绍了帷幕排水系统的工程设计与施工方案。

第6章主要对引水压力钢管、排沙钢管、闸门及启闭机、机组埋件等典型设备进行重点介绍，包括设备的设计布置、主要技术问题、安装方案和安装管理过程中的经验与教训等。

第7章主要论述施工支洞封堵的总体设计思路和施工方案，并对设计施工中有关问题进行探讨。

第8章介绍了地下电站主要安全监测项目，包括洞室群内部变形、支护结构应力、渗流渗压监测，以及进出水口边坡外部变形、深部变形、支护结构应力等。

第9章介绍了有毒有害气体防治工作，详细说明了危害性评价鉴定，以及施工期和运行期的不同安全技术手段。

本书共有七位作者，除五名封面署名人员外，还有黄玉锋、武金贵两位同志，特此说明！同时，本书的撰写和出版得到了中国三峡集团原副总经理樊启祥的鼓励和指导，得到了中国电建集团中南勘测设计研究院有限公司、中国水利水电第七工程局有限公司的帮助和支持，特此感谢！

由于技术发展的阶段性和作者的水平所限，书中不足之处在所难免，敬请读者批评指正。

作　者
2021 年 5 月

目　录

第1章　概　述

水利水电工程建设中超大规模地下厂房洞室群的围岩稳定、近库厂房渗流控制、大吨位岩壁梁设计、洞室群瓦斯防治和变顶高尾水隧洞设计等是需要研究解决的关键技术问题，且随着工程项目规模和级别的不断提高，涉及的地质环境越来越复杂，现有的研究成果已难以满足工程建设的需要。特别是在特殊地质条件下，对出现的新的技术问题尚缺乏针对性和适应性，因此需在现有基础上对上述各种关键技术问题建立新的分析评价体系，在确保地下厂房安全的前提下，使工程措施的针对性、适应性更强，可实施性更好。

向家坝水电站是金沙江下游河段规划的最末一个梯级，坝址位于四川省宜宾县和云南省水富县交界处。电站距下游宜宾市33km，离水富县城1.5km。电站的开发任务以发电为主，同时改善航运条件，结合防洪和拦沙，兼顾灌溉，并具有为上游溪洛渡水电站进行反调节的作用。向家坝水电站坝址控制流域面积45.88万 km^2，占金沙江流域面积的97%。正常蓄水位380.00m，死水位370.00m，水库总库容51.63亿 m^3，调节库容9.03亿 m^3，电站装机容量6400MW，保证出力2009MW，年平均发电量307.47亿 kW·h，灌溉面积375.48万亩。工程枢纽主要由挡水建筑物、泄洪消能建筑物、冲排沙建筑物、左岸坝后电站、右岸地下电站、通航建筑物及灌溉取水口等组成。地下电站位于右岸坝肩上游山体内，设计安装4台单机容量为800MW的水轮发电机组，由引水系统、厂房系统、尾水系统三大部分组成，主厂房岩锚梁以上开挖跨度33.4m、岩锚梁以下开挖跨度31.4m，开挖高度85.5m；引水隧洞开挖直径16.3m，压力钢管直径14.4m；变顶高尾水隧洞最大开挖断面24.3m×38.15m（宽×高）；水轮发电机组单机容量800MW等技术指标位居世界前列。

向家坝地下电站洞室群洞室跨度大、边墙高，洞室纵横交错，围岩稳定问题突出。地下厂房洞室施工前，通过对工程地质条件、工程类比及数值计算分析等综合研究，初步确定围岩支护参数，施工期根据监测反馈分析成果对洞室的围岩稳定进行分析评价，并对支护参数进行动态调整。

水电站地下厂房因其地质条件复杂、计算域大、边界条件难以确定等因素，较其他水利工程渗流问题要复杂许多。其中包括周围裂隙岩体的非均质性、各向异性及大量排水孔的渗流逸出面或溢出面难以确定等复杂渗流问题。向家坝地下厂房位于右坝头坝轴线附近，主厂房距水库岸坡最近距离仅为95m左右，而且河床边坡卸荷区裂隙较为发育，具有典型的高水位地下洞室群特点。厂房顶部 T_3^3 岩组为含煤岩层，受地下水影响较大，地下洞室群区域内存在两层地下水，这些因素对围岩稳定和电站的正常运行均不利，因此地下厂房洞室群岩体渗流控制设计至关重要，它既是地下厂房长期安全运行的重要保证，也是工程界应普遍重视和认真对待的问题。

岩锚梁能降低地下厂房的跨度，增加洞室的稳定性。岩锚梁的提前施工为下一步的施工创造了十分有利的条件，还缩短了整个主厂房的工期，经济效益极为显著。向家坝水电站地下厂房岩锚梁上安装两台 1200t/200t 单小车桥式起重机（以下简称桥机），单台桥机自重 880t，大平衡梁自重 180t，额定起重量为 $2 \times 1200t$，最大轮压为 1100kN，是目前已建、在建和拟建工程中起吊重量最大的桥机之一。向家坝地下厂房岩台岩体大体为 II 类围岩，具有修造大型岩锚梁的条件，但在岩壁梁附近出露的二级软弱夹层主要有两条，另外边墙岩壁梁附近出露有数条三级软弱夹层。针对向家坝地下厂房岩壁梁开挖过程中出露的地质缺陷，形成了一整套针对地下厂房岩壁梁软弱地质夹层和地质缺陷的综合处理措施，满足岩壁梁承载要求，可为类似工程提供参考借鉴。

向家坝地下水电站在工程建设中遇到 CH_4 和 H_2S 等易燃易爆、有毒有害瓦斯气体，国内外目前尚没有专门针对水电站地下洞室施工的瓦斯隧道技术规范。在向家坝地下电站设计和施工过程中，首次应用洞室群瓦斯安全控制技术，解决了水电站工程地下洞室群易燃易爆、有毒有害瓦斯气体安全施工技术难题。

地下水电站布置中，若尾水隧洞较长且调节保证计算中尾水管真空度不满足规范要求，通常需要设置尾水调压室。而地下厂房、主变洞和尾水调压室三大洞室平行布置在 150m 左右范围内，且其他洞室纵横交错，无疑给地下洞室群围岩稳定、开挖支护、水工布置带来极大的困难或导致付出较大的经济代价。而采用变顶高尾水隧洞取代传统的尾水调压室，是近年来研究并开始在实际工程中使用的一项新技术。目前，国内仅有三峡、彭水、向家坝三座水电站采用了这项技术。由于将来国内大型水电站的建设主要集中在西南地区，所涉及的地质环境越来越复杂，使电站尾水系统也越来越复杂，有可能采用变顶高尾水隧洞或者与导流洞结合的明满流尾水隧洞。向家坝地下电站首次在变顶高尾水隧洞顶部设置通气孔，以消除过渡过程中有可能出现过大负压及气囊溃灭产生冲击问题，保证隧洞衬砌的安全；利用无拱座挂顶混凝土衬砌施工技术降低大断面、高边墙水工隧洞的施工风险，优化施工，减少工程投资，为保障变顶高尾水隧洞或明满流尾水隧洞在以后水电工程中使用的安全性、可实施性提供了有益的经验和技术支撑。

1.1　工程地质

1.1.1　基本地质条件

地下电站布置在坝址右岸，山体雄厚，山顶向东南倾斜，高程从 580.00m 降至 300.00m，平均坡度 13°～18°；南侧受马延坡沟切割；东侧和北侧为金沙江谷坡，岸坡走向从上游的 285°逐渐偏转至下游 340°，由两级陡崖夹一段缓坡构成，平均坡度约 50°。

区内地层主要为三叠系上统须家河组（T_3xj），坡顶有侏罗系中下统自流井组（$J_{1-2}z$）

地层出露。按沉积韵律和岩性特征，须家河组分为 4 个岩组（$T_3^1 \sim T_3^4$），其中 T_3^2 又细分为 6 个亚组（$T_3^{2-1} \sim T_3^{2-6}$）。围岩主要涉及 $T_3^{2-4} \sim T_3^{2-6}$ 亚组，岩性以浅灰至灰白色中厚至巨厚层状中细至中粗粒砂岩为主，夹多层泥质岩石透镜体。

厂区位于立煤湾膝状挠曲的 SW 翼，岩层产状为 $60° \sim 80°/SE \angle 15° \sim 20°$。未发现断层，主要构造包括层间剪切错动带和节理裂隙，优势节理有 3 组，产状分别为：$75°/NW \angle 56°$、$286°/NE \angle 60°$、$342°/NE \angle 71°$。

厂区岩体透水性总体上为微透水至中等透水。浅表部岩体透水性较强，深部以微至弱透水为主，局部中等透水，厂房中下部（高程 280m 至 220m）的 T_3^{2-6-2} 与 T_3^{2-6-1} 分界面附近透水性较强，构成主要渗流带。地下厂房区岩体渗透性具有明显的非均一性，岩体渗透系数在 $0.45 \sim 2.67 m/d$。河水位以下洞室开挖期间，可能产生涌水。按大井法测算施工期涌水量为 $124 m^3/h$。该层砂岩裂隙水的水质比较复杂，pH 值在 $6.69 \sim 7.95$ 之间，水质类型为 $HCO_3^- \cdot SO_4^{2-} - K^+ + Na^+ \cdot Ca^{2+}$ 和 $HCO_3^- \cdot SO_4^{2-} - Ca^{2+} \cdot K^+ + Na^+$。对普通水泥有结晶类硫酸盐型弱 $\sim$ 强腐蚀性，对抗硫酸盐水泥均无腐蚀性。

厂区地表砂岩一般为中等 $\sim$ 微风化，仅局部呈强风化。强风化带下限水平深度一般为 $0 \sim 5m$，中等风化下限水平深度为 $0 \sim 30m$。局部可见顺裂隙带或夹层产生的囊状强 $\sim$ 全风化岩体。地下厂房洞室大多位于微风化 $\sim$ 新鲜岩体内，仅引水洞进水口段、尾水洞出水口段为中等风化岩体。厂区强卸荷带水平深度 $0 \sim 78m$，弱卸荷带水平深度 $0 \sim 120m$。

厂区最大主应力值 $8.2 \sim 12.2MPa$，方位角 $25° \sim 35°$，属中低地应力场。

厂区砂岩致密度较差，岩石饱和抗压强度超过 60MPa，属坚硬岩，其变形模量一般在 15GPa 左右，抗剪断强度 $f' = 1.59$、$c' = 1.84MPa$；泥质岩（包括粉砂质泥岩、泥质粉砂岩）的饱和抗压强度一般小于 30MPa，属软岩或较软岩。

1.1.2 主要工程地质问题

1.1.2.1 厂区含煤层及采空区的 T_3^3 岩组不利于大型洞室群的围岩稳定

右岸地下厂房布置区分布 T_3^3 岩组，总厚度 $88 \sim 110m$，岩性复杂，以薄至中厚层状中细砂岩、细砂岩、粉砂岩为主，夹泥质粉砂岩、粉砂质泥岩和泥岩及煤层（线）。其中有 7 层成层较好的煤，单层厚度 $10 \sim 30cm$，有民间采挖历史，采空高度 $20 \sim 80cm$，多回填弃渣且密实度较差。另外，煤层及其采空区可能储存 CH_4、H_2S、CO 等有毒有害气体。该岩层底板在厂区的分布高程为 $320 \sim 440m$，向下游偏山里倾斜。右岸地下厂房区 T_3^3 底板等高线图见图 $1.1 - 1$。

通过平洞、钻孔查明了厂区 T_3^3 岩组的产出厚度，也基本查清了其岩性特征和煤层分布情况。该岩组中各种类型岩石的平均含量见表 $1.1 - 1$。

表 1.1 -1 右岸地下厂房区 T_3^3 岩组岩性统计表

岩　性	中细砂岩	细砂岩、粉砂岩	粉砂质泥岩	泥质粉砂岩	泥岩（包括煤层）
铅直厚度（m）	59.40	87.20	112.08	40.72	31.60

续表

岩　性	中细砂岩	细砂岩、粉砂岩	粉砂质泥岩	泥质粉砂岩	泥岩（包括煤层）
占总厚度百分比（%）	17.95	26.32	33.86	12.30	9.55
	78.13				21.85

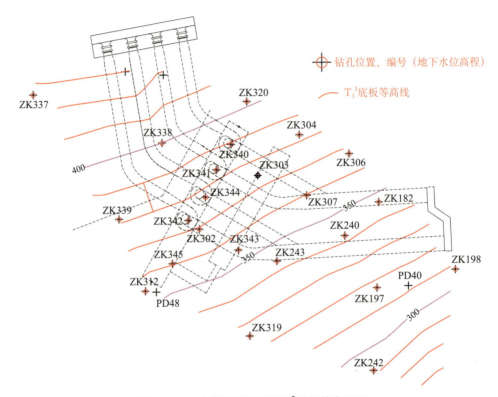

图 1.1-1　右岸地下厂房区 T_3^3 底板等高线图

该岩组中成层较好的 7 层煤的基本特性见表 1.1-2。厂区地表共发现 13 个废弃煤洞，除 C6 和 C7 煤层没有地表煤洞外，其他各层均有废弃煤洞分布，特别是下部 3 个煤层的煤洞较多，地表堆存的采煤弃渣也较多，说明这三层煤采空率较高。

表 1.1-2　右岸地下厂房区 T_3^3 岩组煤层及开采情况统计表

编号	名称	煤层厚度（cm）	间层厚度（m）	特征描述	地表废弃煤洞口个数（个）	揭露点	开采深度（m） 揭示	开采深度（m） 访问
C1	底板炭	15~20		煤质好，多被采空、回填，采空区高度 20~80cm	4	PD_{40}	>170	>700
C2	下崖炭	10~25	5.8~9.0	煤质好，多被采空、回填，采空区高度 20~70cm	3	PD_{43}	>90	>1000
C3	上崖炭	9~30	16.9~34.0	泥质粉砂岩夹煤脉，多被采空回填，采空区高度 30~40cm	3	PD_{41}	>70	>1200

续表

编号	名称	煤层厚度（cm）	间层厚度（m）	特征描述	地表废弃煤洞口个数（个）	揭露点	开采深度（m） 揭示	开采深度（m） 访问
C4	三层子炭	10～20	6.5～7.0	可见有三层，间距40～50cm，下层为细砂岩夹煤线，中、上层为泥质粉砂岩夹煤	2	PD$_{41}$	未见采空	
C5	假上崖炭	12～26	17.5～20.0	煤夹煤矸石，含煤量40%～60%	1	PD$_{41}$	未见采空	＞100
C6	独层子炭	10～30	5.0～13.5	炭质泥岩夹煤，含煤量30%～50%，大多被采空，分上、下二层，间距约1.0～1.5cm	未见	PD$_{41}$	＞170	
C7	铁板枪炭	5～10		无勘探洞揭露，类比左岸为泥岩夹薄层粉砂岩含不规则煤脉	未见	无勘探洞揭露		

从 T$_3^3$ 岩组的岩性特征来看，泥质岩含量较高，还含有 7 层煤，特别是煤层有民间开采历史，并且下部几个煤层采空率较高，采煤对其上下岩层的完整性产生不利影响，由此可见，T$_3^3$ 岩组中开挖大型地下洞室群的围岩稳定性差。同时，根据紫坪铺和煤矿地质工程的经验，煤层及其采空区常积聚有 CH_4、H_2S、CO 等有毒有害气体，相应的安全措施要求高。因此，右岸地下厂房布置时尽量避开了 T$_3^3$ 岩组。

1.1.2.2　平缓层状岩体中特大跨度地下厂房的顶拱围岩稳定问题

厂房顶拱围岩主要为 T$_3^{2-6}$ 亚组的厚至巨厚层状砂岩，但夹有 3～4 层泥质岩软弱层。岩层产状平缓，倾角 10°～20°。厂房顶拱部位发育有 3 组优势节理或裂隙，主要产状分别为：76°/NW∠58°、286°/NE∠64°、340°/NE∠70°，少量裂隙延伸较长。顶拱位于下层地下水位以上，一般不会出现涌水现象，局部会有滴水或渗水。

厂房围岩主要为 Ⅱ 类，软弱夹层为 Ⅳ 类或 Ⅴ 类。

由于区内岩层产状平缓，顶拱围岩构成板状结构，岩层厚度、岩石强度及层间结构面的结合强度等对顶拱岩层的变形、稳定都有重要作用。一般岩层厚度越大、岩体强度越高，顶拱岩体变形越小，失稳可能性也越小。同时，跨度越大，通常顶拱岩层变形量也越大，围岩失稳可能性也越大。向家坝地下厂房不仅跨度特别大，达到目前世界之最的33.4m，同时，厂房顶拱分布有多条软弱岩层和夹层，因此，顶拱围岩的稳定问题非常突出。加之厂区还发育有 2～3 组陡倾角节理或裂隙，它们与软弱夹层组合切割，在顶拱部位可形成柱状或楔状的不利块体，在顶拱岩层变形情况下，块体稳定性较差，易产生掉块甚至塌顶。

采用地下洞室块体分析程序和 Itasca 公司的 3DEC（3Dimension Distinct Element Code）离

散元数值计算软件进行计算分析表明，洞室可能产生块体失稳的部位主要在洞顶弱夹层分布部位。

为此，在厂房顶拱布置多排对穿锚索，并且先施工厂房顶拱以上的排水廊道，然后利用这些廊道预先安装好多点位移计等监测设施和实施锚索造孔，再根据监测成果，及时对厂房顶拱围岩进行锚固。

按以上思路进行设计和施工，向家坝右岸地下厂房顶拱围岩变形得到了全程监控，变形量小于计算量，没有发生塌顶事故，运行良好。

1.1.2.3 库内式厂房的防渗排水问题

右岸地下厂房位于坝轴线上游，为库内式地下厂房，距库水边线最小距离约 95m。另外，厂区离糖房湾背斜核部和立煤湾膝状挠曲核部都很近，一般层面多脱开或呈张开状，同时陡倾裂隙一般也属张扭性质，因此它们均是地下水活动的良好通道。

右岸地下厂房洞室群处于砂岩组成的孔隙 – 裂隙含水层中，地下水水位低，流速缓，与河水联系密切，二者水位基本同步升降，见图 1.1 – 2。

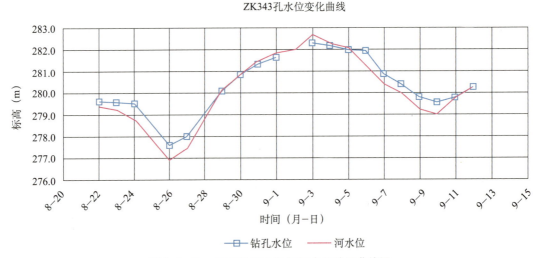

图 1.1 – 2　厂区地下水位与河水位关系曲线图

厂区岩体透水率大部分小于 10Lu，小部分介于 10 ~ 100Lu，总体上属微至中等透水，各级透水率占比见表 1.1 – 3 和图 1.1 – 3。由于受风化卸荷作用影响，边坡浅部裂隙多张开，岩体透水性强。据不同深度（铅直和水平深度）压水试验资料统计（见表 1.1 – 4、图 1.1 – 4），岩体透水性随深度增大而减弱。埋深小于 30m 的岩体透水性较强，平均透水率为 23.95Lu；埋深小于 90m 时岩体透水性相对较强，平均透水率为 12.48Lu；埋深大于 90m 的岩体透水性弱，平均透水率为 5.32Lu。

表 1.1 – 3　右岸地下厂房区岩体透水率统计表

$q \leq 1.0Lu$	$1.0Lu < q \leq 3.0Lu$	$3.0Lu < q \leq 10.0Lu$	$10.0Lu < q \leq 20.0Lu$	$q > 20.0Lu$	试段数
33.5%	15.3%	23.5%	20.0%	9.7%	481 段

表1.1-4 右岸地下厂房区不同埋深岩体透水率统计表

埋深（m）	透水率 q (Lu) 段数/百分比（%）									平均（Lu）	最大值（Lu）
	<0.1	0.1~1.0	1.0~3.0	3.0~10.0	10.0~20.0	20.0~30.0	30.0~40.0	40.0~50.0	>50.0		
10~30	2/8.0	3/12.0	1/4.0	1/4.0	5/20.0	4/16.0	4/16.0	3/12.0	2/8.0	23.95	88.30
	5/20.0		2/8.0				18/72.0				
30~50	5/12.5	1/2.5	0/0	8/20.0	18/45.0	6/15.0	2/5.0	0/0	0/0	12.51	36.10
	6/15.0		8/20.0				26/65.0			12.48	
50~70	4/8.9	7/15.6	3/6.7	10/22.2	16/35.6	5/11.1	0/0	0/0	0/0	8.96	23.20
	11/24.4		13/28.9				21/46.7				
70~90	1/2.3	7/16.3	2/4.7	15/34.9	13/30.2	4/9.3	1/2.3	0/0	0/0	9.46	30.30
	8/18.6		17/39.5				18/41.9				
90~110	6/10.9	13/23.6	4/7.3	17/30.9	15/27.3	0/0	0/0	0/0	0/0	6.59	19.00
	19/34.5		21/38.2				15/27.3				
110~130	3/6.1	12/24.5	12/24.5	16/32.7	6/12.2	0/0	0/0	0/0	0/0	4.48	20.00
	15/30.6		28/57.1				6/12.2				
130~150	9/20.0	10/22.2	5/11.1	14/31.1	6/13.3	1/2.2	0/0	0/0	0/0	4.60	27.10
	19/42.2		19/42.2				7/15.6			5.32	
150~170	8/22.2	7/19.4	5/13.9	11/30.6	4/11.1	1/2.8	0/0	0/0	0/0	4.10	27.56
	15/41.7		16/44.4				5/13.9				
170~190	6/18.2	9/27.3	6/18.2	6/18.2	4/12.1	2/6.1	0/0	0/0	0/0	5.03	28.30
	15/45.5		12/36.4				6/18.2				
>190	38/30.4	24/19.2	21/16.8	20/16.0	7/5.6	6/4.8	6/4.8	3/2.4	0/0	6.22	53.71
	62/49.6		41/32.8				22/17.6				

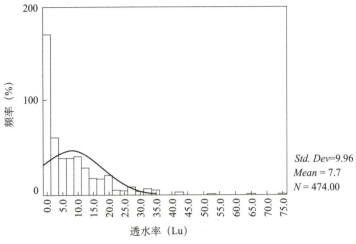

图 1.1-3　地下厂房区岩体透水率－频率直方图

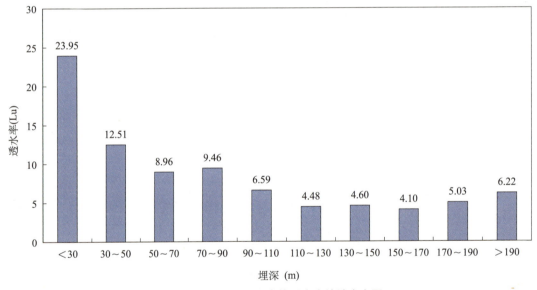

图 1.1-4　不同埋深岩体透水率统计直方图

　　为进一步查明地下厂区岩体渗透特性，提供厂区防渗排水的设计依据，在厂区进行了钻孔抽水试验。以 ZK341 为抽水孔，周围布设 8 个观测孔。采用非稳定流和稳定流相结合的方法，分三个降深阶段抽水。第一阶段按最大流量抽水，既作为非稳定流抽水，又作为稳定流的第一降深；第二阶段和第三阶段则为减小流量后的两个稳定流降深，抽水试验的流量与降深关系曲线见图 1.1-5。采用裘布衣公式、雅克布公式、稳定流条件下的汇点模型和非稳定流条件下的汇点模型等方法分别求得岩体渗透系数。汇点法稳定流和非稳定流的结果较一致，稳定流条件下三个降深阶段的结果也较一致，较合理地反映了裂隙岩体的渗透性，计算结果见表 1.1-5 和表 1.1-6。由此可见，横河向渗透性略大于顺河向渗透性；对稳定流三个降深阶段的渗透系数计算成果取对数平均，再与非稳定流计算结果取几何平均后得渗透系数代表值为 0.55m/d，局部透水性较强的可取 2.03m/d。

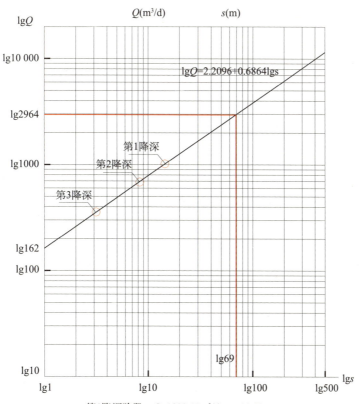

第1降深阶段：$Q=1023.55\text{m}^3/\text{d}$，$s=14.58\text{m}$
第2降深阶段：$Q=687.50\text{m}^3/\text{d}$，$s=8.26\text{m}$
第3降深阶段：$Q=358.35\text{m}^3/\text{d}$，$s=3.10\text{m}$

图 1.1-5　右岸地下厂房区抽水试验 $Q-s$ 关系曲线

表 1.1-5　地下厂房区抽水试验岩体渗透系数稳定流计算结果表

观测孔号	第一稳定阶段		第二稳定阶段		第三稳定阶段	
	降深（m）	渗透系数（m/d）	降深（m）	渗透系数（m/d）	降深（m）	渗透系数（m/d）
ZK396	3.28	2.09	2.11	2.18	0.90	2.67
ZK338	3.32	0.52	2.15	0.54	0.90	0.67
ZK342	2.96	0.60	1.88	0.63	0.81	0.76

表 1.1-6　地下厂房区抽水试验岩体渗透系数非稳定流计算结果表

观测孔号	渗透系数（m/d）	储水率（1/m）
ZK396	1.80	2.0×10^{-4}
ZK338	0.45	3.2×10^{-6}
ZK342	0.56	1.0×10^{-6}

　　地下厂房区自然条件下地下水位低于库水位，且与河水水力联系密切，岩体透水性属微至中等透水，至尾水管底高程仍未见相对隔水层，水库蓄水后库水将成为厂区地下水的主要补给源。

从以上厂区的水文地质条件来看，厂房的防渗排水必然成为主要工程地质问题，同时，地下厂房与水库距离近，厂房运行要求高，因此，厂区上游侧防渗主帷幕与大坝防渗主帷幕结合布置，幕顶高程高于正常蓄水位，幕底宜低于厂房底板一定深度；下游辅帷幕幕顶高程应高于校核尾水位，帷幕底线深度应与主帷幕一致。另外，在帷幕内侧布置排水廊道，并形成排水孔幕。洞室顶拱以上煤层采空区积水，可能沿某些长大裂隙与厂房沟通，也应予以防范。同时，为了防止施工期厂房基坑渗水量较大，应提前实施河水位以下部分防渗帷幕。

1.1.2.4 含煤地层中瓦斯等有毒有害气体对地下洞室的安全影响

右岸地下电站洞室群的围岩地层是三叠系上统的须家河组的砂岩夹泥质岩和煤层（线）。洞室群外侧临河部位的钻孔（ZK228）勘探过程中观测到孔口涌水（局部承压水），夹杂黑色悬浮物，并携带有臭味的 H_2S 气体。河底平洞开挖过程中，洞内发生过爆燃事故，经仪器检测含微量甲烷和硫化氢等易燃易爆气体。经调查，紫坪铺水电站坝址所在地层与向家坝水电站右岸地下电站洞室群的围岩地层相同，它在隧洞施工过程中也曾发生过瓦斯气体爆燃事故。应高度重视施工期和电站建成后运行期对瓦斯等有毒有害气体的检测和防治工作。

1.1.3 回顾与思考

1. 右岸地下电站勘察主要特点

右岸地下电站勘察主要有手段全面、分步推进、各有侧重、针对性强、永临结合等几个特点：

（1）综合运用了水电勘察的各种技术手段。不仅有平洞，也有竖井、斜井；不仅有地面钻孔，也有洞内钻孔；不仅有孔（洞）壁弹性波检测，也有孔（洞）间岩体弹性波穿透或CT成像；不仅有钻孔压水试验，也有钻孔注水试验和大型抽水试验；不仅有室内岩石试验，也开展了大量现场岩体试验；不仅进行岩石的暂态强度试验，也开展了岩石流变强度试验；不仅有应力场分析，也有地应力现场测试；不仅有地质条件分析，更有围岩分类、块体稳定、渗透特性、边坡稳定、有毒有害气体检测与防治等专题研究。地勘工作手段十分丰富，工作量巨大，见表1.1-7。

表1.1-7　右岸地下厂房主要勘探与试验工作量表

项目		单位	工作量
重型勘探	钻探	m/个	4470.70/50
	洞探		2407.40/10
	竖井和斜井探（不含河底平洞斜井段）		282.20/2
地球物理勘探	洞壁弹性波测试	m/洞	2100.60/8
	洞间弹性波穿透测试	m^2/对	1600/1
	孔间弹性波穿透测试	点距 m/对	2×2/3
	洞间CT层析成像	点距 m/m	2×2/382
	孔间CT层析成像	点距 m/对	2×2/3

续表

项目			单位	工作量
试验	现场试验	钻孔压水试验	段	512
		钻孔注水试验	孔	2
		钻孔抽水试验	组	1
		岩石点荷载	组	118
		抗剪（断）	组	21
		变形	点	39
	室内试验	地应力测试	孔	7
		物理力学性质	组	13
		岩石抗剪（断）	组	12
		结构面抗剪	组	22
		渗透变形试验	组	1
		水质分析	组	14
		岩体流变试验	组	5

（2）地勘工作分步推进，各有侧重。预可研阶段主要了解厂区地质条件，分析成洞条件，重点调查影响洞室群布置方案选择的主要地质因素，如 T_3^3 岩组的分布及煤层采空情况、主要构造发育情况及优势结构面产状、地应力量级及主应力方向等；可研阶段重点要查明各洞室的围岩类型、软弱夹层等地质缺陷的分布位置和规模及性状、厂区渗流场特性等；施工阶段则重点要做好施工地质资料的跟踪收集、分析，对围岩失稳和瓦斯突出等影响施工与工程安全的不利地质条件及时进行预测预报。

（3）勘探布置针对性强，并且尽可能永临结合。针对右岸地下电站洞室群的引水洞进口、主厂房、主变洞、尾水出口等主要建筑物都布置有勘探洞，并且在地形条件允许的情况下，尽量把探洞布置在相应洞室的顶拱或附近，力争与施工支洞、开挖导洞或永久灌排廊道结合。比如，为了查明主厂房的地质条件和地质缺陷，不仅沿厂房顶拱轴线布置了1条平洞，深度穿越了安装间的端墙，又在顶拱以上30m左右设法开挖了第2条探洞，再利用这两条探洞分别布置了2~3个钻孔。右岸地下电站主厂房勘探布置与地质结构图见图1.1-6。再通过孔洞的物探检测和水文地质试验，全面查明厂房顶拱及各机组段的工程地质条件和水文地质条件，清楚准确地查明各软弱夹层在厂房分布中的桩号与高程，给厂房开挖与支护设计提供了可能依据，也为施工期地质预报打下了扎实基础，有效保障了工程及施工安全。

（4）由于层间软弱夹层是厂区的主要地质缺陷，夹层分布洞段不仅是施工安全的重点部位，也是工程运行安全的关键部位，无论开挖支护设计还是施工组织设计都需要软弱夹层的准确地勘资料。同时由于岩层平缓并有一定起伏，所以，有必要适当增加隧洞轴线勘探点密度，提高控制精度，并且开挖期还应增加超前钻孔和加强地质巡视，及时准确地做好地质预报，才能避免安全事故发生。

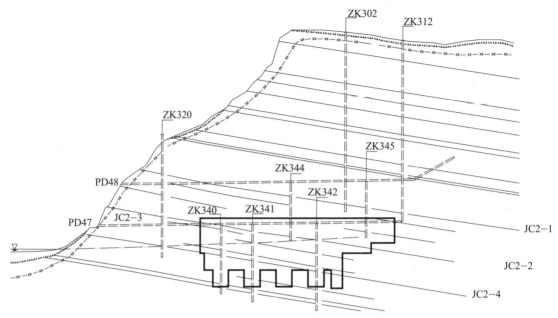

图 1.1-6　右岸地下电站主厂房勘探布置与地质结构图

2. 右岸地下电站洞室群布置方案选择

右岸地下电站洞室群布置方案选择重点考虑了含煤岩组及采空区的不利影响，也考虑了风化卸荷深度、优势结构面产状、地应力等地质因素，最后选择了坝址地质条件最好的部位布置地下电站。

右岸地形整齐，无大的冲沟发育，边坡走向从上游的 285°逐渐偏转至下游 340°，有利于地下电站引水系统布置；右岸地质构造破坏程度相对较轻，风化卸荷较浅，岩体完整性较好，成洞条件相对较好。

T_3^3 岩组含薄煤层且有民间采煤历史，不具备开挖大型地下洞室的成洞条件，地下电站主要洞室应尽量避开 T_3^3 岩组，布置于 T_3^{2-6} 亚组的厚至巨厚层砂岩中，且其顶拱应离 T_3^3 岩组底板有一定厚度。

由于河谷斜坡卸荷带内裂隙张开，延伸性较好，并充填次生泥，最大卸荷深度约 100m，主要洞室宜避开卸荷带，布置于卸荷带以内的微新岩体中。

选定方案的主厂房、主变洞、引水洞、尾水洞等洞室均位于 T_3^{2-6} 亚组的厚至巨厚层砂岩中，洞室顶拱距 T_3 底板的最小间距分别为 48m、55m、80m、44m；主厂房和主变洞的北端墙与坡面的距离分别为 130m 和 110m；并且引水线路顺畅且长度较短，满足调节保证计算的要求。

位置初步确定以后，就地下洞室轴线方向又进行了选择，考虑主应力方向、优势结构面产状等因素。厂房区实测地应力属中低量级（8.2~12.2MPa），地应力对围岩稳定影响较小，因此，最大主应力方向对厂房轴线的选择不起制约作用。厂区岩层走向 60°~80°，倾向下游偏山内，倾角 15°~20°，层面产状平缓，软弱夹层数量多且分布较均匀，厂房轴线无论如何调整，其顶拱都难以避开层间软弱夹层。因此，厂房轴线选择重点考虑陡倾角的裂隙尤其是长大裂隙的发育程度和分布规律，它们与层状结构面组合可能构成不稳定块体，对围岩稳定不利。厂房区节理裂隙主要有 NEE、NWW 和 NW 三组，优势产状分别为 80°/NW∠65°、295°/NE∠67°、345°/NE∠81°。根据洞室轴线应与主要构造线走向垂直或大角度相交（一般应大于 35°）的原则，厂房轴线方位角在 20°～45°较为适宜。综合考虑各种因素，选择主厂房轴线方位为 30°。主厂房轴线与主要结构面走向关系见图 1.1－7。

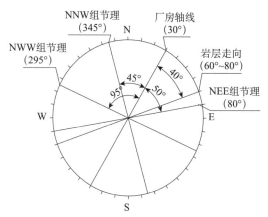

图 1.1－7　主厂房轴线与主要结构面走向关系

1.2　地下电站总体设计

1.2.1　设计总布置

1.2.1.1　地下电站洞室群结构布置

地下电站洞室群主要由引水洞、尾水洞、主厂房洞、主变洞、母线洞等组成，是一组以主厂房为中心的大型地下洞室群。根据工程坝址自然条件和工程开发任务，右岸地下厂房内安装 4 台单机容量为 800MW 的水轮发电机组，总装机容量 3200MW。

1. 引水洞布置

地下电站进水口距坝轴线约 200～350m，采用岸塔式进水口。进水口底高程 321.5m，单机单管引水，共 4 条引水隧洞，相邻隧洞之间的中心间距 36m，引水洞型为圆形，直径分别为 13.4m、14.4m，分别由上平段、上弯段、斜井段、下弯段和下平段组成。

引水隧洞采用钢筋混凝土衬砌。为了防止引水管道内的高压水渗入厂房，引水隧洞从与厂房的防渗灌浆帷幕相接处起采用钢衬。引水隧洞采用高压固结灌浆，钢衬段起点附近的一段范围固结灌浆深度加深，防渗灌浆帷幕的下游还布置有厂房的排水幕，防止地下水渗入厂房。

2. 主厂房布置

根据机组特征参数、电气设备布置、启吊设备选型、交通运输要求和洞室支护、结构布置等因素，确定主厂房洞室开挖断面尺寸为：岩锚梁以上开挖跨度为 33.40m，岩锚梁以下开挖跨度为 31.40m，最大开挖高度 85.50m，厂房总长度（包括安装间）为 255.00m。主厂房主要特征尺寸见表 1.2－1。

表 1.2-1　主厂房特征尺寸表

单机容量（MW）	装机台数（台）	机组间距（m）	主机间长度（m）	安装间长度（m）	厂房最大高度（m）	厂房跨度（m）		备注
						吊车梁以上	吊车梁以下	
800	4	40.00	165.00	90.00	85.50	33.0	31.0	边机组长度增加5.0m

　　根据水轮机厂家提供资料和引水发电系统水力过渡过程计算要求，确定水轮机安装高程为255.00m。为适应地下厂房的特点，尾水管采用窄高型尾水管，底板高程为222.62m，建基面高程为220.62m。

　　安装高程以上分别布置水轮机层、母线层和发电机层。水轮机层地面高程为263.24m。母线层和发电机层层高为5.50m、6.00m，相应高程为268.74m、274.74m。

　　发电机层上游侧设有通风夹层，兼做防潮墙。为减小厂房跨度，仅在厂房下游侧设置通道，吊物孔布置在下游侧，楼梯布置在上游侧。母线层上游侧布置有通风夹层、楼梯和中性点接地装置；下游侧布置低压母线引出线装置，与下游母线洞相通；机组左侧布置有发电机机旁盘和励磁盘。水轮机层布置有通风夹层、楼梯、水轮机调速器和油压装置。高程258.74m层局部布置有技术供水室。

　　桥机轨顶高程为287.74m。主厂房洞顶拱起拱高程为296.64m。顶拱采用三心圆拱型式，拱座处圆弧开挖半径为6.70m，中心角为60°；中间圆弧开挖半径为26.70m，中心角为60°；拱顶开挖高程为306.12m。主厂房洞室从顶拱至建基面总高度为85.50m。

　　安装间位于主机间右端，长度为80.00m，地面高程为274.740m，与发电机层同高。安装间布置发电机转子、定子、下机架、顶盖和水轮机转轮，并留有一定的回车位置。

　　靠近主机间侧安装间长50.00m段底板下设有两层副厂房。底层副厂房高程为263.24m，与水轮机层同高，从左至右分别布置渗漏集水井、检修集水井、高压风机室、低压风机室、透平油处理室、透平油库和风机室。上层副厂房高程为270.74m，布置机修室、机组CO_2灭火室、CO_2钢瓶室和消防供水室。

　　3. 主变洞布置

　　主变洞平行布置在主厂房下游侧，两洞之间岩墙厚40.00m。

　　根据厂区布置，主变压器室和尾水闸门操作廊道布置在一个洞室内，统称为主变洞。主变洞内上游侧布置主变压器室和主变运输道，下游侧布置尾水闸门操作廊道，两者之间设置1.0m厚混凝土隔墙。主变运输道宽度为6.00m，尾水闸门操作廊道净宽6.50m，考虑围岩支护和两室之间隔墙厚度，主变洞开挖跨度为26.30m。主变洞采用圆拱直墙型，洞断面尺寸：跨度为26.30m，直墙高度为17.00m，顶拱高度为6.00m。

　　每台主变的布置长度与机组间距相等，即40.00m。在主变洞右端设置10.00m宽的高压电缆竖井，与地面副厂房、开关站和出线平台相通，竖井内布置电缆道、排风通道和交通道。在主变洞左端设置3.00m宽交通廊道与主厂房相通。主变洞开挖总长度为173.80m。

　　主变室分三层布置，从下至上依次为主变压器层、电缆层和顶拱排风通道。

　　底层主变层层高为12.00m，为便于运输，主变室底板高程为274.74m，与主厂房发电机层高程相同。每个机组段包括一间主变压器室和一间厂用配电设备室，中间用防火隔墙隔开，主变压器底板下设有事故油池。主变室下游布置主变运输道，层高为 7.10m。在主变运输道和电缆层之间布置避雷器夹层，层高为 4.90m。

电缆层高程为 286.74m，层高 5.00m，主要布置有 500kV 出线电缆，上游侧布置有主变洞通风道。

顶层作为主厂房、母线洞排风通道。

4. 母线洞布置

母线洞连接主厂房洞和主变洞，断面为圆拱直墙型，尺寸为 40.00m×10.00m×10.00m（长×宽×高）。母线洞分两层布置。底层高程为 268.74m，与主厂房母线层同高，主要布置有低压母线、励磁变压器、PT 柜、动力盘、10kV 开关柜、高压厂用变、动力负荷柜和 PTLA 柜。上层高程为 274.74m，与发电机层同高，主要布置有低压母线、发电机断路器。楼上设有吊物孔、母线孔、楼梯间等，两层之间通过楼梯连接。

5. 尾水洞布置

尾水系统采用两机合一的变顶高尾水洞布置方案，包括尾水支洞、变顶高尾水洞和尾水出口等建筑物。四台机组的窄高型尾水管的底板都以 7°的角度上翘，在两条尾水洞之间设置对穿预应力锚索，尾水洞的边墙和洞顶局部设置预应力锚索。尾水洞顶部设置排水廊道，以减少地下渗水对围岩稳定的不利影响。尾水支洞紧接在尾水管后面，断面为 16m×20.65m（宽×高）的城门洞型。变顶高尾水隧洞出口断面为 20m×34m（宽×高）的城门洞型，尾水隧洞的出口底部高程为 244m，出口顶部高程为 278m。尾水隧洞初期采用喷锚支护，最终采用混凝土衬砌。

1.2.1.2　开关站、电缆竖井及地面副厂房布置

地下电站采用地面户内开关站和地面副厂房的布置型式。

地面户内式开关站和副厂房布置在右坝头坡顶倾向 SE 的缓坡平台上，高程 490.00～530.00m，平均地形坡度约 14°，为一顺层发育的缓坡。平台出露地层为侏罗系（$J_{1-2}z$）下部粉砂岩、泥岩地层，基岩露头一般为中等风化；地表残坡积物厚度一般为 3～6m。场地开阔，地形坡度不大，松散堆积物厚度较薄，可利用基岩做建筑物地基。

开关站和副厂房轴线平行于地下厂房纵轴线布置，平面尺寸为 140.00m×42.00m（长×宽），地面高程为 510.00m。

电缆竖井位于地面左端，平面尺寸为 12.70m×10.00m（长×宽），按功能将电缆竖井用混凝土隔墙分隔成电缆区、排风区和交通区三个区域。电缆区布置有电力电缆、控制电缆；交通区布置有楼梯和电梯，连接地面副厂房和主变洞；排风区位于电缆竖井左侧，作为主厂房和主变洞内排风通道。电缆竖井上方布置有风机房，风机房分两层布置，第一层布置主厂房和主变洞排风机房，第二层布置楼梯送风机房。

开关站位于电缆竖井右端，平面尺寸为 91.00m×42.00m（长×宽）。上游侧布置室内全封闭组合电器（GIS），地下层布置电缆层，高程为 505.00m；下游侧布置室外出线平台。

地面副厂房布置在开关站右端，平面尺寸 29.00m×19.00m（长×宽）。副厂房分四层布置。地下层为电缆层，高程为 505.00m；第一层为地面，主要布置开关站继电保护室和试验室；第二层为中控室，高程为 515.00m；第三层为通信设备室和低压试验室，高程为 522.00m。各层之间设有楼梯连通。

1.2.2 设计科研成果

1.2.2.1 有限空间内特大地下洞室群布置

1. 地下厂房布置方式比较

向家坝枢纽工程由挡水建筑物、泄洪消能建筑物、引水发电系统和通航建筑物等组成。根据选定的枢纽布置方案，对地下电站进行了首部式、中部式和尾部式三种布置方式的比较。

首部式地下厂房方案：优点是引水洞短，从进水口至主厂房上游边墙仅有170m，进水口边坡高度不超过120m，明挖工程量小；缺点是尾水洞很长，整个输水系统长度达到1056m，需要布置规模庞大的尾水调压室。

尾部式布置方案：受地质条件限制，只能布置引水式地面厂房。尾部式方案需要布置规模较大的上游调压室，调压室穿越T_3^1岩层，围岩稳定性差，施工风险大；厂房上游边坡的开挖、支护工程量大。

中部式地下厂房方案：引水道的长度比首部式方案有所增长，引水隧洞的管径由13.4m加大到14.4m后，可以不设置上游调压室；尾水系统经研究可以不设置尾水调压室，布置方案灵活、引水顺畅。经轴线方向为NE20°的勘探平洞勘查，主厂房洞室群能较好适应该部位的工程地质条件。

综合以上研究分析，中部式地下厂房方案明显优于首部式或尾部式布置方案，因此地下厂房采取中部式的布置方式。根据可行性研究勘测设计科研大纲及其咨询意见，经研究后对厂区布置进行如下调整：进水口向下游侧移动80m并逆时针转动13°；将可行性研究阶段前期所采用的厂区布置整体向下游平行移动80m并绕①机组中心顺时针转10°，主厂房轴线方位角由NE20°变为NE30°，与勘探平洞PD47重合；尾水洞也相应进行调整；同时将主厂房安装高程由261.00m降至255.00m，以满足水力过渡过程的要求。

2. 主变压器布置方式比较

对主变压器布置在地下、地面两个方案进行了研究，就工程布置和围岩稳定而言，两方案无大的区别；但综合比较运行条件、机电技术难度、施工工期以及经济指标等，主变地下布置（即主变洞）方案优于主变地面布置方案，因此推荐采用主变压器地下布置方案。

主变洞布置的基本原则是布置紧凑，与机组连接线路短，确保安全运行，便于维护，工程量小，有利于施工。主厂房与主变洞间距的确定，主要考虑既有利于围岩稳定，又要满足母线洞机电布置要求。参考有限元计算成果，在主厂房和主变洞相距40m时，主变洞对主厂房洞室围岩稳定的影响不是很明显；根据规范和国内外工程经验，地下厂房洞室群各洞室之间的岩体一般不小于相邻洞室的平均开挖宽度的1.0~1.5倍。根据机电布置要求，在满足母线洞机电设备的布置前提下尽量缩短母线洞长度，以减小低压母线电能损耗。综合考虑结构布置和机电布置要求，确定主厂房和主变洞相距40.0m，为两洞室平均开挖宽度的1.38倍。

1.2.2.2 围岩稳定分析

地下电站洞室群围岩加固遵循以喷锚支护为主，钢筋混凝土衬砌为辅，以系统支护为主，局部加强支护为辅，并与随机支护相结合的设计原则。向家坝水电站地下厂房喷锚参数根据围岩分类，采用工程类比法初步选定主要洞室的支护参数。根据选定的支护参数，采用多种数值计算方法进行验算，从而选择合理的支护方式和支护参数，对特殊部位和地质构造根据实际情况进行局部加强处理。

1. 工程类比支护设计

工程类比设计法通常有直接对比法和间接类比法。间接类比法根据现行锚喷技术规范，按围岩基本分类和洞室规模确定设计工程的锚喷支护的类型和数量。直接对比法是将设计工程的岩体强度、完整性、地下水影响程度、洞室埋深、地应力、洞室形状和规模等方面因素与上述条件基本相同或类似的已建工程进行对比，由此确定锚喷支护的类型和数量。

1）间接类比法

间接类比法分别采用锚喷技术规范法和 Q 系统分类法，初步确定锚喷支护参数。详见表 1.2－2、表 1.2－3。

表 1.2－2　采用技术规范法确定的地下洞室支护参数

围岩类别	GB 50086—2001	向家坝水电站拟采用参数	
	$20.0\text{m} < B \leqslant 25.0\text{m}$	主厂房：$B = 33.40\text{m}$	主变洞：$B = 26.30\text{m}$
Ⅱ	$150 \sim 200\text{mm}$ 厚钢筋网喷混凝土，设置 $5.0 \sim 6.0\text{m}$ 长锚杆，必要时设置长度大于 6.0m 的预应力或非预应力锚杆	顶拱：系统锚杆直径 $\phi 32 \sim 36$，长度为 $6.0 \sim 8.0\text{m}$，间距为 $1.5\text{m} \times 1.5\text{m}$，喷混凝土厚 200mm，挂钢筋网。预应力锚索长度 $L = 30\text{m}$，$P = 1750\text{kN}$，间距为 $4.5\text{m} \times 4.5\text{m}$。边墙：系统锚杆直径 $\phi 32 \sim 36$，长度为 $6.0 \sim 8.0\text{m}$，间距为 $1.5\text{m} \times 1.5\text{m}$，喷混凝土厚 200mm，挂钢筋网	顶拱：系统锚杆直径 $\phi 32 \sim 36$，长度为 $6.0 \sim 8.0\text{m}$，间距为 $1.5\text{m} \times 1.5\text{m}$，喷混凝土厚 150mm，挂钢筋网。边墙：系统锚杆直径 $\phi 32$，长度为 6.0m，间距为 $1.5\text{m} \times 1.5\text{m}$，喷混凝土厚 150mm，挂钢筋网。

注：B 为开挖跨度。

表 1.2－3　采用 Q 系统法确定的地下洞室支护参数

围岩类别	Q 值	支护类别	支护措施	向家坝水电站拟采用参数	
				主厂房：$B = 33.40\text{m}$	主变洞：$B = 26.30\text{m}$
Ⅱ	$26.05 \sim 30.83$	16	B（tg）2～3m + clm	顶拱：系统锚杆直径 $\phi 32 \sim 36$，长度为 $6.0 \sim 8.0\text{m}$，间距为 $1.5\text{m} \times 1.5\text{m}$，喷混凝土厚 200mm，挂钢筋网。预应力锚索长度 $L = 30\text{m}$，$P = 1800\text{kN}$，间距为 $4.5\text{m} \times 4.5\text{m}$。边墙：系统锚杆直径 $\phi 32 \sim 36$，长度为 $6.0 \sim 8.0\text{m}$，间距为 $1.5\text{m} \times 1.5\text{m}$，喷混凝土厚 200mm，挂钢筋网	顶拱：系统锚杆直径 $\phi 32 \sim 36$，长度为 $6.0 \sim 8.0\text{m}$，间距为 $1.5\text{m} \times 1.5\text{m}$，喷混凝土厚 150mm，挂钢筋网。边墙：系统锚杆直径 $\phi 32$，长度为 6.0m，间距为 $1.5\text{m} \times 1.5\text{m}$，喷混凝土厚 150mm，挂钢筋网

注：1. B（tg）——张拉锚杆，clm——喷混凝土，挂钢筋网。

2）直接工程类比法

向家坝地下电站洞室群规模巨大，而现行的锚喷支护技术规范中均未给出跨度大于 25.0m 洞室的支护参数，因此在地下电站支护设计中，以现行的锚喷支护技术为基础，主要采用直接工程类比法。国内外已建、拟建大型地下电站的工程地质条件、洞室尺寸、支护参数等列于表 1.2－4，以便进行工程类比。

表1.2－4　国内外已建、拟建大型地下电站支护参数对比表

水电站名称	开挖尺寸（宽×高×长）（m×m×m）	地质条件	支护锚杆		喷混凝土厚（mm）	备注
			顶拱	边墙		
二滩	25.5×65.4×214.9	正长岩、蚀变玄武岩和辉长岩	$\phi30$，$L=6m$、8m@1.5m×1.5m	$\phi25$，$L=5m$、7m@1.5m×1.5m、3m×3m；预应力锚索 $L=20m$@3m×3m，$P=1750kN$	150	已建
小浪底	25×57.94×161.75	厚层、巨厚层硅质或钙硅质砂岩为主	$\phi32$，$L=8m$@3m×3m；张拉锚杆 $\phi32$，$L=4m$@3m×3m	$\phi30$，$L=10m$@3m×3m；张拉锚杆 $\phi32$，$L=6m$@3m×3m	200	已建
龙滩	28.5×74.3×292.5	三叠纪砂岩、粉砂岩和少量泥板岩	$\phi28$，$L=5m$、8m@1.5m×1.5m	$\phi28$，$L=8m$、10m@2.0m×1.5m	250	已建
三峡	31×83.84×301.3	前震旦系闪云斜长花岗岩和闪长岩包裹体	$\phi25$，$L=5m$@1.5m×1.5m	$\phi25$，$L=5m$@1.5m×1.5m	150	已建
今市	33.5×51×160	角砾岩、硅质砂岩、砂板岩	$\phi29$，$L=15m$、10m、5m@2m×2m	$\phi29$，$L=15m$、10m、5m@2m×2m，预应力锚索	150	日本，已建
洪格林	30×27×135	石灰岩、石灰片岩，有几组垂直裂隙	预应力锚索：$L=11\sim13m$，@3.5m×3.5m，$P=1200kN$；$L=11\sim13m$，@5m×5m，$P=1500kN$；$L=11\sim13m$，@6.4m×6.4m，$P=1250kN$		150	瑞士，已建
瓦尔德克Ⅱ	33.5×54×106	砂岩和页岩夹层，断层和节理发育，断层在洞顶形成楔形体	锚杆 $L=4m$、6m，@1.5m×1.5m。预应力锚索 $L=23m$@3m×4m，$P=1700kN$		180～240	德国，已建
溪洛渡	31.9×75.10×430	峨眉山玄武岩，地层产状平缓，无断层分布	顶拱：锚索 $T=1750kN$，$L=20m$；系统锚杆 $\phi32$@1.5m×1.5m，$L=6m$、8m。边墙：锚索 $T=1750kN$，$L=20m$@3.0m×3.0m；系统锚杆 $\phi32$@1.7m×1.7m，$L=6m$、8m		100～150，挂钢丝网	在建
向家坝	33.4×85.50×255	巨厚层细至中细粒砂岩，倾角比较平缓，岩层比较完整	顶拱：锚杆直径 $\phi32\sim36$，长度为6.0～8.0m，间距为1.5m×1.5m；预应力锚索长度 $L=30m$，$P=1800kN$，间距为4.5m×4.5m。边墙：锚杆直径 $\phi32\sim36$，长度为6.0～8.0m，间距为1.5m×1.5m		200，钢纤维混凝土	

由表1.2-4中可以看出，在大型地下厂房中采用锚喷支护是可行的，国内外均有成功实例。地下厂房的支护参数与工程地质条件和洞室尺寸有密切关系，综合分析研究表1.2-4中工程与本工程特点，本工程规模和地质条件与瓦尔德克Ⅱ水电站、龙滩水电站、溪洛渡水电站和三峡水电站地下厂房规模相差不大，根据工程类比原则，选择主厂房和主变洞支护参数如下。

（1）主厂房。顶拱：砂浆锚杆$\phi32/\phi36@1.5m \times 1.5m$，$L=6m$、$8m$，相间布置；预应力锚索$L=30m@4.5m \times 4.5m$，$P=1750kN$。边墙：砂浆锚杆$\phi32/\phi36@1.5m \times 1.5m$，$L=6m$、$8m$，相间布置。顶拱和边墙均喷混凝土200mm，挂钢筋网。

（2）主变洞。顶拱：砂浆锚杆$\phi32/\phi36@1.5m \times 1.5m$，$L=6m$、$8m$，相间布置。边墙：砂浆锚杆$\phi32@1.5m \times 1.5m$，$L=6m$。顶拱和边墙均喷混凝土150mm，挂钢筋网。

2. 数值分析方法验算

根据工程类比法确定主要洞室支护参数后，采用数值分析法对支护参数、型式进行理论验算，包括采用平面有限元法和三维有限元法对支护参数进行敏感性分析。结合工程类比法对支护型式、参数与方案进行比较，从而确定比较合理的支护参数。

1）支护参数敏感性计算分析

根据初拟的支护参数，对各支护参数采用平面有限元程序进行敏感性分析。见表1.2-5。

数值分析计算采用武汉大学的加锚节理岩体弹黏塑性平面有限元程序CORE2进行计算。计算中围岩实体单元采用4节点等参单元，锚杆、节理采用加锚岩体单元或加锚节理单元，将主厂房和主变洞等洞室群围岩离散为2515个节点、2428个实体单元、684个加锚岩体单元或加锚节理单元。计算中考虑了4条破碎软弱夹层，主厂房、主变洞等的分步开挖，锚索、锚杆的跟进支护，锚索端点施加集中力。引水洞、尾水洞、母线洞的模拟采用弹模折减法，主厂房、主变洞的分步开挖采用分批开挖单元以模拟开挖过程。

表1.2-5　采用平面有限元程序计算基本锚固支护参数

项目		位置	高程范围
主厂房	顶拱	系统锚杆：$\phi36@1.5m \times 1.5m$，$L=8.0m$； 预应力锚索：$@4.5m \times 4.5m$，$L=30.0m$，$P=1750kN$	295.44m以上
	上游边墙	系统锚杆：$\phi36@1.5m \times 1.5m$，$L=8.0m$； 预应力锚索：$@4.5m \times 4.5m$，$L=30.0m$，$P=1750kN$	$241.00 \sim 295.44m$
		系统锚杆：$\phi28@1.5m \times 1.5m$，$L=5.0m$	241.00m以下
	下游边墙	系统锚杆：$\phi36@1.5m \times 1.5m$，$L=8.0m$； 预应力对穿锚索：$@4.5m \times 4.5m$，$L=40.0m$，$P=1750kN$	$274.24 \sim 295.44m$
		系统锚杆：$\phi36@1.5m \times 1.5m$，$L=8.0m$	$236.20 \sim 274.24m$
主变洞	顶拱	系统锚杆：$\phi36@1.5m \times 1.5m$，$L=8.0m$； 预应力锚索：$@4.5m \times 4.5m$，$L=30.0m$，$P=1750kN$	303.24m以上
	边墙	系统锚杆：$\phi28@1.5m \times 1.5m$，$L=5.0m$	$274.24 \sim 303.24m$

通过对锚杆长度、间排距和锚索布置范围、长度、预应力大小组成的各方案围岩塑性区、洞周位移情况、围岩应力分布情况、锚杆应力分布情况的分析，综合各因素可以得出如下结论：

（1）采用锚杆和锚索支护可有效减小洞周围岩塑性区，限制洞周边墙的变形，提高洞室围岩稳定性，锚固支护效果较明显。

（2）改变锚杆长度，围岩塑性区部位略有变化，洞周位移随锚杆长度的加长而略有减小，加长锚杆长度可加强锚杆的作用，减小围岩承担的应力，部分提高围岩的稳定性，但影响有限。综合工程类比等因素，锚杆长度以8.00m相对适宜。

（3）洞周位移及塑性区随锚索、锚杆间距的增大而增大，但变化值不大。锚杆（锚索）间距变化对洞室围岩塑性区、位移、应力和锚杆应力的影响较小，减小锚杆（锚索）间距不能有效提高洞室围岩稳定，综合考虑锚杆间距取1.5m×1.5m比较合适。

（4）预应力锚索对减小洞周围岩塑性区和位移影响相对加大，取消预应力锚索，使得主厂房上游边墙的围岩塑性区增大，位移变形也稍大，对主厂房中下部围岩稳定不利。预应力锚索的长度对主厂房上游边墙塑性区影响较大。考虑到主厂房跨度、边墙高度和平缓层状围岩，宜在主厂房顶拱、边墙和主变洞顶拱布置预应力锚索。

2）围岩稳定性计算分析

根据向家坝水电站地下厂房洞室布局、地质条件、支护参敏感性分析和工程类比综合考虑，拟定了三种不同的锚固支护方案，各方案锚固支护参数见表1.2-6。

表1.2-6　向家坝水电站锚固支护方案

方案	主厂房	主变洞	母线洞和尾水洞	备注
支护方案一（推荐方案）	顶拱：锚索，吨位 $T=1750$kN，$L=30$m，@4.5m×4.5m；锚杆，$\phi32$@1.5m×1.5m，$L=6$m、8m相间布置；喷钢纤维混凝土，$\delta=150$mm。边墙：锚索，上游边墙高程241.00m以上，$T=1750$kN，$L=30$m，@4.5m×4.5m，下游边墙高程268.74m以上，对穿锚索 $T=2000$kN，$L=40$m，@4.5m×4.5m；锚杆，$\phi32$@1.5m×1.5m，$L=6$m、8m相间布置；喷钢纤维混凝土，$\delta=150$mm	顶拱：锚索，吨位 $T=1750$kN，$L=30$m，@4.5m×4.5m；锚杆，$\phi32$@1.5m×1.5m，$L=6$m、8m相间布置；挂钢丝网，喷混凝土，$\delta=150$mm。边墙：上游边墙，预应力对穿锚索 $T=2000$kN，$L=40$m，@4.5m×4.5m；锚杆，$\phi28$@1.5m×1.5m，$L=5$m；喷钢纤维混凝土，$\delta=100$mm	母线洞：锚杆，$\phi28$@1.5m×1.5m，$L=5.0$m；混凝土衬砌，厚500mm。尾水洞：锚杆，$\phi28$@1.5m×1.5m，$L=5.0$m；喷混凝土，$\delta=100$mm	在母线洞与尾水洞扩散段之间布置竖向对穿锚索，吨位 $T=2000$kN，@4.5m×4.5m，长度随母线洞与尾水洞顶板的距离变化
支护方案二	顶拱：锚索，吨位 $T=1750$kN，$L=30$m，@4.5m×4.5m，锚杆，$\phi32$@1.5m×1.5m，$L=5$m、8m相间布置；喷钢纤维混凝土，$\delta=150$mm。边墙：下游边墙高程268.74m以上，对穿锚索 $T=2000$kN，$L=40$m，@4.5m×4.5m；锚杆，$\phi32$@1.5m×1.5m，$L=5$m、8m相间布置；喷钢纤维混凝土，$\delta=150$mm	顶拱：锚索，吨位 $T=1750$kN，$L=30$m，@4.5m×4.5m，锚杆，$\phi32$@1.5m×1.5m，$L=5$m、8m相间布置；挂钢丝网、喷混凝土，$\delta=150$mm。边墙：上游边墙，预应力对穿锚索 $T=2000$kN，$L=40$m，@4.5m×4.5m；锚杆，$\phi28$@1.5m×1.5m，$L=5$m；喷钢纤维混凝土，$\delta=100$mm	母线洞：锚杆，$\phi28$@1.5m×1.5m，$L=5.0$m，混凝土衬砌，厚500mm。尾水洞：锚杆，$\phi28$@1.5m×1.5m，$L=5.0$m；喷混凝土，$\delta=100$mm	

续表

方案	主厂房	主变洞	母线洞和尾水洞	备注
支护方案三	顶拱：锚索，吨位 $T = 1750$ kN，$L = 30$m，@ 3.0m × 3.0m；锚杆，$\phi32$@ 1.5m × 1.5m，$L = 5$m、8m 相间布置；喷钢纤维混凝土，$\delta = 150$mm。 边墙：锚索，上游边墙高程 241.00m 以上，$T = 1750$kN，$L = 30$m，@ 3.0m × 3.0m，下游边墙高程 268.74m 以上，对穿锚索 $T = 2000$kN，$L = 40$m，@ 3.0m × 3.0m；锚杆 $\phi32$@ 1.5m × 1.5m，$L = 5$m、8m 相间布置；喷钢纤维混凝土，$\delta = 150$mm	顶拱：锚索，吨位 $T = 1750$kN，$L = 30$m，@ 3.0m × 3.0m；锚杆，$\phi32$@ 1.5m × 1.5m，$L = 5$m、8m 相间布置；挂钢丝网，喷混凝土，$\delta = 150$mm。 边墙：上游边墙，预应力对穿锚索 $T = 2000$kN，$L = 40$m，@ 3.0m × 3.0m；锚杆，$\phi28$@ 1.5m × 1.5m，$L = 5$m；喷钢纤维混凝土，$\delta = 100$mm	母线洞：锚杆，$\phi28$@ 1.5m × 1.5m，$L = 5.0$m；混凝土衬砌，厚 500mm。 尾水洞：锚杆，$\phi28$@ 1.5m × 1.5m，$L = 5.0$m；喷混凝土，$\delta = 100$mm	在母线洞与尾水洞扩散段之间布置竖向对穿锚索，吨位 $T = 2000$kN，@ 3.0m × 3.0m，长度随母线洞与尾水洞顶板的距离变化

采用三维非线性弹塑性有限元计算程序，对各支护方案地下电站洞室群围岩稳定性进行对比分析。

通过对不同锚固支护方案对围岩塑性开裂破坏区分布的影响分析可以得出：锚固支护方案一有效地限制了洞周的破坏区发展，提高了洞室围岩稳定特性，锚固支护效果十分明显；锚固支护方案二，取消了主厂房上游边墙和母线洞与尾水管之间的锚索，对保证主厂房中下部围岩稳定不利；锚固支护方案三增加了锚索的密度，围岩稳定特性更加，但锚固支护强度有较大富余。综合比较采用锚固支护方案一较为合理。

通过对不同锚固支护方案对围岩应力分布的影响分析可以得出：采用锚固支护方案一，有效地改善了洞室应力状态，使得应力分布得到明显改善；采用锚固支护方案二，主厂房上游边墙的局部应力集中程度较明显，尤其岩锚梁附近边墙局部应力集中，对主厂房边墙和岩锚梁稳定不利；采用锚固支护方案三，洞周应力状态更佳，但与锚固支护方案一相比不具备明显优势，而且支护参数有明显的富余。综合比较，采用锚固支护方案一较经济合理。

通过对不同锚固支护方案对洞周位移分布的影响分析可以得出：三个锚固支护方案洞周位移矢量分布规律基本相同，边墙最大位移分布位置都相同，都发生在主厂房边墙与引水管和尾水洞交口处，靠近河岸方向的③机组洞周位移比②机组略小；从厂房纵轴线方向的位移分布规律看，在软弱夹层之间的岩体仍有向河谷滑动趋势，但这种滑动趋势比无支护时小得多，说明锚固支护有效限制了岩体沿软弱夹层滑动。综合比较，锚固支护方案一、三的洞周位移都在合理范围，锚固支护方案二主厂房上游边墙位移略大，采用锚固支护方案一较为合理。

通过对不同锚固支护方案对锚杆、锚索和喷层应力分布的影响分析可以得出：三种锚固支护方案锚杆和锚索应力基本是可行的，锚固支护方案一的锚杆和锚索应力分布较为合理，锚固支护方案二主厂房上游边墙的局部锚杆应力偏大，锚固支护方案三的锚杆和锚索应力留有较大富余；三种锚固支护方案的喷层应力除了在洞室交口处稍大外，其他部位应力都不大。采用锚固支护方案一较为合理。

通过以上分析，向家坝右岸地下主要洞室支护参数见表 1.2 − 7。

表 1.2 – 7　推荐支护方案表

		推荐支护方案
主厂房	顶拱	预应力对穿锚索：$T=1750kN$，$L=30m$，其中安装间、①机、②机间距@4.5m×4.5m，③机、④机间距@6.0m×6.0m。 锚杆：Ⅱ类围岩 $\phi32/36$@1.5m×1.5m，$L=6m$、8m 相间布置；Ⅲ类围岩 $\phi36$@1.5m×1.5m，$L=8m$。 喷钢纤维混凝土，$\delta=200mm$
	上游边墙	预应力锚索：边墙高程239.00m以上，$T=1750kN$，$L=30m$，@4.5m×4.5m。 锚杆：Ⅱ类围岩 $\phi32/36$@1.5m×1.5m，$L=6m$、8m 相间布置；Ⅲ类围岩 $\phi36$@1.5m×1.5m，$L=8m$。 喷钢纤维混凝土，$\delta=200mm$
	下游边墙	预应力对穿锚索：高程268.74m以上，$T=2000kN$，$L=40m$，@4.5m×4.5m。 锚杆：Ⅱ类围岩 $\phi32/36$@1.5m×1.5m，$L=6m$、8m 相间布置；Ⅲ类围岩 $\phi36$@1.5m×1.5m，$L=8m$。 喷钢纤维混凝土，$\delta=200mm$
	左右端墙	预应力锚索：高程274.740m以上，$T=1750kN$，$L=30m$，@4.5m×4.5m。 锚杆：Ⅱ类围岩 $\phi32/36$@1.5m×1.5m，$L=6m$、8m 相间布置；Ⅲ类围岩 $\phi36$@1.5m×1.5m，$L=8m$。 喷钢纤维混凝土，$\delta=200mm$
主变洞	顶拱	预应力对穿锚索：$T=1200kN$，$L=20m$，其中①机、②机对应段间距@4.5m×4.5m，③机、④机对应段间距@6.0m×6.0m。 锚杆：Ⅱ类围岩 $\phi32/36$@1.5m×1.5m，$L=5m$、7m 相间布置；Ⅲ类围岩 $\phi36$@1.5m×1.5m，$L=7m$。 喷钢纤维混凝土，$\delta=150mm$
	上下游边墙	锚杆：Ⅱ类围岩 $\phi32/36$@1.5m×1.5m，$L=5m$、7m 相间布置；Ⅲ类围岩 $\phi36$@1.5m×1.5m，$L=7m$。 喷钢纤维混凝土，$\delta=150mm$
母线洞		锚杆：$\phi28$@1.5m×1.5m，$L=5.0m$。 混凝土衬砌，厚500mm。 母线洞底与尾水隧洞之间设置预应力对穿锚索，长度随两洞间距变化，预拉力 $T=1750kN$，间距@4.5m×4.5m。
尾水隧洞		锚杆：$\phi28$@1.5m×1.5m，$L=5.0m$。 混凝土衬砌，厚度大于1.0m。 尾水隧洞之间设置预应力对穿锚索，预拉力 $T=1750kN$，长 $L=20.0m$，间距@4.5m×4.5m。

3）三维有限元计算分析

根据向家坝地下电站工程地质条件，针对洞室位置、布置格局、开挖程序和推荐支护方案（表1.2－7），以及咨询专家的意见对推荐的支护方案进行优化调整，并运用三维弹塑性损伤有限元对地下电站洞室群围岩的稳定特性进行分析评价。

通过对围岩塑性开裂区分布规律、围岩应力分布规律、洞周位移、软弱夹层安全系数变化规律计算分析可以得出：采用推荐的锚固支护后，地下厂房洞周位移、应力和塑性破坏区分布规律合理。整个洞室的位移值不大，位移变化规律正常；除洞室交叉口处出现应力集中现象外，洞周的应力状态良好；锚杆、锚索基本发挥了作用，而且锚杆应力小于屈服强度，锚索应力基本为屈服应力值的 51.5% ~60.9%，锚杆、锚索应力留有一定的余地；除洞室交叉口附近喷层外，其余喷层应力均小于材料允许值。塑性破坏区范围较小，除软弱夹层附近外，主要洞室塑性破坏区均限制在 2.0~3.0m 范围内。有限元计算结果表明：向家坝地下厂房洞室群的围岩稳定是有保证的，推荐采用的锚固支护参数基本上是合理可行的，但软弱夹层和洞室交口对喷层和锚杆应力分布有一定影响，需及时加强支护。

3. 块体稳定分析

洞室围岩组合块体稳定性分析：采用 Hoek 等人编制的地下洞室块体稳定分析 Unwedge 程序，对洞室不同地段可能产生的不利组合块体进行搜索，并对相应出现的组合块体进行稳定性计算。

计算时软弱夹层连通率按 100% 考虑，抗剪断强度取值：$f' = 0.3$、$c' = 0.03\text{MPa}$；层面亦按 100% 的连通率，抗剪断强度取值：$f' = 0.7$、$c' = 0.15\text{MPa}$；层面和层间软弱夹层按综合产状 $67°/\text{SE} \angle 16°$；节理裂隙产状按结构面网络模拟的各组倾向、倾角均值考虑。计算成果表明，洞底无不利块体；下游边墙层状结构面倾向墙内，节理裂隙与洞轴线夹角较大，稳定性较好；上游边墙层状结构面倾向洞内，但节理裂隙与洞轴线夹角较大，组合块体稳定性仍较好；南端墙层状结构面倾向墙内，稳定性好，节理延伸长度按 20m 计算，块体稳定系数最小的仍有 6.2；北端墙层状结构面倾向洞内，节理与层状结构面组合切割的块体稳定系数相对较小，但仍在 6.2 以上；区内岩层平缓，层状结构面对洞顶的稳定影响较大，不稳定块体主要分布在洞顶。由于区内除层状结构面外无贯穿性结构面发育，大块体由于岩桥的作用综合强度参数较高，稳定性一般较好；由节理裂隙组成的块体主要出现在洞室的顶部，其规模一般不大，表现为洞顶掉块。块体稳定分析表明，主厂房洞室边墙稳定性较好；顶拱个别软弱部位容易发生塌落、掉块，但范围小，塌方方量不大，采用常规的系统支护（系统锚杆和预应力锚索）后可满足对不稳定块体进行加固处理的要求。

主变洞围岩主要由 T_3^{2-6-2} 和 T_3^{2-6-3} 厚至巨厚层砂岩为主的地层组成，呈微风化~新鲜。在洞室可能出露的 2 级软弱夹层主要有 JC2-2、JC2-3，其次在南段顶拱附近分布的有 JC2-1；此外，呈断续分布的 3 级软弱夹层在洞室分布时亦可能影响围岩稳定。

主变洞围岩块体稳定的基本条件与主厂房洞室围岩基本相同，但洞室跨度与高度均较主厂房洞室小，围岩块体稳定性相对比主厂房洞室围岩好。根据主厂房洞室围岩块体稳定分析，主变洞洞室围岩边墙稳定性较好，顶拱个别部位容易发生塌落、掉块，但范围小，塌方方量不大，采用常规的系统支护（系统锚杆和预应力锚索）后可满足对不稳定块体进行加固处理的要求。

4. 渗流场对围岩稳定影响分析

锚固支护后，考虑渗流作用时，洞周围岩的破坏范围和破坏深度比不考虑渗流工况的破坏区有所增加。考虑校核洪水位产生的渗流荷载对围岩稳定影响的计算结果与不考虑渗流影响的分析结果进行比较，可以看出以下特征：

（1）根据清华大学提供的渗流场计算结果，经过插值计算后结果分析，可以看出在主厂房上游的防渗帷幕起到了较好的防渗作用，在防渗帷幕后的渗流等势线明显下降，下降幅度 25~40m。从等水头线的分布规律看，在主厂房尾水管和蜗壳以上没有渗流作用；在蜗壳以下的渗透水头只有11~40m，渗流荷载主要对厂房下部有所作用。

（2）考虑渗流作用后，洞周围岩的破坏范围和破坏深度比不考虑渗流工况的破坏区都有所增加，渗流作用使围岩的破坏体积和塑性耗散能达到67212m³和4789t·m，分别比不考虑渗流作用情况下增加33.65%和16.98%。说明考虑渗流作用后，岩体的应力扰动增加，围岩的破坏区也有较明显的增加，渗流对洞室围岩稳定具有一定影响。

（3）考虑渗流作用后，洞周的拉应力值比不考虑渗流作用时略有减小，减小幅度大约0.1~0.3MPa；而压应力值有所增加，增加幅度大约1~3MPa，总的应力偏张量略有加大，所以导致洞周的围岩破坏范围有所加大，但对总体的洞周应力分布格局没有多大改变，只是使应力集中程度有所增加。

（4）考虑渗流作用后，洞周的锚杆应力有所增加，增加幅度大约为5~20MPa；主厂房的锚索应力值有所加大，但母线洞和尾水管之间的锚索应力值有所下降，与不考虑渗流作用工况相比，锚索应力增减变幅大约2~40MPa。说明在渗流场作用下，对锚杆和锚索应力大小有所影响，但影响不是太大。

（5）考虑渗流影响后，主厂房和主变洞室顶拱喷层拉应力有所增加，增加幅度为0.25~0.35MPa，边墙和洞室交叉口的拉应力略有下降，但在洞室交口最大拉应力仍达到3.14MPa；洞室喷层的压应力普遍加大，顶拱的增加幅度大约为-0.3~-0.4MPa，边墙增加幅度大约为-0.4~-1.1MPa。喷层的应力变化和分布规律与不考虑渗流影响的情况基本相似。说明渗流作用使喷层偏张应力加大，对喷层的受力具有一定影响。

（6）考虑渗流作用后，洞室边墙的位移在渗流场作用下加大，主厂房2号机组上下游边墙最大位移分别达到5.11cm和4.30cm，比不考虑渗流作用分别增加了1.8cm和0.7cm，在软弱夹层与洞室的交口处上下游边墙的位移达到8.44cm和7.15cm，比不考虑渗流工况增加35.7%和11.0%。主厂房3号机组的洞周位移分布规律与2号机组基本相同，只是位移量值略小一些。说明渗流使洞周位移有明显的加大，对围岩稳定有一定影响。

（7）从洞周的位移矢量分布规律看，考虑渗流作用后，洞周的位移基本以上抬为主，洞室顶拱的下沉位移略有减小。说明在渗流作用下，洞周的水平位移并不大，主要是洞室底部水压引起的围岩变形，如果防渗帷幕和排水措施再向下适量延伸，对渗流对洞室的稳定将会更小。

综上所述，考虑渗流作用后，围岩破坏区、洞周应力、锚杆应力、喷层应力、洞周位移都有所加大。说明渗流对洞室围岩稳定有一定影响，但总体影响不太大。适量加深防渗帷幕对减小渗流对洞室的稳定的影响更为有利。

5. 围岩长期稳定性分析

在对地下电站洞室群的地质条件及地下洞室结构详细分析的基础上，选取地下厂房具有代表性的砂岩、粉砂质泥岩以及二级软弱夹层岩石进行了室内三轴压缩试验、直剪试验、三轴压缩流变试验及剪切流变试验；建立三维地质模型，进行了弹塑性、黏弹塑性计算。

实验结果表明：砂岩长期强度为三轴压缩强度的81.20%~82.60%，长期黏聚力为瞬时黏聚力的93.10%，长期内摩擦角为瞬时内摩擦角的93.80%，长期模量为弹性模量的79.00%~93.30%。粉砂质泥岩的长期强度为三轴压缩强度的75.50%~76.50%，长期黏聚力为瞬时黏聚力的84.40%，长期内摩擦角为瞬时内摩擦角的90.00%，长期模量为弹性模量的70.40%~84.80%；通过对软弱夹层瞬时力学性质和流变力学性质的比较，软弱夹层长期抗剪强度为瞬时抗剪强度的 65.50% ~ 67.40%，长期黏聚力为瞬时黏聚力的 73.20%，长期内摩擦角为瞬时内摩擦角的 77.60%，长期剪变模量是剪切模量的 76.20%。

通过弹塑性计算分析得知，衬砌 + 预应力锚索 + 预应力锚杆 + 系统锚杆这样一个支护方案可以有效地控制洞室围岩变形、提高围岩的最小主应力，减小围岩的最大主应力，提高洞室围岩的稳定性。

黏弹塑性计算分析在无支护工况下对地下洞室进行了流变计算，对相应特征点流变位移变化趋势进行了分析，采用函数拟合的方法确定了围岩的最佳支护时间。根据确定的支护时间，在地下洞室开挖过程中，在相应时刻对地下洞室围岩进行了支护，然后进行了流变计算，通过分析特征点的流变位移变化规律，得到了洞室在支护后的最大流变变形及其长期稳定流变时间。

对于岩性较好的 Ⅱ 类围岩，在进行分层开挖的时候，可以对其延时支护，让围岩充分变形，进行应力释放，以充分利用围岩的自稳能力，减小支护抗力。各断面最佳支护时间为：主厂房为 5 ~ 9d，主变洞为 6 ~ 9d。对于软弱夹层等 Ⅳ ~ Ⅴ 类围岩，由于岩性较差，应力释放过程中其位移一直增大，最大位移达到 43.87mm，而且在进入稳定流变状态后，流变位移保持一定速率继续增大，其变形还会得到发展，为了保证围岩的稳定，确保施工的安全，在开挖后及时支护，以有效维持围岩稳定。

洞室支护后，主厂房最大流变变形 29.73mm，位于 JC2 - 2 上游侧边墙出露处；主变洞最大流变变形 24.2mm，位于顶拱。主厂房长期稳定流变时间基本在 140d 左右，主变洞长期稳定流变时间基本在 120d 左右。由此可以看出，主厂房达到长期稳定流变所需要时间比主变洞的要长，平均相差 25d。

通过支护前后各个计算断面不同特征点的应力对比发现：支护对主厂房最小主应力、最大主应力改善效果以两个边墙最为明显，拱顶和底板次之；支护对主变洞最小主应力改善效果以两个边墙最为明显，拱顶及底板次之；支护对主变洞最大主应力改善效果以上游边墙、底板最为明显，下游边墙和拱顶次之。在流变状态下，支护可以有效减小洞室围岩变形，改善洞室围岩的应力状态，提高围岩的稳定性。

将无支护和支护工况下黏弹塑性计算与弹塑性计算分别进行对比分析，可以得知黏弹塑性计算所得位移明显要比弹塑性计算所得位移大。对于主厂房位移，顶拱弹塑性计算位移为 15.93 ~ 19.11mm，顶拱黏弹塑性计算最大位移为 24.61 ~ 28.43mm，增大幅度为 39.67% ~ 71.44%，平均增幅为 52.97%；上游侧边墙弹塑性计算位移为 21.00 ~ 25.73mm，上游侧边墙黏弹塑性计算最大位移为 29.38 ~ 37.15mm，增大幅度为 18.61% ~ 46.71%，平均增幅为 32.60%；下游侧边墙弹塑性计算位移为 15.11 ~ 28.40mm，下游侧边墙黏弹塑性计算最大位移为 19.86 ~ 39.47mm，增大幅度为 31.44% ~ 51.40%，平均增幅为 37.93%。

对于主变洞位移，顶拱弹塑性计算位移为 13.52 ~ 18.67mm，顶拱黏弹塑性计算最大位移为 22.66 ~ 30.03mm，增大幅度为 44.61% ~ 76.70%，平均增幅为 63.75%；上游侧边墙弹塑性计算位移为 7.48 ~ 13.95mm，上游侧边墙黏弹塑性计算最大位移为 12.09 ~ 24.69mm，增大幅度为 61.63% ~ 91.02%，平均增幅为 72.32%；下游侧边墙弹塑性计算位移为 13.17 ~ 16.04mm，下游侧边墙黏弹塑性计算最大位移为 17.62 ~ 23.59mm，增大幅度为 33.79% ~ 50.73%，平均增幅为 45.20%。

综合分析可以得出，衬砌 + 预应力锚索 + 预应力锚杆 + 系统锚杆这样一个支护方案可以有效控制洞室围岩变形、提高围岩的最小主应力，减小围岩的最大主应力，提高洞室围岩的稳定性。同时，地下洞室经过支护之后，厂房、主变洞各点位移、应力、速率最终均逐步收敛，最终处于长期稳定流变状态。

6. 主厂房顶拱支护

主厂房和主变洞洞室围岩为缓倾角层状围岩，节理裂隙发育，且顶拱以上存在多层软弱夹层，对顶拱稳定性的影响，因此在主厂房和主变洞顶拱除布置系统锚杆外，另布置适量的预应力锚索，以提高层间摩阻力，从而起到"组合梁"效果，提高顶拱的稳定性。

为加快施工进度，利用主厂房顶拱第一层排水廊道，将主厂房顶拱预应力锚索采用对穿锚索，在主厂房顶拱施工前，提前完成第一层排水廊道施工和锚索钻孔施工，在主厂房顶拱开挖后，从排水廊道向下进行锚索的穿索、注浆和张拉锁定等工序，避免与主厂房开挖、系统锚杆施工相互干扰。同时要求主厂房顶拱锚索滞后掌子面距离不超过15m。采取在顶拱开挖爆破前利用第一层排水廊道进行锚索造孔，顶拱两侧扩挖完成后距掌子面一定距离后，一次张拉锁定。

根据块体稳定分析结果，为保证顶拱围岩稳定及施工安全，在地下厂房顶拱设计有对穿型无粘结预应力锚索，分别从地下厂房顶部的三个排水廊道对穿至主厂房顶拱。在横断面上，每排布置4束锚索，排间距视顶拱围岩类别为4.5～7.5m，共40排，160束，设计张拉力为2000kN，锚索长度为30m左右。主厂房吊顶对穿锚索布置图见图1.2－1。

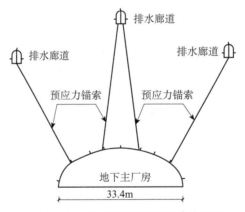

图1.2－1　主厂房吊顶对穿锚索布置图

为便于开挖面形成后及时下索形成深层支护，有利围岩稳定，确保施工安全，向家坝水电站地下厂房顶拱对穿锚索开创性的利用在主厂房开挖前已施工完成的顶拱排水廊道，在排水廊道内施工锚索孔至主厂房顶拱，安装排水廊道端的钢锚墩，待主厂房第一层开挖出露锚索孔时，利用升降台车或类似设备安装厂房顶拱端钢锚墩，再从排水廊道内往下穿入锚索并固定，而后进行锚索张拉、封孔灌浆、锚头保护等。地下厂房顶拱对穿锚索设计方案示意图见图1.2－2。

提前进行主厂房顶拱锚索造孔施工，优先完成灌浆廊道和排水廊道开挖，可减少主厂房开挖渗水量，加快开挖施工进度；可以在主厂房顶拱提前完成围岩变形监测仪器的埋设，以获得岩体变形的初始值，以便对厂房开挖全过程进行监测，通过开挖过程中的实测变形观测数据，对开挖过程中洞室稳定进行分析，为开挖、支护提供科学指导；主厂房顶拱对穿锚索

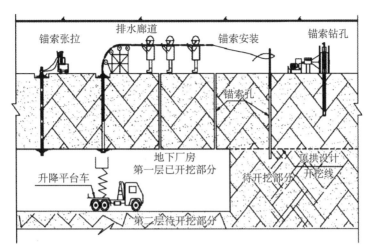

图 1.2-2　地下厂房顶拱对穿锚索设计方案示意图

在开挖揭露面之前需完成钻孔，以便于开挖面形成后及时下索形成深层支护，有利围岩稳定，确保施工安全。

1.2.2.3　变顶高尾水隧洞设计

根据向家坝地下电站引水发电系统过渡过程分析，一些工况尾水管进口处的真空度不满足规范要求，而受尾水出口地形地质条件的限制，又不宜设置规模巨大的尾水调压室，根据向家坝水电站的运行特点，将尾水隧洞设计成变顶高尾水隧洞。

变顶高尾水隧洞的工作原理是利用下游水位的变化（即水轮机淹没深度的变化），来确定尾水洞（包括尾水管）有压满流段的长度不超过极限长度，使整个尾水系统始终满足过渡过程中对尾水管进口处真空度的要求，从而起到取代尾水调压室的作用。变顶高尾水隧洞示意图见图 1.2-3。

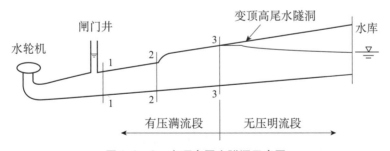

图 1.2-3　变顶高尾水隧洞示意图

向家坝变顶高尾水隧洞采用两机合一的布置形式。⑦、⑧号机组与⑤、⑥号机组尾水支洞的下游段分别汇入①、②变洞顶高尾水隧洞。

变顶高尾水隧洞出口断面为 $20\mathrm{m} \times 34\mathrm{m}$（宽×高）的城门洞形，尾水隧洞的出口底部高程为 244.000m，出口顶部高程为 278.000m。①变顶高尾水隧洞长 263m，断面高度 31.37～34.00m；②变顶高尾水隧洞长 199m，断面高度 32.0～34.00m。变顶高尾水隧洞的底部坡度为 3%，顶部坡度为 4%。

尾水隧洞处于 T_3^{2-6} 巨厚层砂岩岩组中，洞室顶拱距离 T_3^3 岩层超过 40m，两条变顶高尾水隧洞净距47.1m，洞室间的岩体厚度超过两倍洞径，围岩条件较好。

向家坝变顶高尾水隧洞的工作方式为：当电站运行尾水位为最低尾水位265.300m时，变顶高尾水隧洞内的水流流态为明流；当电站运行尾水位高于278.000m时，变顶高尾水隧洞内的水流流态为有压流；当电站运行尾水位介于两者之间时，变顶高尾水隧洞内前部分为有压流，后一部分为明流。满流时洞内最大流速为2.79m/s。

根据变顶高尾水隧洞的工作特性，向家坝地下电站在变顶高尾水隧洞设置了通气结构，当变顶高尾水隧洞在下游水位波动或明、满流交替时，能够迅速排走水流所夹带的压缩空气，及时补气消除洞顶负压，从根本上改善变顶高尾水隧洞内明、满水流交替变化带来的压力变化，从而有效保证尾水隧洞的结构安全。

向家坝的变顶高尾水隧洞采用模型试验结合数值计算方法对电站过渡过程进行分析研究，对电站运行实际监测和反馈分析。

1.2.2.4 防渗排水设计

右岸地下电站位于右坝头坝轴线附近，围岩新鲜完整，地下厂房垂直埋深110~220m左右。但主厂房距水库岸坡最近距离仅95m左右，而且河床边坡卸荷区裂隙较为发育，具有典型的高水位地下洞室群特点。厂房顶部T_3^3岩组为含煤岩层，受地下水影响较大，从地下水长期观测资料和钻孔初步分析，地下洞室群区域内存在2层地下水，这些因素对围岩稳定和电站的正常运行很不利，因此地下电站洞室群岩体渗流控制设计至关重要。

根据洞室群布置和厂区地形、地质及水文地质条件，通过分析厂区岩体渗透特性，分析各种渗控措施的效应与作用，拟定出不同渗控方案。并通过对地下厂房洞室群厂区各种防渗排水布置方案计算分析，综合评价各方案的防渗排水效果，确定了地下厂房洞室群防渗排水系统布置方案。厂区防渗排水系统平面布置图见图1.2-4。厂区防渗排水系统剖面布置图见图1.2-5。

1. 防渗帷幕布置

地下电站防渗帷幕与坝基防渗帷幕相结合。上游帷幕灌浆廊道位于主厂房洞室上游侧边墙30.00m处，分三层布置，从上至下分别为第一层帷幕灌浆廊道、第二层帷幕灌浆廊道和第三层帷幕灌浆廊道，防渗帷幕顶部高程384.00m、孔底高程为174.00m。上游帷幕灌浆廊道在7、8号机附近向上游旋转45°向山体内延伸350m。上游帷幕灌浆廊道每层长580m。在主厂房洞室群下游和两侧设置二层帷幕灌浆廊道，从上至下分别为第二层帷幕灌浆廊道和第三层帷幕灌浆廊道，分别与上游对应帷幕灌浆廊道相通。下游帷幕顶部高程298.00m、孔底高程为195.00m。下游侧帷幕灌浆廊道距主变洞下游边墙30.00m。洞室群两侧帷幕灌浆廊道分别距主厂房两端墙30.00m。下游和两侧帷幕灌浆廊道每层长633m。

2. 排水廊道布置

厂外排水廊道共分四层布置，从上至下廊道高程分别为336.32m、320.00m、274.74m和233.00m（下游高程为260.00m）。

第一层排水廊道：顶层排水廊道沿主厂房纵轴线方向布置，长度为275.00m，其中主厂房顶拱排水廊道高程为336.32m，位于顶拱上方30m处，主变洞顶拱廊道高程为317.74m，位于主变洞顶拱上方20m处，结合预应力对穿锚索布置，在主厂房和主变洞之间布置一条顶层排水廊道，高程为320.00m。主厂房顶拱排水廊道上下游各布置一排向下方倾斜排水孔，上游与主厂房上游侧第二层排水廊道相通，下游侧与主厂房和主变洞之间排水廊道相通。主

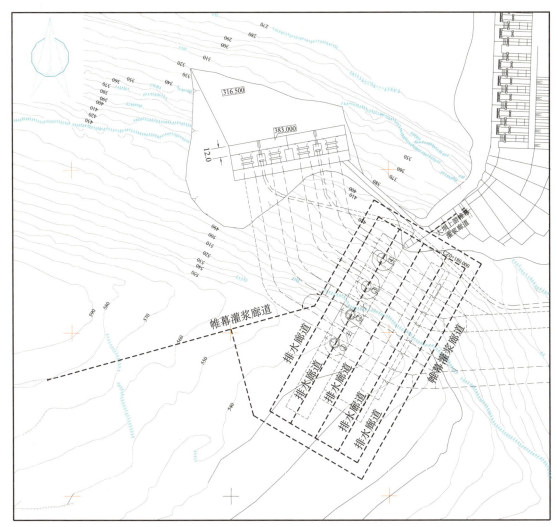

图 1.2-4　厂区防渗排水系统平面布置图（单位：m）

变洞顶拱排水廊道上下游各布置一排排水孔，上游侧排水孔向上方倾斜，与第一层中间排水廊道相通，下游侧排水孔向下方倾斜，与主变洞下游侧第二层排水廊道相通。

　　第二、三、四层排水廊道：为减少地下水对主厂房和主变洞洞室边墙的影响，在主厂房和主变洞外周布置封闭的排水廊道。排水廊道位于洞室群边墙（端墙）与防渗帷幕之间，与边墙和防渗帷幕的距离均为 15m。在第二层排水廊道底板布置垂直排水孔，直达第三层排水廊道顶拱，第三层排水廊道底板垂直排水孔直达第四层排水廊道顶拱，第四层排水廊道底板布置垂直向下的排水孔。第二、三、四层排水廊道长度均为 804m。

　　第一、二层廊道排水自流排向下游，第三、四层下层廊道排水流向厂区集水井中。在主厂房上游侧第四层排水廊道局部扩挖布置厂区集水井和排水泵房，水泵房地面高程为 233.00m。排水泵房通过顶拱排水竖井与④号施工支洞相通（高程为 247.30m），厂区渗漏集水经④号施工支洞，由水泵抽排至高程 300.00m 后自流排入下游。

　　排水廊道断面为城门洞形，断面尺寸为 2.0m×2.5m。在排水廊道竖直方向按孔距为 2.5m 布置孔径为 110mm 排水孔，以形成排水帷幕。

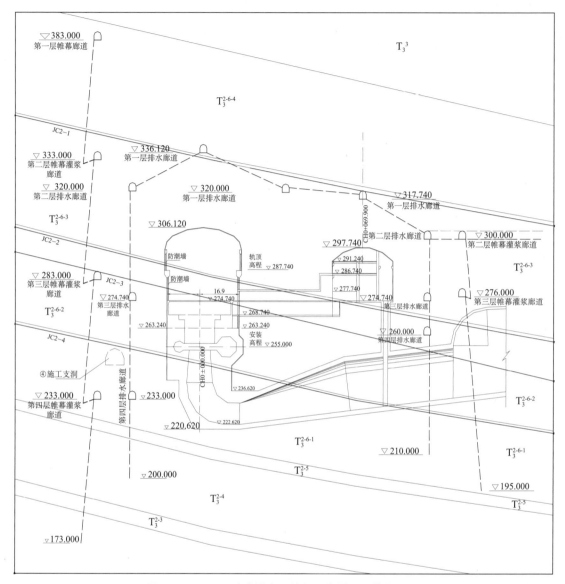

图 1.2－5　厂区防渗排水系统剖面布置图（单位：m）

主厂房和主变洞厂内排水孔根据洞室顶拱及边墙等部位岩壁地下水渗漏情况，按渗水大、多布孔，渗水小、少布孔的原则进行布置。主厂房和主变洞洞室顶拱以对称轴为中心，径向辐射布置系统排水孔，在洞室边墙布置与水平面呈 10°～20°仰角的排水孔，以增加排水效果。厂内排水通过厂房两侧防潮墙内竖向排水管将厂内渗透水引至排水沟和预埋排水管道，流入厂区渗漏集水井。

1.2.2.5　岩锚吊车梁设计

右岸地下电站主厂房起重设备为两台 1200t/200t 大桥机，最大轮压达 1250kN，是目前已建、在建和拟建工程中起吊重量最大的桥机之一，其支承结构型式是结构设计研究的重要内容之一。

地下电站吊车梁采用岩锚吊车梁型式。岩锚吊车梁布置在主厂房上下游边墙上，吊车梁轨顶高程为287.74m，梁顶高程287.57m，梁宽2.0m，梁高3.0m，岩壁角$\alpha=33°$，单侧岩锚梁长255m。

吊车轮压分布系数采用弹性地基梁法、应力重叠法和参考龙滩仿真材料模型实验方法进行计算，上述三种方法计算结果综合考虑后取0.88；岩体弹性抗力系数参考已建工程经验、考虑向家坝工程岩体特性（洞室围岩为缓倾角、厚至巨厚层砂岩，围岩分类为Ⅱ类围岩）后取值为$2.0N/mm^3$。

岩锚梁稳定计算采用刚体平衡法，即将桥机轮压转换为均布荷载作为岩锚吊车梁的外荷载，利用岩台的支撑和锚杆的拉力保持岩锚吊车梁的稳定。在计算中，假定岩锚梁梁体为一不变形的刚性结构、按照传统的计算方法选取支撑锚杆作为支撑点。

岩锚梁梁体纵向钢筋按照弹性地基梁进行计算，水平钢筋按照《水工混凝土结构规范》中牛腿有关要求进行计算，并满足有关规范构造要求。

根据向家坝地下电站岩壁梁开挖过程中开挖出露的地质特性、地质缺陷等问题，采用刻槽置换、岩壁补台并增设岩壁梁护壁墙和护壁柱方案，对岩壁梁地质缺陷进行加固处理，不同处理措施各有侧重，又相互补充，有机结合，解决了桥机起吊重大件时地质缺陷部位岩壁梁位移变形过大的技术问题。

岩锚梁跨交通洞处，为不影响进厂交通洞运输，在进厂交通洞两侧设立柱和吊车梁形成现浇钢筋混凝土刚架结构。现浇钢筋混凝土刚架结构与岩锚梁连接部位设置永久结构缝，并在靠近岩锚梁的立柱上布置牛腿支撑岩锚梁，以加强结构缝处岩锚吊车梁。钢筋混凝土刚架结构的吊车梁上部布置2排砂浆锚杆锚入岩石内，为安全计，在钢筋混凝土刚架结构范围内的系统锚杆均锚入吊车梁和立柱内。岩锚梁标准截面图见图1.2-6。

1.2.2.6　有毒有害气体研究

向家坝地下电站洞室系统存在瓦斯（甲烷、硫化氢等），其鉴定与防治工作分为施工期和运行期两个时期，中国水电顾问集团中南勘测设计研究院与煤炭科学研究总院重庆研究院联合开展了相关工作。

为鉴定向家坝地下电站洞室瓦斯等级，并提出防治措施，在右岸地下电站开挖前期和地下电站洞室群已基本形成的不同阶段，全面收集了地下洞室施工的通风、瓦斯检测等资料，根据测量结果和收集资料对各地下洞室的瓦斯等级进行了鉴定，并提出施工期和运行期瓦斯防治的技术措施。

目前尚没有专门针对水电站地下洞室和廊道的瓦斯隧道技术规范，对瓦斯隧道进行瓦斯等级鉴定和防治的标准有TB 10120—2002《铁路瓦斯隧道技术规范》和《煤矿安全规程》（2009年版）。《铁路瓦斯隧道技术规范》主要针对施工期间穿过煤层、含瓦斯地层或有天然气涌出的隧道制定，瓦斯隧道运营期间瓦斯涌出量会不断衰减；《煤矿安全规程》针对生产矿井或建设中的矿井制定。

施工期间，向家坝地下电站洞室和廊道属于隧道类型，与铁路隧道相比，除用途不同、断面差异外，施工方法及施工中的灾害等基本相似，瓦斯等级鉴定以《铁路瓦斯隧道技术规范》为主要依据，并参照《煤矿安全规程》进行鉴定。

运行期间，向家坝地下电站洞室和廊道瓦斯来源与矿井有很大的差异性；与运营期间的瓦斯隧道有较多相同之处，采用《铁路瓦斯隧道技术规范》更适合向家坝水电站地下洞室和廊道。

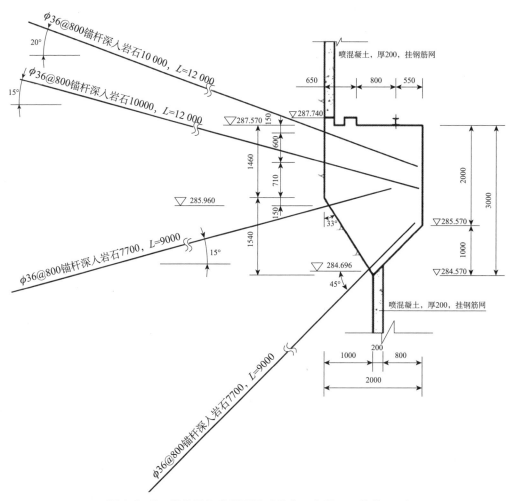

图 1.2 - 6 岩锚梁标准截面图（单位：高程 m；其他 mm）

向家坝地下电站属隧道施工类型，因目前针对水电站隧道施工尚没有专门的瓦斯隧道技术规范。与铁路隧道相比，除用途不同、开挖断面差异外，施工方法及施工中的灾害基本相似，因此，依据 TB 10120—2002《铁路瓦斯隧道技术规范》中的有关规定确定向家坝地下电站施工工区的瓦斯等级。

1. 施工期瓦斯防治

1）施工期瓦斯等级

地下电站各洞室在正常施工条件下为低瓦斯隧道，若在施工过程中任一工区的瓦斯涌出量达到或超过 $0.5 m^3/min$ 时，则该工区应及时鉴定为高瓦斯工区，其所在的隧道为高瓦斯隧道，施工全过程应按《煤矿安全规程》进行管理。

2）施工期瓦斯防治技术

低瓦斯工区施工可采用普通电气设备，采用煤矿许用的爆破器材和爆破方式。低瓦斯隧道中的瓦斯涌出量较小，但由于隧道采用非防爆电气设备，若通风不良、风速太小、风量不足可能出现风流中瓦斯超限或局部瓦斯积聚，对安全施工构成隐患。地下电站洞室多，断面尺寸大，弯道多，且对外的洞口较少，施工期间通风系统较复杂，施工中应进行通风设计，采用合理、可靠的通风方式，形成稳定可靠的通风系统，保证风量足风流稳定，并组织专业的通风队伍对通风系统进行管理，加强风量测定工作，及时排除通风中存在的安全隐患。

做好瓦斯检测和安全监控。建立由光学瓦斯检测仪（专职瓦斯检查员携带）、便携式瓦斯检测报警仪（管理人员、班组长、特殊作业人员及行走机械操作人员等携带）和安全监控系统构成的综合瓦斯监控体系。专职瓦斯检查员必须持证上岗，实行三班跟班检查工作制，按瓦检员操作规程进行检测、记录、汇报。

爆破作业必须按照煤矿爆破作业要求进行，对瓦斯涌出异常区必须采用湿式钻机，爆破15min 后应巡视爆破地点，检查通风、瓦斯、粉尘、瞎炮、残炮等情况，遇有危险必须立即处理。在瓦斯浓度小于 0.5%，解除警戒后，工作人员方可进入开挖工作面作业。

在低瓦斯工区施工过程中，必须高度重视因塌方可能造成的大量瓦斯快速涌出。根据围岩情况及前方可能遇到的瓦斯地质构造，支护应紧跟开挖工作面并需加强支护、调整爆破参数，保证不发生大面积塌方；做好超前预测预报工作，提前探明开挖面前方的地质构造、煤层情况、瓦斯赋存情况，做到"有疑必探，先探后掘"。避免出现异常瓦斯涌出而造成的瓦斯事故。

建立健全各种规章制度，如特殊作业人员的岗位责任制，入洞检身及出入洞登记制度和瓦斯检测制度等。做到有令必行，有禁必止。施工人员及管理人员必须经过安全技术培训。特殊作业人员必须持上岗证，形成从上至下的全方位瓦斯防治管理体系，及时发现分析解决施工过程中的瓦斯问题。

2. 地下电站运行期瓦斯防治

1）运行期瓦斯等级

根据现场检测结果，地下电站主厂房洞室群、边坡排水洞在电站运行期间为无瓦斯隧道；灌浆廊道和排水廊道在电站运行期间为低瓦斯隧道。

2）运行期瓦斯防治技术

有毒有害气体防治采用结构措施、通风措施、设备措施、监控措施和管理措施综合治理。地下洞室综合采用喷混凝土和混凝土衬砌封闭，洞室布置有监测和通风设备。低瓦斯洞室（廊道）机电设备采用防爆设备。

地下电站主厂房洞室群为无瓦斯隧道，由于其周边廊道有可能存在有毒有害气体，虽然这些廊道有密闭门与厂房隔断，从安全的角度出发，除按《水力发电厂采暖通风和空气调节设计技术规定》进行常规设计外，在设计中尽量使通风系统能满足不让有毒有害气体在厂房内积聚的要求。

整个地下厂房通风系统按主机洞和主变洞 2 个大系统设置，母线洞位于主机洞与主变洞之间，归于主机洞系统之中，重复使用主厂房排风。主机洞采用机械送风，机械排风系统；主变洞采用自然进风，机械排风系统。

1.3 施工总体规划

1.3.1 地下电站主要工程量

地下电站采用岸塔式进水口、单机单洞引水、"两机合一洞"变顶高尾水布置。在坝址区右岸山体长 700m、宽 300m 的范围内,共布置体型各异、大小不等的洞室约 120 条。这些洞室纵横交错、平竖相贯,组成复杂的大型地下洞室群。主要洞室的设计特性见表 1.3-1。

表 1.3-1 地下电站主要洞室工程特性表

序号	名称	典型开挖尺寸 (长×宽×高)	结构特点	数量	支护设计
1	主厂房	255.4m×33.4m×85.5m	城门洞形	1	ϕ32 锚杆 6m/9m; 2000kN 锚索 30~40m
2	母线洞	40m×11.7m×14.45m	城门洞形	4	ϕ28 锚杆 4.5m/6.5m
3	主变洞	192m×26.3m×24.4m	城门洞形	1	ϕ32 锚杆 5m/7m; 2000kN 锚索 20m
4	尾水闸门井	20.3m×6.3m×46m	矩形	4	ϕ25 锚杆 4.5m/6m
5	尾水扩散段	ϕ15.4m;18.2m×20.95m	圆形渐变为城门洞形	4	ϕ32 锚杆 6m/9m; ϕ25 锚杆 4m/4.5m/6m; 锚索 20~33m
6	尾水支洞	17.65(27.18)m×18.3m×22.8m	城门洞形	4	ϕ25 锚杆 4m/4.5m/6m; 尾支对穿预应力锚杆 ϕ32,4.07~11.7m; 1500kN 锚索 20~40m
7	尾水主洞	(263.78,199.78)m×24.3m×(34.22~38.15)m	变顶高	2	ϕ32 锚杆 9m; ϕ28 锚杆 6m; ϕ25 锚杆 6m; 1500kN 锚索 30m
8	引水隧洞	(176.84~283.4)m×ϕ(15.3~16.3)m	圆形	4	ϕ25 锚杆 4.5m/6m; ϕ32 锚杆 9m
9	排沙洞	470m×ϕ7.2m	圆形	1	锚杆 ϕ25~ϕ36,L=3~8m
10	电缆竖井	14.2m×11.2m×217.76m	矩形	1	ϕ25 锚杆 6m; ϕ22 锚杆 4.5m

地下电站规模巨大,主要工程量为土石方明挖 467 万 m^3,石方洞挖 159 万 m^3,锚杆 19 万根,锚索 2788 束,帷幕灌浆 23 万 m,固结灌浆 16 万 m。

1.3.2 地下电站洞室群施工程序

由于地下电站洞室群规模巨大,且有较大软弱夹层出露,为保证围岩稳定和工程安全,通过采用弹塑性损伤三维有限元计算方法,分析比较了不同施工程序对围岩稳定的影响:

方案 1:主厂房先开工,主变洞在主厂房第 Ⅰ 层开挖完成后开挖;

方案 2:主厂房、主变洞同时开工;

方案 3:主厂房先开工,主变洞在主厂房上、中部第 Ⅰ、Ⅱ、Ⅲ 层开挖完成后开挖。

计算成果表明，开挖方案 1 和方案 3 由于塑性耗散能总量较小，岩体破坏总量较少，优于方案 2；在洞室群的开挖过程中，主厂房洞室先开挖，再开挖主变洞，两洞之间的开挖影响较小，对改善洞室围岩稳定有利。结合工期分析、施工方法和施工交通布置，工程设计单位推荐采用方案 1，该方案计算主厂房顶拱最大位移为 20.4mm、边墙最大位移为 62.5mm。

1.3.3　施工组织

地下电站施工的关键线路为：主厂房开挖支护→混凝土浇筑和埋件安装→机组安装。为满足设计技术要求，确保施工和工程安全，将与地下电站相关的工程项目划分为三个标段。

（1）岸坡和辅助洞室工程标段。主要为施工支洞和灌浆排水廊道，在地下电站主体工程开工之前组织施工。

（2）安全监测标段。涉及工程建设和运行期的永久监测工作，先于地下电站主体工程招标，确保在主体工程施工前，获取监测数据初始值。

（3）地下电站标段。其施工组织总体原则为：从上往下分层开挖；上层支护完成足够距离后启动下层开挖；在完成其上部的灌浆排水廊道开挖并完成与顶拱对穿锚索钻孔和安全监测仪器埋设后，开始主厂房顶拱层开挖；厂房中下部开挖前完成相应部位的施工期帷幕施工；洞室与厂房边墙相交部位，按"先洞后墙"顺序施工。

1.3.4　总进度计划

地下电站合同工期 75 个月，施工过程中根据现场实际情况有所调整。由于主厂房一线是关键线路，总进度计划围绕主厂房进行，引水系统、尾水系统、灌排系统在满足关键线路进度的基础上进行安排：

2006 年 8 月 31 日开始主厂房开挖，2009 年 4 月 30 日主厂房开挖完成，开挖支护历时 32 个月；

2009 年 5 月开始金属结构安装及混凝土浇筑，2010 年 1 月开始向机组安装标第一次交面，金属结构安装及混凝土浇筑直线工期 8 个月；

2010 年 2 月机电标段开始座环、蜗壳等大型机组埋件安装，安装完成后于 2010 年 6 月底开始向土建标反交面，大型机组埋件安装工期 5 个月；

2010 年 7 月开始蜗壳二期混凝土、上部结构混凝土浇筑，2011 年 1 月开始向机电标第二次交面，直线工期 7 个月；

2012 年 6 月，第一台机组安装完成，土建施工基本结束，总工期 70 个月；2012 年 11 月，第一台机组投产发电，2013 年 4 月，最后一台机组投产。

第2章 引水系统

水电站引水系统是将发电用水输送给水轮机组的水工建筑物。向家坝地下电站引水系统因地制宜，进水口采用岸塔式布置，引水洞采用"一机一洞"、不设上游调压井布置方式。右岸地下电站进水口处于地势险峻、地质条件复杂等特殊环境，土石方开挖面临倒悬体、渣料入江影响通航等突出问题；引水隧洞断面大，有55°斜井且空间拐弯，石方洞室开挖成型难，混凝土浇筑安全风险大。本章重点对上述问题和难点进行论述。

2.1 工程设计

2.1.1 进水口

右岸地下厂房进水口布置在向家坝枢纽右岸山体上游采石场附近，距离大坝坝头约250m，由公路连接进水口与坝顶交通。进水口型式为岸塔式，主要由引水渠和进水口塔楼两部分组成。

引水渠底高程314.50m，起始宽度148m，渠道两侧岸坡各以17°的角度将渠道扩宽。

进水口塔顶高程384.00m，底板高程325.00m，建基面高程322.00m，塔高62.00m；建筑物顺水流方向宽31m，依次布置有拦污栅段、喇叭段、闸门段、方形段；垂直水流方向总长148m，由右至左"一"字形并排布置了4孔进水口，分别对应地下厂房⑧~⑤机。

⑧、⑦机进水口之间与⑥、⑤机进水口之间，分别布置有排沙支洞进口段，排沙支洞直径为5m，底板高程315.00m，比进水口底板低1.0m，排沙支洞经岔洞汇合，其主洞出口布置在尾水出口平台的附近。

塔顶下游侧设置有6m宽的交通桥与岸边山体相接，桥面高程与塔顶高程一致，为384.00m；塔体上游侧与岸边马道相接，由此与交通桥形成交通回路。进水口塔顶平台和坝顶之间由公路进行连接。进水口平面布置图见图2.1-1。

进水口边坡开挖范围为EL520.00m~EL314.50m，最大开挖高度206m，涉及T_3^3岩层的边坡开挖高度约80m。土石方设计开挖总量1 035 100m³，锚索148根，锚杆15 365根，喷C25混凝土5936m³，排水孔20 484m。相关参数见表2.1-1。

图 2.1-1　进水口平面布置图（单位：m）

表 2.1-1　进水口边坡开挖支护主要参数表

序号	高程（m）	放坡比例	支护参数	其他
1	420.00 以上	1：0.75	挂钢筋网 $\phi6@200mm\times200mm$，喷混凝土厚 12cm；采用系统锚杆 $\phi28@2.0m\times2.0m$，$L=4.5m$ 和 $L=9m$ 相间布置；排水孔排间距 $3m\times3m$ 梅花形布置（带反滤层），孔深 3～15m	每 15m 设一级 3m 宽马道；高程 480m、420m 各布置一条排水洞，断面 $3m\times3.5m$，洞长分别为 187m、206m
2	384.00～420.00	1：0.3	挂钢筋网 $\phi6@200mm\times200mm$，喷混凝土厚 12cm；采用系统锚杆 $\phi28@2.0m\times2.0m$，$L=4.5m$ 和 $L=9m$ 相间布置；排水孔排间距 $3m\times3m$ 梅花形布置（带反滤层），孔深 3～15m	高程 404.00m 设一级 3m 宽马道；高程 404m 布置一条排水洞，断面 $3m\times3.5m$，洞长 235m
3	360.00～384.00	1：0.3	挂钢筋网 $\phi6@200mm\times200mm$，喷混凝土厚 12cm；系统锚杆 $\phi28$、$L=6.0m$ 和 $\phi32$、$L=9.0m$ 相间布置，间排距 2.0m	高程 384.00m 设 6m 宽马道
4	360.00 以下	垂直开挖	挂钢筋网 $\phi6@200mm\times200mm$，喷混凝土厚 10cm；系统锚杆 $\phi28$、$L=6.0m$ 和 $\phi32$、$L=9.0m$ 相间布置，间排距 1.5m	

2.1.2　进水塔

进水口塔楼的长轴方向为 NE80°，总长 160m，沿水流方向塔宽 31m。顺水流方向依次布置有拦污栅、检修闸门、工作闸门。每个进水口设 6 扇 4.2m×36m（宽×高）的拦污栅（平面直立式），顶部封栅板高程 360.00m，底部高程 324.000m。检修闸门孔口尺寸 11.00m×16.00m（宽×高），快速事故闸门孔口尺寸 11.00m×15.50m（宽×高）。事故闸门后设两个大小 1.7m×2.8m 的通气孔，面积为 7.94m^2。

主要设计工程量为：底板混凝土 1800m^3，塔体混凝土 142 625m^3，拦污栅及其联系梁混凝土 15 040m^3，二期混凝土 1800m^3，预制混凝土 650m^3，合计 181 797m^3。

2.1.3 引水洞

右岸地下厂房共设计有 4 条引水隧洞，布置在进水塔与主厂房之间，每条引水隧洞均由进口渐变段、上平段、上弯段、斜井段、下弯段、下平段及进厂房前渐变段组成。相邻引水隧洞之间中心距离为 36～40m，斜井段倾角为 55°；⑧、⑦引水洞标准段开挖直径为 16.3m，长度分别为 283.475m、248.036m；⑥、⑤引水洞标准段开挖直径为 15.3m，长度分别为 212.335m、176.896m。开挖支护分项工程主要包括石方洞挖、各类锚杆、挂网喷混凝土等工程项目，以及工程测量断面、围岩监测等工作内容。⑧～⑤引水隧洞开挖支护主要设计工程量见表 2.1-2。

表 2.1-2　⑧～⑤引水隧洞开挖支护主要工程量表

部位	序号	主要施工项目		单位	工程量
⑧引水隧洞	1	石方洞挖		m^3	60 021
	2	喷混凝土 C25		m^3	1864
	3	φ8@0.2m×0.2m 挂网钢筋		t	49
	5	锚杆	φ25，L=4.5m 入岩 4m	根	1913
	6		φ25，L=6m 入岩 5.5m	根	1058
	7	φ32，L=9m 入岩 8.5m		根	877
⑦引水隧洞	1	石方洞挖		m^3	52 660
	2	喷混凝土 C25		m^3	1628
	3	φ8@0.2m×0.2m 挂网钢筋		t	43
	5	锚杆	φ25，L=4.5m 入岩 4m	根	1510
	6		φ25，L=6m 入岩 5.5m	根	1061
	7	φ32，L=9m 入岩 8.5m		根	865
⑥引水隧洞	1	石方洞挖		m^3	40 601
	2	喷混凝土 C25		m^3	1376
	3	φ8@0.2m×0.2m 挂网钢筋		t	36
	5	锚杆	φ25，L=4.5m 入岩 4m	根	1878
	6		φ25，L=6m 入岩 5.5m	根	839
	7	φ32，L=9m 入岩 8.5m		根	800

续表

部位	序号	主要施工项目		单位	工程量
⑤引水隧洞	1	石方洞挖		m³	34 154
	2	喷混凝土 C25		m³	1192
	3	φ8@0.2m×0.2m 挂网钢筋		t	31
	5	锚杆	φ25，L=4.5m 入岩 4m	根	1429
	6		φ25，L=6m 入岩 5.5m	根	882
	7		φ32，L=9m 入岩 8.5m	根	748

2.2 主要技术问题

2.2.1 进水口土石方明挖

进水口土石方明挖受地理位置特殊、地势险峻、地形条件复杂等原因影响，其施工难点主要表现在以下几个方面：

（1）进水口开挖边坡高、陡，边坡稳定问题突出。

（2）坡陡且有陡坎带穿过，中上部出渣道路布置难、出渣方式受到限制。

（3）边坡距离河床近，坡面滚石、爆破渣料容易进入江内，影响通航。

（4）12 号道路作为右岸低线通道，穿过坡脚，开挖渣料容易将其阻断。

2.2.2 倒悬体开挖与支护

施工过程中，发现进水口边坡上游 EL450m～EL384m 倒悬体长度约 75m，总方量约 36 000m³，其中分布在进水口边坡设计开挖范围内倒悬体约 55m，开挖方量约 25 000m³。根据地质资料及上游侧边坡开挖出露实际地质情况，该部位结构面节理裂隙发育，岩石完整性差，加上受爆破振动及日晒雨淋等气候因素的影响，顺河向节理发育加剧，卸荷倒悬体直接威胁到 12 号路通行及河道通航安全。经参建四方研究决定，对设计开挖线范围内的倒悬体进行专项开挖，对开挖线范围外的倒悬体进行专项支护。典型地段倒悬体区域地质素描图见图 2.2-1。

受地质条件和相邻工作面干扰，倒悬体处理机械化施工程度不高，主要依赖人工，从而制约开挖进度，对相邻工作面的干扰更加严重。主要表现在以下几方面：

（1）该倒悬体处理与进水口 EL450m 以下主体边坡开挖形成上下多层立体交叉作业，施工干扰极大，安全隐患十分突出。

（2）倒悬体处理期间爆破飞石和翻渣均对进水口边坡开挖造成严重影响，必将导致进水口 0+128 桩号上游侧边坡无法正常施工，直接占压边坡开挖直线工期。随进水口 0+128 桩号下游边坡逐渐下挖后，0+128 桩号上游边坡将面临无施工道路等相关问题。

（3）倒悬体处理施工区域位于 12 号路正上方，且倒悬体下部自然边坡较陡，倒悬体处理开挖爆破必将阻断 12 号路正常通行，且边坡滚石易砸坏 12 号路路面。为保证施工期间通行安全，倒悬体开挖爆破、甩渣期间 12 号路严禁通行。同时，倒悬体分布区域局部已超出

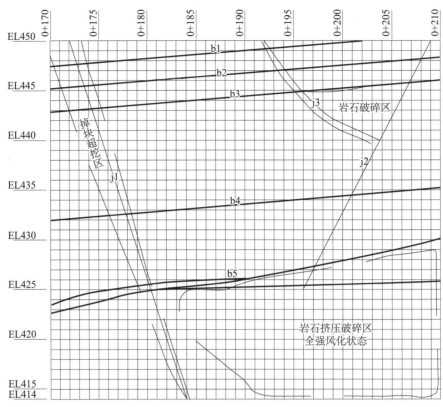

图 2.2-1　EL414m～EL450m 段倒悬体区域地质素描图（单位：m）

设计开挖边线，进水口边坡坡脚现有钢筋石笼挡墙防护范围已不能满足倒悬体开挖挡渣要求，为防止倒悬体施工区开挖渣料直接滚落至 12 号路损坏路面，须延长钢筋石笼挡墙防护范围。

2.2.3　引水隧洞石方洞挖

（1）引水隧洞两洞间隔墙为 20m，相邻洞室开挖时隔墙的稳定问题突出。

（2）引水隧洞斜井段（含上下弯段）高度达 89.8m，洞径达 16.3m，最大倾角 55°。斜井正向扩挖时，人工扒渣工程量巨大、工序循环时间长、工期紧张；扩挖渣料容易堵塞先导孔且处理困难；施工安全问题较为突出。

（3）压力钢管段穿帷幕施工难度大，主要表现在两个方面：一是帷幕灌浆结束 28d 后才能进行引水隧洞下平段开挖，在此之前，30m 范围内不进行任何爆破作业，占压直线工期；二是由于开挖爆破对已灌帷幕的影响，须严格控制爆破最大单段起爆药量，进一步影响施工进度。

（4）根据地质勘查资料反映，存在 3 条较大节理裂隙，且延伸至金沙江底部，开挖至下平（弯）段可能出现涌水。此外，本工程规模较大，地下洞室多且互通，通风散烟问题突出。

2.2.4　引水隧洞混凝土衬砌

（1）混凝土及钢筋运输通道受相邻部位施工进度制约。引水上平（弯）段衬砌通道受进水塔第一层混凝土浇筑制约；钢衬段、引水下平（弯）和斜井段衬砌通道受⑤施工支洞开挖制约，且该支洞作为该部位施工的主要通道，各专业工种作业时的人员、材料、机械均需通过该洞，不仅施工干扰大，还需预留门洞后期封堵（见图 2.2 - 2）。

（2）引水隧洞断面直径大，斜井段衬砌难度大。⑦、⑧机组引水隧洞开挖断面直径 16m，衬砌后断面直径 14.4m，斜井段高差约 50m，倾角 55°，混凝土浇筑立模必须依靠承重结构，安全风险突出；下弯段为空间转弯段，过流面体型控制难度大。

（3）引水隧洞衬砌与灌浆作业施工交叉，相互影响；缺陷处理工期紧。引水隧洞全长设计有固结灌浆，平洞段和弯管段顶拱 120°范围内设计有回填灌浆。因此，如何处理衬砌、灌浆及消缺之间的关系均需提前谋划。

（4）⑤施工支洞封堵撤退工期紧。根据实际情况，机组发电顺序为⑧机→⑦机→⑥机→⑤机。受施工通道限制，⑤施工支洞封堵撤退需由里往外撤退，即按照⑤机→⑥机→⑦机→⑧机的顺序，导致撤退工期异常紧张。

图 2.2 - 2　⑤施工支洞与引水隧洞交叉部位处理方法示意图

2.3　施工方案

2.3.1　进水口

2.3.1.1　施工总原则

开挖自上而下分层、分区进行，开挖一层、支护一层，一层支护完成后才能进行下一层开挖施工。开挖过程中，马道成型之后及时施工排水沟，将水引至坡外。边坡采用预裂爆破，马道预留 2~3m 的保护层，保护层采用手风钻凿孔，底部柔性垫层火花起爆。分层开挖时，采用"宽间距、窄排距"布孔，实施控制松动爆破，向平行于水流方向创造临空面抛掷渣料；严格控制单孔装药量，减小爆破对边坡岩体的震动。分层工程量见表 2.3 - 1，开挖分层见图 2.3 - 1。

表 2.3 - 1　进水口土石方明挖分层工程量

序号	高程（m）	分层高度（m）	工程量（m³）	备注
1	480 以上		21 779	
2	480~475	5	5633	
3	475~470	5	7893	
4	470~465	5	11 360	
5	465~460	5	8124	
6	460~455	5	9769	
7	455~450	5	11 468	
8	450~445	5	12 676	
9	445~440	5	18 100	
10	440~435	5	20 620	
11	435~427.5	7.5	29 265	

续表

序号	高程（m）	分层高度（m）	工程量（m³）	备注
12	427.5～420	7.5	28 869	
13	420～410	10	43 732	
14	410～400	10	48 450	
15	400～390	10	61 984	
16	390～380	10	71 489	
17	380～370	10	80 156	
18	370～360	10	94 992	
19	360～352.5	7.5	66 117	
20	352.5～345	7.5	71 678	
21	345～335	10	92 625	
22	335～328.5	6.5	68 008	
23	328.5～322	6.5	73 140	
24	322～316.5	5.5	52 456	
25	316.5～314.5	2.5	24 719	保护层
合计			1 035 100	

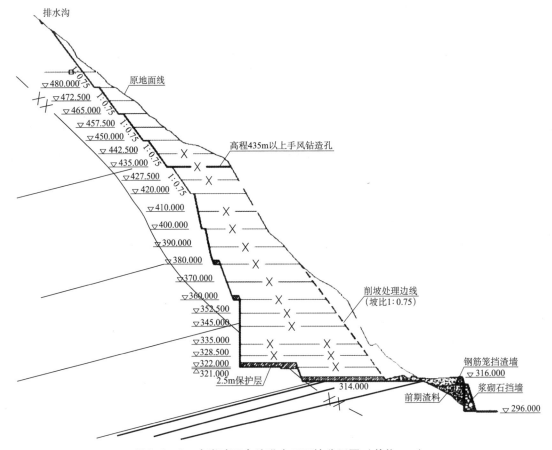

图2.3-1　右岸地下电站进水口开挖分层图（单位：m）

2.3.1.2 开挖方案

根据进水口边坡地质、地形特点，采用直接挖运或者翻渣、倒运的方式进行，具体为：沿坡面布设多级挡渣、溜渣联通通道，渣料集中于坡脚后集中出渣。高程 435～450m 边坡缓坡台地布置截渣槽，利用进⑤、进⑥路直接挖装运输出渣到渣场；高程 360～435m 边坡利用进④、进⑤路直接挖装运输出渣到渣场；高程 360m 以下边坡采用推土机或挖掘机翻渣并沿溜渣坡面（Ⅰ、Ⅳ区的分界面）溜入高程 316m 集渣平台，再运至弃渣场。各关键部位开挖方案如下：

1. 坡脚集渣平台

通过进水口临时道路，对坡脚部位岩体进行开挖，并形成集渣平台。坡脚岩体开挖采用梯段松动爆破（梯段高度 6～8m），孔口覆盖草袋、砂袋（压渣爆破），控制单段药量和总装药量。每次爆破后，及时清除堆积于坡脚的渣料。爆渣采用 CAT330 反铲挖装，15t、25t 自卸汽车运输，经进②路→12 号路至新滩坝渣场。

2. 高程 360.0m 以上边坡开挖

该部位主要为石方开挖，其梯段开挖高度按照 7.5～10m 分层，开挖岩体较薄部位采用 YT28 手风钻钻主爆孔，开挖岩体厚度满足 CM351 高风压钻机通行后再采用 CM351 高风压钻机钻孔；边坡预裂超前，预裂孔采用 QZJ100B 潜孔钻机钻孔，孔向控制采用搭设导向定位架控制；马道保护层厚度 2.0～3.0m，YT28 手风钻钻浅孔，底部柔性垫层火花起爆。大面爆破采用弱松动爆破，宽孔距、小排距爆破，孔口覆盖草袋、砂袋（压渣爆破），控制单段药量和总装药量。爆渣采用 CAT330 反铲挖装，15t 自卸汽车运输，经进⑤、进⑥路至新滩坝渣场。

3. 高程 360.0m 以下边坡开挖

采用 YT28 手风钻找平岩面，CM351 高风压钻钻孔，边坡超前预裂，梯段爆破，梯段高度 5～10.0m，创造临空面（开挖 15m 宽的先锋槽）平行河道走向，弱松动爆破（每次爆破控制渣料在集渣平台容量范围内），以控制飞石入江。爆渣通过 CAT330 反铲或 TY320 推土机翻渣通过溜渣斜面（Ⅰ、Ⅳ区分界面）进入高程 316m 集渣平台。CAT330 反铲在坡脚集渣平台挖装，TY320 推土机集料，ZL50C 装载机辅助，25t 自卸汽车运输，经进①路→12 号路至渣场。

4. 保护层开挖

马道、底板分别预留 2.0m 和 3.0m 厚保护层，保护层采用 YT28 手风钻钻孔，浅孔分层爆破，底部柔性垫层，火花起爆。开挖渣料与其他部位渣料一并翻渣至集渣平台，CAT330 反铲在集渣平台挖装，20t 自卸汽车运输至新滩坝渣场。

边坡开挖质量检测统计见表 2.3－2。

表 2.3－2 进水口边坡开挖质量效果评价统计表

部位	检测项目	不平整度（cm）	半孔率（%）	超挖（cm）	欠挖（cm）
进水口 EL420m～EL492m	检测次数	433	241	408	113
	平均值	14.8	81.2	18.6	0
	最大值	30	95	34	0
	最小值	5	37	7	0

部位	检测项目	不平整度（cm）	半孔率（%）	超挖（cm）	欠挖（cm）
进水口 EL420m~EL345m	检测次数	568	304	525	221
	平均值	9.7	92.3	11.4	0
	最大值	15.5	97	25	0
	最小值	3.4	58	2	0
进水口 EL345m~EL314m	检测次数	17	17	17	15
	平均值	8	87	13	0
	最大值	13	97	33	0
	最小值	4	66	5	0
	允许值	≤15	≥80	≤20	0

2.3.1.3 系统支护

按照开挖的分层、分区，每层开挖后立即进行系统喷锚支护。系统锚杆采用 YG80 导轨钻机造孔，人工安设锚杆，麦斯特注浆机注浆。按照造孔→清孔→锚杆加工→锚杆安装和注浆（6m 长的锚杆先注浆后插杆，9m 长的锚杆先插杆后注浆）的施工程序进行施工。在锚杆安装并完成锚杆和基岩面验收后进行挂网施工，挂网前先喷一层 3~5cm 厚素混凝土，后铺设 $\phi4mm@100mm×100mm$ 的钢丝网，钢丝网随边坡岩面起伏人工铺设，与坡面系统锚杆牢固连接（绑扎）。

喷混凝土采用干喷法施工，在工作面附近平台上设置混凝土临时拌和站集中拌制，SP－3 喷射机施喷，喷射机根据现场工作面情况就近布置。

预应力锚索施工组织的总原则：为开挖施工创造条件，紧跟开挖，快进快退，立面上同时施工，平面上错开布置。施工时，采用 AtlasA66CB、YG－80 等钻机配套高风压潜孔锤及相应口径的高风压球齿合金钻头造孔。选用经检测合格的材料按设计施工图纸要求的尺寸或实际钻孔深度下料并按设计结构图编制锚索。锚索安装时根据锚索编号与锚索孔的对应关系进行索体安装。安装完成后，对外露钢绞线进行临时防护。对于无粘结锚索灌浆严格按照设计要求进行控制。灌浆压力为 0.2~0.4MPa，屏浆压力 0.3MPa，屏浆时间 30min。预应力锚索张拉前，先对投入使用的张拉千斤顶和压力表进行配套标定，并绘制出油表压力与千斤顶张拉力的关系曲线图，并以此作为张拉力控制依据。锚索安装好后连接液压系统，仔细检查各系统的运行情况，确保无误后开始进行张拉。使用 YDC240Q 单根千斤顶进行单根钢绞线预紧张拉，预紧力 30kN，再使用 YCW－250B 型千斤顶对 2000kN 锚索进行整体张拉。锚索张拉灌浆完毕后，用 C40 混凝土对锚索锚头进行保护。

2.3.1.4 加强施工期监测

为了解边坡变形与稳定，进水口边坡设置有变形监测项目。监测结果表明：进水口开挖边坡和自然边坡各测点位移变形变化不明显。进水口边坡钢筋桩钢筋应力计、锚杆应力计、锚索测力计等测值均在正常范围内，月变化量均不大；进水口边坡高程 384m、435m、465m 马道的多点位移计不同深度测点的累计位移大致在 -1.04~8.14mm 之间，月变化量也不大，边坡深部位移较稳定；进水口边坡测斜管各深度处测点水平位移变化稳定，月变化量较小，无异常。

监测资料显示，进水口边坡变形测值较小，系统支护锚杆应力测值正常，右岸进水口边坡整体是稳定的。

2.3.1.5　防止开挖渣料下江影响航运的措施

电站进水口边坡与右岸 EL288.0m ~ EL384.0m 坝基边坡开挖，施工部位紧临金沙江（垂直距离约 25 ~ 55.0m），开挖边坡高，自然坡度陡（45°~64°）。为防止开挖渣料下江影响航运，施工时采取了以下措施：

（1）在进水口 EL296.0m（12 号路内侧）沿 12 号路边缘修建浆砌石挡墙至 EL312.0m，挡墙内填筑前期开挖渣料，继续在 EL312.0m 靠浆砌石挡墙内侧修筑高 4.0m 的钢筋石笼挡渣墙至 EL316.0m，形成长约 210.0m、宽 42 ~ 50.0m 的集渣、挡渣平台（面积约 9500m^2，容量 1.85 万 m^3）。两层挡墙及集料平台均不占压江道，挡渣墙顶高程 EL316.0m 能够阻截从开挖顶边坡自然下滚的石渣料（冲击力、平抛距离均在挡墙控制范围内）。进行进水口上、中部开挖时，根据地形条件，在 EL400.0m ~ EL360.0m 间沿平行水流方向（含坡降）拉槽（宽 10 ~ 20.0m，靠坡外预留挡渣岩坎），与下游坡 EL340.0m 集渣、溜渣平台（斜向底部，与底部集渣平台斜坡 117°相连）相通，各级挡渣、集渣、溜渣平台临江侧预留岩坎。

（2）在右岸坝基开挖坡脚时，沿岸坡 EL290.0m 向尾水河滩 EL278.0m 修建浆砌石挡墙（弧形布置），挡墙内填筑前期开挖渣料，外移 12 号路至 EL290.0m（浆砌石挡墙保护），继续在 EL290.0m 靠 12 号路及浆砌石挡墙内侧修筑高 4.0m 的钢筋石笼挡渣墙至 EL294.0m，形成长约 190.0m、宽 20 ~ 40.0m 的集渣、挡渣平台（面积约 6700m^2，容量 1.4 万 m^3）。两层挡墙及集料平台均不占压江道（占压部分靠近尾水的河滩为航运盲区），挡渣墙顶高程 EL294.0m 能够阻截从开挖顶边坡自然下滚的石渣料（冲击力、平抛距离均在挡墙控制范围内）。

（3）进水口、右坝基开挖采用弱松动控制爆破（岩石爆破面覆盖一定厚度的草袋、砂袋，自由面压渣），单段最大起爆药量控制在 200kg 以内，采用"宽间距、窄排距"布孔，创造临空面平行河道（控制爆破抛掷顺水流方向，即平行水流方向），以防止大量飞石出现，减小飞石抛掷距离，控制爆破块石块径在一定范围，以免冲击、破坏挡渣墙，采用必要的定向爆破技术使其抛掷方向不正对河床（定位到设置好的集渣平台）。针对集料平台的容量，控制每次边坡爆破方量在其容量范围以内，防止超量渣料入江。

（4）电站进水口、右坝基开挖施工时，配备专职航道安全管理队，实施水上警戒，与在此开挖范围上下游 500m 距离水域内活动、通航的船只保持畅通的信息联络。

（5）加强与航运部门沟通，做好相互协调工作。鉴于进水口、右岸坝基开挖时间较长（进水口 15 个月，坝基 9 个月），大规模爆破时间安排在枯水期、航运间歇期，并做好爆破前的信息告知和警报措施。

2.3.1.6　倒悬体开挖与支护

1. 施工方法

针对倒悬体开挖，采取的主要施工方法如下：

（1）为减少与相邻部位施工的干扰，对倒悬体处理单独布设施工通道。该道路由两部分构成，第一部分为进水口边坡 0 + 128 桩号上游至倒悬体施工区域 EL420.0m 马道，主要采取占压部分进水口边坡开挖形成道路；第二部分为进水口连接段 EL384.0m 马道至进水口边坡 0+128 桩号，与第一部分相接，主要采取利用进水口开挖渣料垫渣形成道路。施工道路全长 150m，里面宽 5m，坡比 26%。倒悬体处理施工道路布置图见图 2.3-2。

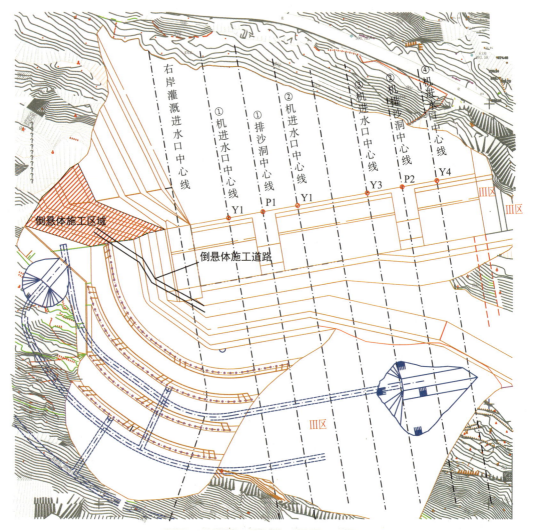

图 2.3-2　倒悬体处理施工道路布置图

（2）由于倒悬体分布区域已超出设计开挖边线，进水口边坡坡脚原有钢筋石笼挡墙已不能满足倒悬体开挖挡渣要求。根据现场实际情况，向上游侧延伸增设 2m×1m×1m（长×宽×高）钢筋石笼，台阶砌筑。

（3）进水口边坡上游施工场地狭窄，紧邻倒悬体处理施工面布置有 EL450m 排水洞施工道路（进⑤路）及边坡施工临建设施等，施工机械设备、人员等过往频繁，安全隐患突出。倒悬体处理前，在距开挖边线 3m 位置设一道 1.2m 高安全防护栏，以防发生人、机坠崖等安全事故，同时起到拦截 EL450m 上部坡面滚石或落物作用，为倒悬体处理施工人员提供安全保障。

（4）开挖完成后，立即支护。支护工序为：变形观测和缝面观测、施工准备→锁脚锚筋桩施工→搭设施工排架→表面喷混凝土封闭→下部锚杆施工→上部锚杆施工→锚索施工→排水孔施工→挂网及喷混凝土→检查验收→排架拆除。典型地段倒悬体支护部位及参数见图2.3-3。

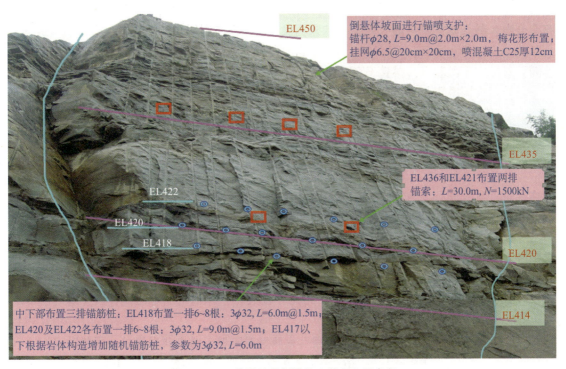

图2.3-3 典型地段倒悬体支护部位及参数

2. 保障措施

（1）采取安全保障措施。人工上到边坡陡坎、悬崖等危险边沿施钻、清渣时，必须拴双保险安全绳，经安检人员检查合格后，才可进入工作面施工；钻机作业时必须确保架设在稳定的基础上，并采用安全绳张拉，防止发生倾覆及伤人事故；严禁上下交叉作业，防止坡面滚石砸坏机械设备或伤害施工人员；控制每次爆破方量在5000m³以内，尽量防止飞石及爆破渣料入江，协调相关部门在倒悬体开挖安全影响范围江面增设浮标，以防船只触礁。

（2）加强施工期安全监测。为及时掌握倒悬体安全状态，保证开挖期间的施工安全，在永久安全监测的基础上，有针对性地开展了施工期监测。例如，埋设测缝计，实施24h监测；进行边坡表面变形观测，且按每天3次加密观测。

2.3.2 进水塔

进水塔基础开挖及支护已经包含在2.3.1节中，因此，本节仅介绍进水塔混凝土浇筑方案。

2.3.2.1 施工总原则

根据进水塔的结构特点，进水塔混凝土分三个大区进行施工，即底板区、闸墩区和拦污栅墩区。在施工的先后顺序上，先底板，后闸墩，再拦污栅墩。

2.3.2.2 混凝土分层

塔体底板分层：考虑基岩约束区对温控的要求（合同要求分层高度为 1~2m）并结合所采用的模板形式进行分层。底板共分 7 层进行施工，层高 1.5~2m。浇筑分层分块应根据结构设计特点进行，保持各浇筑层、块相对均匀，各层分块竖缝间相互错开，采取错缝搭接，从而保持各块混凝土结合紧密。

塔体闸墩分层：主要根据所采用的模板结构尺寸和闸墩体型结构特点，高程 340.5m 以下共分 5 层，高程 340.5m 以上共分 15 层，整个闸墩分层数为 20 层。

拦污栅墩分层：该部位结构在纵横向均布置有联系梁，联系梁层间中心线间距 8~9m（高程 360m 以上为 8m，高程 360m 以下为 9m），根据墩梁结合部位补模的特点及联系梁混凝土浇筑承重模板拟采用的承重架结构（预留孔洞作为八字型钢支撑支点），将墩梁结合部位分层线设在梁底高程，且梁高所在高程区段拦污栅墩要求独立与联系梁作为整体浇筑。按照上述要求，拦污栅墩分层高度为 1.0~3m。

2.3.2.3 混凝土分区

闸墩平面分区：平面施工分块主要考虑垂直运输设备入仓能力、混凝土的初凝时间、采用的浇筑方法（平铺法或者台阶法）、浇筑坯层厚度、仓号面积大小、施工缝对建筑物结构的影响及门机运行特性等。根据对进水塔混凝土浇筑所需的入仓能力分析，其小时最大入仓强度为 72 m^3/h，一台 MQ900B 高架门机和一台 MQ600B 高架门机联合运输可满足其入仓能力要求。但由于排沙塔及连接塔部位闸墩与拦污栅墩为连体墩，如作为整体同时上升浇筑，则拦污栅墩将严重制约门机臂架运行。因此，将高程 360m 以下排沙塔及连接塔在 SD0 + 12 桩号处分缝（作施工缝处理，将闸墩与栅墩分离浇筑），高程 360m 以上排沙塔及连接塔在 SD0 + 13.5 桩号处作施工缝处理。

2.3.2.4 施工方法

1. 混凝土缝面处理

混凝土浇筑仓为最后一坯层混凝土时，控制不能有大骨料外露，对积累的骨料及时分散，排除积泌水后，再进行振捣。收仓面层采用人工排序振捣，边振捣边收面，防止欠振、过振和骨料外露、表面浮浆过厚。严格按收仓线收仓，收仓面平整、无脚印及积水坑。收仓后，及时吊出仓内资源，并在通道处铺设保温被过人。混凝土终凝后及时进行护理。在混凝土收仓 24~36h 后采用高压冲毛枪冲毛，冲毛压力约 30~40MPa，以冲毛后毛面外观达到粗砂和小石微露为准，局部毛面未达到要求的采用人工凿毛。

2. 模板施工

主要采用悬臂大模板、定型钢模板、普通散装钢模板和木模板进行拼装。塔体外侧面、拦污栅边墩外侧面采用的悬臂大模板和拦污栅墩头、墩尾弧面采用的定型钢模板，使用 MQ900B 门机或 MQ600B 门机进行吊装；塔体结构缝处、门槽、通气孔、拦污栅连体墩直面部位采用普通散装钢模板，局部用木模板补缺。模板采用内拉外撑的方式固定为主，牛腿部位的模板采用预埋型钢、蛇形柱进行辅助加固。

3. 混凝土浇筑

1）仓面设计

仓面设计的内容包括仓位的施工层次、浇筑高程、浇筑分层、坯层厚度、混凝土标号、级配等，规划了混凝土运输方式、入仓手段、浇筑方法、施工工艺流程和资源（包括人力资源）等。并按照相关设计及规范要求对混凝土浇筑温度、浇筑强度、管道、止水处混凝土浇筑要求作了具体的规定。仓面设计是规范施工、保证混凝土浇筑质量的重要方法。

进水塔体采取连续上升的方式进行浇筑施工，每仓均按照相关设计图纸、技术规范编制仓面设计，仓面设计经监理审核签字批准后复印多份发放到施工员、质检员、各作业班组的班组长随身携带，并分送到拌和楼试验室等。仓面设计中对浇筑仓位各工序的技术要求进行了明确规定，施工时由施工员负责安排实施，质检员监督检查。

2）混凝土水平运输与垂直运输

混凝土垂直运输：塔体混凝土以 MQ900/600B 高架门机吊 $6m^3$（MQ900B）、$3m^3$（MQ600B）、$1.5m^3$（联系梁、交通桥 T 形梁等小体积部位）吊罐入仓为主；在塔体上部以混凝土拖式泵、溜槽 + 溜筒辅助入仓。

混凝土水平运输：根据混凝土垂直运输所采用的手段，混凝土水平运输设备主要选择 15t 自卸汽车（适用于吊罐、缓降器入仓）、$6m^3$ 混凝土罐车（适用于泵送入仓）。

3）混凝土浇筑

根据混凝土入仓方式，采用台阶法（适用于吊罐、缓降器入仓）和平铺法（适用于泵送、溜槽 + 溜筒入仓）浇筑。混凝土浇筑要求做到层次清晰，层厚均匀，各坯层厚度控制在 40～50cm 范围内。

混凝土采用 $\phi100$、$\phi70$、$\phi50$ 振捣棒进行振捣，振捣时间以骨料不再显著下沉，水分、气泡不再逸出并开始泛浆为准（一般为 20～30s）。在外表面的模板旁侧振捣时，严格控制振捣棒拔出速度，以使气泡顺利逸出，其拔出时间不少于 10s。振捣棒插入下一层混凝土的深度为 5cm 左右。振捣作业方向保持一致，以防漏振和过振，不能触及钢筋、模板及预埋件。振捣头距模板间距不小于 0.5m，模板边用 $\phi50$ 振捣棒振捣。在混凝土浇筑过程中，降雨形成的积水和混凝土的泌水及时排走，并用抹布或棉纱将积水蘸干，以混凝土表面无积水为准。混凝土浇筑后 12h 内不许用流动水冲刷混凝土表面。

4. 混凝土温控措施

1）骨料预冷

4—10 月进水口采用预冷混凝土入仓，通过采取风冷、加冰和冷水的方式使基础强、弱约束区出机口温度 ≤7℃（二级配混凝土、泵送混凝土胶材含量高，可按 9℃ 考核），脱离约束区出机口温度 ≤14℃。

2）通水预冷

冷却水管布置：对泵送混凝土或 C25 及以上的高标号混凝土，浇筑仓层厚 ≤2m 时，布置 1 层冷却水管，水管间距 1.0m；层厚 2～3m 时（含 3m），布置 2 层冷却水管，水管间距 1.5m；层厚 3～4.5m 时，布置 3 层冷却水管，水管间距 1.5m。其他混凝土水管排距原则上按 2m×1.5m 控制。具体实施时，可适当埋设测温管或温度计，根据监测的最高温度情况优化调整。

冷却水管一般采用 $\phi32$PE 塑料管，但每仓第一层的冷却水管要求采用 $\phi25$ 铁管。单根冷却水管的长度不得超过 200～250m。

混凝土开浇后即进行通水，通水时间为 14d。在混凝土达到最高温度的前 3～5d 要求采用大流量通水，通水流量 25 ~ 35L/min，混凝土最高温度出现后按 15 ~ 20L/min 控制。

通水温度：进水温度≤12℃，出水温度≤16℃，进出水温差≤3 ~ 4℃。混凝土温度与通水温度差不超过 25℃，混凝土降温速度不超过 1℃/d。

3）混凝土保温

高温下浇筑的混凝土，除了在白天运输过程中采取遮阳措施，浇筑过程中也用保温被进行覆盖。低温季节浇筑的混凝土拆模后，立即对混凝土外表面挂设保温被（弧面部位）或粘贴苯板（平面部位）进行保温。

2.3.3 引水洞

2.3.3.1 开挖与支护

1. 施工通道总体布设

引水洞石方开挖主要有三条施工通道，分别是：

（1）上平段施工通道。通过进水口明挖低线路并延伸填筑至引水隧洞上半洞或下半洞洞口高程形成临时施工道路，从而形成引水隧洞上平段、上弯段、斜井段开挖支护施工通道。

（2）下平段施工通道。引水隧洞下平段施工共布置 2 条施工通道：⑤－1 号施工支洞和⑤施工支洞。其中，⑤－1 号施工支洞作为引水隧洞下平段第Ⅰ层的开挖支护施工通道，⑤施工支洞作为引水隧洞下平段第Ⅱ层的开挖支护施工通道。

（3）此外，施工过程中，受进水口地质条件影响，边坡开挖支护不能按原计划推进，上平段施工通道启用时间较原计划滞后，将影响引水隧洞进洞工期。因此，经参建四方综合研究，决定从二灌左交布置一条施工支洞（宽×高尺寸为 4.5m×5.0m）至⑤引水隧洞上弯段，再分别穿越⑥、⑦和⑧引水隧洞上弯段，提前进行引水隧洞斜井段施工。⑤施工支洞、引水支洞与引水隧洞平面布置图见图 2.3－4。

2. 开挖原则

引水隧洞开挖支护总体施工程序为：引水上下平（弯）段开挖支护→帷幕灌浆→斜井段开挖支护。引水洞平（弯）段、斜井段的开挖施工顺序以⑤→⑥→⑦→⑧为基本原则，平（弯）段第一层施工时按先⑤/⑦，后⑥/⑧。

单条引水上平洞施工程序为：引水洞上平洞第Ⅰ层固结灌浆及锁口锚杆施工→小导洞开挖→小导洞扩挖（前 20m 中导洞形成）支护→全断面中导洞开挖支护→中导洞扩挖支护→引水洞第Ⅱ层固结灌浆及锁口锚杆施工→引水洞第Ⅱ层开挖支护施工→水机预埋管道沟槽开挖支护。

单条引水下平洞施工程序为：引水洞下平段第Ⅰ层中导洞开挖支护→第Ⅰ层中导洞扩挖支护→引水下平洞第Ⅱ层（⑤支洞上游侧）开挖支护施工→水机预埋管道沟槽开挖支护→引水下平洞第Ⅱ层（⑤支洞下游侧）开挖支护施工→水机预埋管道沟槽开挖支护。

引水上下平（弯）段开挖循环施工工艺流程为：钻爆台车就位→测量放线→造孔、吹孔、装药联线→警戒、人员撤离→爆破→通风排烟→安全检查和危石处理→装载机（挖掘机）＋自卸车出渣→临时支护与清面→下一循环的开挖。

单条引水斜井总体施工程序为：LM－200 型反井钻机自上而下施工 φ216mm 导孔→LM－

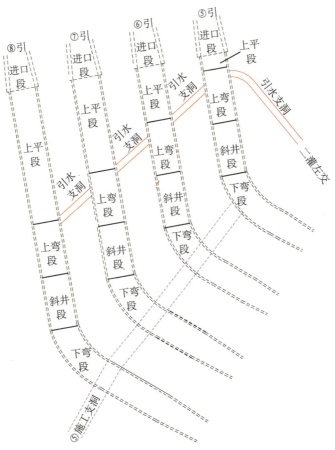

图 2.3 -4　⑤施工支洞、引水支洞与引水隧洞平面布置图

200 型反井钻机自下而上施工 $\phi1.4m$ 导井→自下而上 $\phi4m$ 溜渣井开挖→自上而下全断面扩挖支护。

引水斜井段开挖支护循环施工工艺流程为：测量放线→造孔、吹孔→装药联线→警戒、人员撤离→爆破→通风排烟→安全检查和危石处理（临时支护）→人工扒渣→初喷混凝土→锚杆造孔→钢筋挂网→复喷混凝土至设计厚度→下一开挖支护循环。

为保证引水平（弯）段洞口开挖成型质量及洞口稳定，开洞前必须首先按照设计要求进行固结灌浆及锁口锚杆施工，待固结灌浆龄期及锁口砂浆锚杆强度达到规范允许值之后方可进洞掘进施工。其洞口 20m 段采用先小导洞、后扩挖的方式施工。

引水平（弯）段分为两层施工，其中第 Ⅰ 层采用先导洞、后扩挖的方法施工，第 Ⅱ 层采用短台阶方法施工。第 Ⅰ、Ⅱ 层均根据其不同洞段体型特点和超欠挖控制难度，划分为上渐变段、上平直洞段、上转弯段、下渐变段、下平直洞段、下转弯段、洞室交叉段、特殊地质段、涌水段等段别施工，各段别施工方法见表 2.3 -3，引水斜井段开挖支护见表 2.3 -4。

表2.3-3 引水平（弯）段开挖方法列表

工程部位				开挖程序及方法
引水上平洞	第Ⅰ层	上渐变段	导洞段	⑦、⑧引水洞上渐变段导洞开挖断面尺寸为8m×（9.215～10.762）m（宽×高），⑤、⑥引水洞上渐变段导洞开挖断面尺寸为8m×（9.0～10.8）m（宽×高）。为保证洞口开挖成型良好，该部位采用先锁口，后小导洞，再扩挖底部岩梗至设计断面尺寸导洞的方法施工。小导洞断面尺寸为8m×7.5m（宽×高），小导洞与扩挖均采用型钢钻爆平台配YT28气腿式手风钻造孔。小导洞采用中间直眼掏槽，周边微差挤压爆破施工；顶拱部位采用光面爆破方法施工，小导洞开挖与扩挖循环进尺均为2m，锚杆支护滞后开挖掌子面10m，其余支护形式滞后开挖掌子面不超过20m。爆渣均采用3.0m³侧翻装载机挖装25t自卸汽车经过进水口低线公路→12号路运输至新滩坝渣场
			扩挖段	⑦、⑧引水洞上渐变段第Ⅰ层中导洞扩挖区宽度为2×（3.9～5.6）m，⑤、⑥引水洞上渐变段第Ⅰ层中导洞扩挖区宽度为2×（3.65～4.85）m。扩挖采用型钢钻爆平台配YT28气腿式手风钻造孔，光面爆破方法施工，扩挖循环进尺为2m，锚杆支护滞后开挖掌子面10m，其余支护形式滞后开挖掌子面不超过20m。爆渣均采用CAT330C挖掘机挖装25t自卸汽车经过进水口低线公路→12号路运输至新滩坝渣场
		直洞段	导洞段	该部位为洞身直洞段，采用全断面导洞开挖，型钢钻爆平台配YT28气腿式手风钻造孔，中间楔形掏槽，两侧微差挤压爆破，顶拱永久结构边线光面爆破，循环进尺3.0m，锚杆支护滞后开挖掌子面10m，其余支护形式滞后开挖掌子面不超过20m。爆渣均采用3.0m³侧翻装载机挖装25t自卸汽车经过进水口低线公路→12号路运输至新滩坝渣场
			扩挖段	扩挖采用型钢钻爆平台配YT28气腿式手风钻造孔，光面爆破方法施工，扩挖循环进尺为3m，锚杆支护滞后开挖掌子面10m，其余支护形式滞后开挖掌子面不超过20m。爆渣均采用CAT330C挖掘机挖装25t自卸汽车经过进水口低线公路→12号路运输至新滩坝渣场
		弯管段	导洞段	该部位为洞身弯管段，采用全断面导洞开挖，型钢钻爆平台配YT28气腿式手风钻造孔，中间楔形掏槽，两侧微差挤压爆破，顶拱永久结构边线光面爆破，最大（外圆）循环进尺2.0m。锚杆支护滞后开挖掌子面10m，其余支护形式滞后开挖掌子面不超过20m。爆渣均采用3.0m³侧翻装载机挖装25t自卸汽车经过进水口低线公路→12号路运输至新滩坝渣场
			扩挖段	扩挖采用型钢钻爆平台配YT28气腿式手风钻造孔，光面爆破方法施工，扩挖循环进尺为2m，锚杆支护滞后开挖掌子面10m，其余支护形式滞后开挖掌子面不超过20m。爆渣均采用CAT330C挖掘机挖装25t自卸汽车经过进水口低线公路→12号路运输至新滩坝渣场
	第Ⅱ层	上渐变段	上台阶	引水洞上渐变段第Ⅱ层上台阶采用全断面开挖并领先下台阶两个循环进尺，单循环进尺2m，永久结构边线采用光面爆破，其余部位微差挤压爆破，锚杆支护滞后开挖掌子面10m，其余支护形式滞后开挖掌子面不超过20m。爆渣采用CAT330C挖掘机挖装25t自卸汽车经过进水口低线公路→12号路运输至新滩坝渣场
			下台阶	引水洞上渐变段第Ⅱ层下台阶采用全断面开挖并滞后上台阶两个循环进尺，单循环进尺2m，永久结构边线采用光面爆破，其余部位微差挤压爆破，锚杆支护滞后开挖掌子面10m，其余支护形式滞后开挖掌子面不超过20m。爆渣采用CAT330C挖掘机挖装25t自卸汽车经过进水口低线公路→12号路运输至新滩坝渣场

工程部位			开挖程序及方法
引水上平洞	第Ⅱ层	直洞段 上台阶	引水洞上平洞直洞段第Ⅱ层上台阶采用全断面开挖并领先下台阶一个循环进尺，单循环进尺3m，永久结构边线采用光面爆破，其余部位微差挤压爆破，锚杆支护滞后开挖掌子面10m，其余支护形式滞后开挖掌子面不超过20m。爆渣采用CAT330C挖掘机挖装25t自卸汽车经过进水口低线公路→12号路运输至新滩坝渣场
		直洞段 下台阶	引水洞上平洞直洞段第Ⅱ层下台阶采用全断面开挖并滞后上台阶一个循环进尺，单循环进尺3m，永久结构边线采用光面爆破，其余部位微差挤压爆破，锚杆支护滞后开挖掌子面10m，其余支护形式滞后开挖掌子面不超过20m。爆渣采用CAT330C挖掘机挖装25t自卸汽车经过进水口低线公路→12号路运输至新滩坝渣场
		弯管段 上台阶	引水洞上平洞弯管段第Ⅱ层上台阶采用全断面开挖并领先下台阶两个循环进尺，单循环进尺2m，永久结构边线采用光面爆破，锚杆支护滞后开挖掌子面10m，其余支护形式滞后开挖掌子面不超过20m。其余部位微差挤压爆破，爆渣采用CAT330C挖掘机挖装25t自卸汽车经过进水口低线公路→12号路运输至新滩坝渣场
		弯管段 下台阶	引水洞上平洞弯管段第Ⅱ层下台阶采用全断面开挖并滞后上台阶一个循环进尺，单循环进尺2m，永久结构边线采用光面爆破，其余部位微差挤压爆破，锚杆支护滞后开挖掌子面10m，其余支护形式滞后开挖掌子面不超过20m。爆渣采用CAT330C挖掘机挖装25t自卸汽车经过进水口低线公路→12号路运输至新滩坝渣场
引水下平洞	第Ⅰ层	下渐变段 导洞段	⑤、⑥、⑦、⑧引水洞下渐变段第Ⅰ层中导洞开挖尺寸为8m×7.5m，采用全断面导洞开挖，型钢钻爆平台配YT28气腿式手风钻造孔，中间楔形掏槽，两侧微差挤压爆破，顶拱永久结构边线光面爆破，循环进尺2.0m，锚杆支护滞后开挖掌子面10m，其余支护形式滞后开挖掌子面不超过20m。爆渣均采用3.0m³侧翻装载机挖装25t自卸汽车经过引水洞→⑤-1号施工支洞→⑤施工支洞→进场交通洞→沿江公路→12号路运输至新滩坝渣场
		下渐变段 扩挖段	⑦、⑧引水洞下渐变段第Ⅰ层中导洞扩挖区宽度为2×（2.71~4.12）m，⑤、⑥引水洞下渐变段第Ⅰ层中导洞扩挖区宽度为2×（3.65~4.12）m。扩挖采用型钢钻爆平台配YT28气腿式手风钻造孔，光面爆破方法施工，扩挖循环进尺为2m，锚杆支护滞后开挖掌子面10m，其余支护形式滞后开挖掌子面不超过20m。爆渣均采用CAT330C挖掘机挖装25t自卸汽车经过引水洞→⑤-1号施工支洞→⑤施工支洞→进场交通洞→沿江公路→12号路运输至新滩坝渣场
		直洞段 导洞段	该部位为洞身直洞段，采用全断面导洞开挖，型钢钻爆平台配YT28气腿式手风钻造孔，中间楔形掏槽，两侧微差挤压爆破，顶拱永久结构边线光面爆破，循环进尺3.0m，锚杆支护滞后开挖掌子面10m，其余支护形式滞后开挖掌子面不超过20m。爆渣均采用3.0m³侧翻装载机挖装25t自卸汽车经过引水洞→⑤-1号施工支洞→⑤施工支洞→进场交通洞→沿江公路→12号路运输至新滩坝渣场
		直洞段 扩挖段	扩挖采用型钢钻爆平台配YT28气腿式手风钻造孔，光面爆破方法施工，扩挖循环进尺为3m，锚杆支护滞后开挖掌子面10m，其余支护形式滞后开挖掌子面不超过20m。爆渣均采用CAT330C挖掘机挖装25t自卸汽车经过引水洞→⑤-1号施工支洞→⑤施工支洞→进场交通洞→沿江公路→12号路运输至新滩坝渣场

续表

工程部位			开挖程序及方法
第Ⅰ层	弯管段	导洞段	该部位为洞身空间转弯段，采用全断面导洞开挖，型钢钻爆平台配YT28气腿式手风钻造孔，中间楔形掏槽，两侧微差挤压爆破，顶拱永久结构边线光面爆破，循环进尺2.0m，锚杆支护滞后开挖掌子面10m，其余支护形式滞后开挖掌子面不超过20m。爆渣均采用3.0m³侧翻装载机挖装25t自卸汽车经过引水洞→⑤-1号施工支洞→⑤施工支洞→进场交通洞→沿江公路→12号路运输至新滩坝渣场
		扩挖段	扩挖采用型钢钻爆平台配YT28气腿式手风钻造孔，光面爆破方法施工，扩挖循环进尺为2m，锚杆支护滞后开挖掌子面10m，其余支护形式滞后开挖掌子面不超过20m。爆渣均采用CAT330C挖掘机挖装25t自卸汽车经过引水洞→⑤-1号施工支洞→⑤施工支洞→进场交通洞→沿江公路→12号路运输至新滩坝渣场
引水下平洞 第Ⅱ层	下渐变段	上台阶	引水洞下渐变段第Ⅱ层上台阶采用全断面开挖并领先下台阶两个循环进尺，单循环进尺2m，永久结构边线采用光面爆破，其余部位微差挤压爆破，锚杆支护滞后开挖掌子面10m，其余支护形式滞后开挖掌子面不超过20m。爆渣采用CAT330C挖掘机挖装25t自卸汽车经过引水洞→⑤施工支洞→进场交通洞→沿江公路→12号路运输至新滩坝渣场
		下台阶	引水洞下渐变段第Ⅱ层下台阶采用全断面开挖并滞后上台阶两个循环进尺，单循环进尺2m，永久结构边线采用光面爆破，其余部位微差挤压爆破，锚杆支护滞后开挖掌子面10m，其余支护形式滞后开挖掌子面不超过20m。爆渣采用CAT330C挖掘机挖装25t自卸汽车经过引水洞→⑤施工支洞→进场交通洞→沿江公路→12号路运输至新滩坝渣场
	直洞段	上台阶	引水洞下平洞直洞段第Ⅱ层上台阶采用全断面开挖并领先下台阶一个循环进尺，单循环进尺3m，永久结构边线采用光面爆破，锚杆支护滞后开挖掌子面10m，其余支护形式滞后开挖掌子面不超过20m。其余部位微差挤压爆破，爆渣采用CAT330C挖掘机挖装25t自卸汽车经过引水洞→⑤施工支洞→进场交通洞→沿江公路→12号路运输至新滩坝渣场
		下台阶	引水洞下平洞直洞段第Ⅱ层下台阶采用全断面开挖并滞后上台阶一个循环进尺，单循环进尺3m，永久结构边线采用光面爆破，其余部位微差挤压爆破，锚杆支护滞后开挖掌子面10m，其余支护形式滞后开挖掌子面不超过20m。爆渣采用CAT330C挖掘机挖装25t自卸汽车经过引水洞→⑤施工支洞→进场交通洞→沿江公路→12号路运输至新滩坝渣场
	弯管段	上台阶	引水洞下平洞弯管段第Ⅱ层上台阶采用全断面开挖并领先下台阶两个循环进尺，单循环进尺2m，永久结构边线采用光面爆破，其余部位微差挤压爆破，锚杆支护滞后开挖掌子面10m，其余支护形式滞后开挖掌子面不超过20m。爆渣采用CAT330C挖掘机挖装25t自卸汽车经过引水洞→⑤施工支洞→进场交通洞→沿江公路→12号路运输至新滩坝渣场
		下台阶	引水洞下平洞弯管段第Ⅱ层下台阶采用全断面开挖并滞后上台阶一个循环进尺，单循环进尺2m，永久结构边线采用光面爆破，锚杆支护滞后开挖掌子面10m，其余支护形式滞后开挖掌子面不超过20m。其余部位微差挤压爆破，爆渣采用CAT330C挖掘机挖装25t自卸汽车经过引水洞→⑤施工支洞→进场交通洞→沿江公路→12号路运输至新滩坝渣场
涌水段			引水隧洞下平段位于下层地下水位以下，且下层地下水与河水联系密切。对于集中涌水部位，采用锚杆悬吊小型集水箱于涌水部位，并用塑料导管将渗水引排至排水系统

续表

工程部位	开挖程序及方法
特殊地质（部位）洞段	在引水洞出露的软弱夹层可能有 JC2 - 2、JC2 - 3、JC2 - 4 、JC3 - 5、JC3 - 6，上述地质结构面的出露对洞室围岩稳定极为不利。须对其出露部位及附近5m洞段实施紧急支护，即系统支护紧跟开挖掌子面，局部采用超前锚杆支护。开挖采用短进尺、弱爆破、浅孔多循环方法施工。 在⑤施工支洞穿越引水洞段，对交叉洞段实施超前支护。开挖采用短进尺、弱爆破、浅孔多循环方法施工

表 2.3 - 4　引水洞斜井扩挖支护方法列表

开挖方法			支护方法
	ϕ4m 导井开挖支护	ϕ1.4m 导井形成后，采用钢筋爬梯作为井内通道自下而上对 ϕ1.4m 导井井周沿径向扩挖1.3m，从而形成 ϕ4.0m 导井	无支护
	全断面扩挖支护	采用钢筋爬梯作为井内通道自上而下对 ϕ4m 导井实施全断面扩挖支护，开挖循环进尺为 2m（与锚杆间距一致，以减少锚杆造孔脚手架搭设工程量）	6m 长及 6m 以下锚杆采用手风钻造孔，9m 锚杆采用 KHYD90 型岩石电钻或100 - B 潜孔钻造孔，注浆工艺同引水平洞段。喷混凝土采用 TK961 湿喷机械

注：爆渣经 ϕ4m 导井溜至引水下平洞，后采用 3.0m³ 侧翻装载机挖装 25t 自卸汽车经过引水下平段→⑤施工支洞→进厂交通洞→12 号路运输至新滩坝渣场

2.3.3.2　常规混凝土浇筑

引水隧洞混凝土总体施工程序：根据机组发电顺序要求，引水隧洞混凝土衬砌总体顺序为⑧→⑦→⑥→⑤。

结合引水隧洞施工现状，单条引水隧洞（除进口渐变段与钢衬段外）混凝土衬砌施工程序（见图 2.3 - 5）为：通过各个进口渐变段与引水支洞，逆水流方向进行引水上平段及部分上弯段的混凝土浇筑施工；通过⑤施工支洞与引水支洞，逆水流方向进行引水下弯段、斜井段及部分上弯段的混凝土浇筑施工；通过⑤施工支洞，逆水流方向进行引水下平段混凝土浇筑施工。除斜井段、引水隧洞与⑤施工支洞交叉部位外，均采取先浇底拱，再浇边顶拱。

```
引水下弯（平）段 ──→ 引水斜井段 ──→ 引水上弯段（引支下游侧）
       │                                      │
       └──→ 引水上平段 ──────────────→ 引水上弯剩余段
```

图 2.3 - 5　单条引水隧洞混凝土衬砌施工程序框图

引水隧洞混凝土衬砌施工工艺流程大致如下：基础面清理→测量放线→金属埋管安装→钢筋施工→模板安装→预埋件及止水安装→清仓验收→混凝土浇筑→拆模、修补→混凝土养护→基础处理。

考虑引水渐变段、上平（弯）段、下平（弯）段混凝土衬砌方式与一般洞室混凝土浇筑方式类同，重点介绍钢衬段混凝土浇筑方案及斜井段浇筑方案。

2.3.3.3 钢衬段混凝土浇筑

引水隧洞在与厂房的防渗灌浆帷幕相接处起采用钢衬，⑧机钢衬段长56m，⑦～⑤机钢衬段长36m，钢管与围岩之间回填素混凝土，混凝土厚0.8m；钢衬段局部进行灌浆处理。钢衬段特性见表2.3-5，回填施工方法见图2.3-6。

表2.3-5　引水洞钢衬段工程特性表

隧洞编号及部位	长度（m）	衬砌洞径（m）	衬砌厚度（m）	混凝土工程量（m³）	备注
⑧引水洞钢衬段	56	14.4	0.8	2854.5	⑧、⑦洞衬砌断面积为38.2m²，⑥、⑤洞衬砌断面积为35.7m²
⑦引水洞钢衬段	36	14.4	0.8	2090.5	
⑥引水洞钢衬段	36	13.4	0.8	1549.5	
⑤引水洞钢衬段	36	13.4	0.8	1549.5	

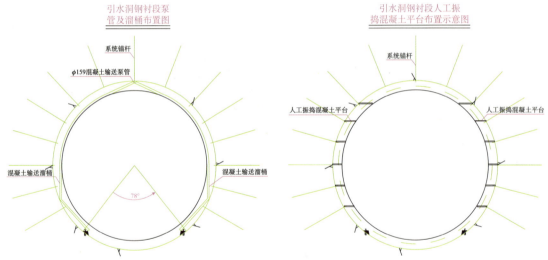

图2.3-6　钢衬段混凝土回填施工方法图

1. 施工程序、分层分块及主要施工方法

施工程序：由于压力钢管施工按照发电水流方向自上游向下游方向进行安装，该施工程序决定了钢衬外包混凝土回填施工程序与其协调一致。

钢衬段浇筑分段：各钢衬外包混凝土段均采用全断面浇筑，其中⑧引水洞水平分段长度为14m，其余分段长度为12m。主要施工方法见表2.3-6。

2. 施工通道

引水下平洞→⑤施工支洞→进场交通洞→至洞外施工道路作为压力钢管外包混凝土回填施工通道。

3. 注意事项

（1）混凝土浇筑前，要严格检查埋件，避免埋件错埋、漏埋。

（2）控制混凝土浇筑速度，钢管两侧均匀、对称下料，腰线以下部分控制混凝土上升速度 <1.0m/h。

（3）加强混凝土浇筑过程中变形观测。混凝土浇筑过程中，每半小时进行一次观测，防止钢衬变形出现不可逆转问题。

（4）做好混凝土温控措施。4～10 月按出机口 14℃ 控制，3～7 月自然入仓，浇筑温度按 20℃ 控制，内部温升最高温按 40℃ 控制，以保证混凝土不出现温度裂缝。

表 2.3－6　钢衬段混凝土主要施工方法

工程部位	主要施工方法			
	模板配置及安装	混凝土水平、垂直运输工具	混凝土浇筑方法	施工人员进出工作面通道
下平渐变段	圆锥曲面部位采用定型木模板，其余部位使用组合小钢模，5cm 厚木模板拼缝	使用 6m³ 搅拌运输车进行水平运输，HBT60 泵进行垂直运输	底板使用台阶法浇筑，其余部位采用平铺法浇筑。浇筑胚层厚度 50cm，侧墙部位两侧墙对称下料，其余止水措施按照设计图纸执行	在 SD0＋51 堵头位置设置转梯，转梯结构见厂房安装间通往岩锚梁转梯设计图纸
钢衬段	堵头模板使用组合刚模，5cm 厚木模板拼缝。12mm 模板拉筋按照间距 75cm × 75cm 焊接于系统锚杆及钢衬加劲环上（底部 120° 范围没有系统锚杆的部位采用外支撑＋加劲环固定相结合的方法）	使用 6m³ 搅拌运输车进行水平运输，HBT60 泵进行垂直运输。封拱混凝土浇筑采用退管法。混凝土导管从顶拱水平进入仓内，用 90° 弯管向两边交换分叉，仓内导管应采用 1m 短管，以便拆接，混凝土溜筒或软管挂至距已浇混凝上面 1.5m。顶拱下料处用彩条布铺盖，以免混凝土散落在钢管上造成混凝土不密实。 引水洞钢衬段混凝土浇筑分区图	为避免钢衬移位，混凝土浇筑高程超过钢衬腹部高程时，须确保钢衬两侧对称下料。考虑到施工人员在浇筑钢衬底拱和顶拱 90° 范围时入仓振捣困难，为确保混凝土浇筑饱满及密实，底拱和顶拱 90° 范围使用 C25 自密实混凝土浇筑（见本表中"引水洞钢衬段混凝土浇筑分区图"）。 预埋灌浆管严格按设计图纸的要求进行埋设，要保证埋管固定必须牢固，防止管路在混凝土浇筑过程中移位。防止混凝土进入管内堵塞灌浆管，且要保证在灌浆时的管路通畅	堵头模板位置搭设钢管脚手架，脚手架立杆间距 1.5m × 1.5m，横杆间距 1.5m 并按照 1.5m × 1.5m 间距固定于系统锚杆上，以此作为施工人员进出仓位通道。仓内须搭设施工人员振捣混凝土操作平台，该操作平台采用在钢衬加劲环上焊接 φ32 钢筋，然后用 φ48 钢管水平连接 φ32 钢筋和洞内系统锚杆，以此形成操作平台骨架，然后再用马道板绑扎于钢管上，施工人员即在马道板上振捣混凝土

C25 自密实混凝土
喷混凝土 150mm
C25 泵送混凝土
90°
C25 泵送混凝土
13 400＜14 400＞
90°
C25 自密实混凝土

引水洞钢衬段混凝土浇筑分区图

2.3.3.4 斜井段混凝土浇筑

1. 方案选择

过流洞室衬砌常规做法是待洞室开挖完成后，采用滑模分层浇筑或钢模台车整体浇筑。然而，向家坝右岸地下电站引水斜井断面大，55°的倾角给衬砌施工带来巨大的施工难度、安全风险和工期压力，难以采用常规方法。因此，经对钢模台车、滑模等多个方案的综合比选，决定采用整体排架方案进行衬砌施工。主要基于以下几个方面考虑：

（1）投标方案为"常规模板＋滑模"的组合方案，即上下平段（下平段指需衬砌的部分，下同）、上下弯段分别采用定型钢模板和专用组合木模板，斜井段采用滑模。每2条隧洞共用1套模板资源，共配置2套斜井滑模和定型模板，工期安排为24个月。经研究，向家坝地下电站引水隧洞混凝土衬砌不宜采用滑模施工，理由如下：

①滑模连续施工需一定的滑升速度，有其特定的适用条件，向家坝斜井工况难以保证最小滑升速度。滑模施工需要保证一定的滑升速度，速度过慢会出现与衬砌混凝土之间摩擦阻力过大而难以滑动的问题。而向家坝地下电站引水斜井混凝土衬砌钢筋用量较多（每延米钢筋约6t，混凝土衬砌量40m³），钢筋安装费工费时，难以保证滑模施工需要的最小滑升速度。

②滑模浇筑的部位有限。由于向家坝斜井呈55°的倾角，而滑模的平台和模板呈水平，滑模浇筑后混凝土面也为水平面，因此斜井顶部和底板各有一个三角形区域，滑模无法浇筑。根据其他工程的经验，以上三角形区域施工较为困难，需较长的工期。因此，三角形区域的存在，也降低了滑模方案的可行性。

③斜井长度太短，使用滑模的经济性不好。根据其他工程使用滑模的成功经验，其单井长度多在300m以上，而向家坝每条斜井长度51m，能够使用滑模施工的只有39m，4条洞的断面大小不同，至少需投入2套滑模，1套滑模最多只能浇筑78m长，而且滑模从一条洞转场至另一条洞存在二次拆装的问题，因此滑模的制作、维护、拆装成本较高，招投标阶段对滑模的经济可行性考虑不够充分。

（2）采用钢模台车方案，即斜井段、上弯段和上平段的边顶拱衬砌采用钢模台车（其底部衬砌用拖模先行施工），剩下的下平段和下弯段则作为调剂项目，采用"脚手架＋组合钢模板"方案择机穿插施工。边顶拱钢模台车系统主要由卷扬牵引系统、轨道系统、钢模台车本体等部分组成，在上弯段穿顶设置天锚，卷扬机通过钢绞线与台车中梁连接，卷扬机牵引钢模台车滑动。单套钢模台车总重量约为80t，需投入2套钢模台车（含钢筋台车）。在施工组织上，⑧、⑦，⑥、⑤引水隧洞各为一组，组内的2条隧洞共用1套钢模台车。其存在的问题是：

①因台车规模大，结构设计复杂，费用较高，供货周期长。

②需重新布设天锚、轨道等配套设施，工期方面也存在较大风险。

（3）"排架＋模板"方案。对比上述两种方案，采用该方案具有以下优势：

①工期方面。滑模的不确定因素多，而"排架＋模板"方案使4条斜井能够同时施工，在工期上更有保证。

②质量方面。滑模浇筑后，不会在混凝土表面上留下钢筋头，这是其优势。但滑模施工过程中，需经常性地进行测量控制，否则容易滑偏，引起衬砌体型偏差，而且后期难以补救；"排架＋模板"方案则可在验仓时对立模体型进行一次性的测量定位，纠偏到位后才开仓浇筑，易于质量控制。

③工程安全方面。滑模系统及钢模台车规模大，重量重，不易固定和牵引（还需另外施工天锚），也存在较大的安全风险；而排架虽属于重大危险源，但只要采取保证率（安全系数）较高的排架措施，并在现场严格监管，也能保证施工安全。

④投资方面。滑模、钢模台车属较为特殊的专用设备，向家坝斜井使用之后，很难再用于其他工程，不符合建设节约型社会的要求；而"排架＋模板"方案投入的基本是常规材料，可周转重复使用。

经综合考虑工期、质量、安全、投资等方面综合优势，决定采用"排架＋模板"方案。

2. "排架＋模板"方案简介

施工过程中，采用满堂脚手架结锚筋内拉方案进行施工，以内拉为主，排架辅助，典型横断面见图 2.3 － 7。

布置要点如下：

（1）排架采用 $\phi48 \times 3.5$mm 钢管搭设，立杆垂直引水隧洞轴线布置，纵向架管平行引水隧洞轴线布置，横向架管垂直立杆。

（2）立杆横距 1.2m，纵距 0.75m，步距 $h = 1.0$m，纵、横向扫地杆距立杆底端 10～20cm，单根立杆最大高度为 14.4m（13.4m）。

（3）除排架底部主通道两侧采用双立杆外，其余立杆均为单立杆；横杆与立杆采用单扣件连接，立杆顶部及排架上部短杆斜撑采用双扣件连接钢管，并根据排架实际搭设情况，立杆及短杆斜撑顶部可增加可调节托撑＋木楔子支撑纵向围图以承担上部部分荷载。

（4）顶拱 120°范围内按间排距 1.5m 左右（结合排架布置）布置 $\phi25$ 插筋（插筋入岩 1.5m，外露 0.5m，其余 240°范围根据现场需要布置），$\phi16$ 拉模筋按照间排距 60cm × 75cm 布置。

（5）对于底拱先浇段，适当调整引水上弯段、斜井及下弯段底拱 7 根固结灌浆管（$\phi80$ 钢管）环向位置及方向，使其与承重立杆布置一致，立杆插入灌浆孔内抵住基岩。

（6）布置纵、横向剪刀撑加固排架。纵、横向剪刀撑与水平面的倾角控制在 45°～60°；剪刀撑随排架搭设同步上升；每道剪刀撑宽度不应小于 4 跨，且间距不应大于 6m，横向剪刀撑排距 3m，纵向剪刀撑排距 3.6m。

（7）立杆、剪刀撑接长采用搭接，搭接长度应不小于 1m，等间距设置 3 个扣件进行固定；纵、横向架管及斜撑接长按规范要求进行搭接或对接；架管接长均须按规范要求错接头；端部扣件盖板边缘至杆端距离不小于 10cm。

（8）在⑤施工支洞侧搭设 $\phi48$ 钢管支撑架，平衡引水下弯段排架的倾覆力。

（9）利用 $\phi80$ 固结灌浆孔在引水下弯底拱布置型钢挡坎，挡坎型式为 $\phi80$ 钢管（外露 30cm）＋20 号槽钢。斜井排架下部 38 根纵向架管沿直线延伸至引水下弯，撑在引水下弯型钢挡坎上，以平衡引水上弯及斜井段排架的倾覆力。

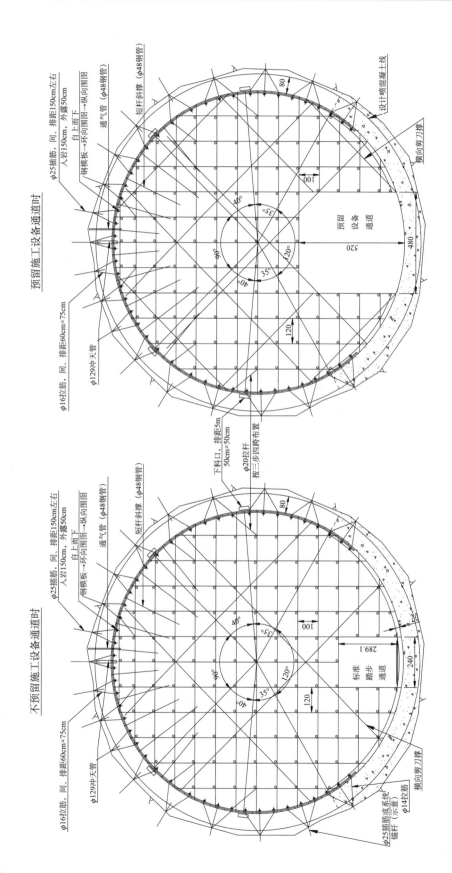

图2.3-7 满堂脚手架型横断面图（单位：直径mm；其他cm）

2.4 小结

（1）统筹布设施工通道，有利于工程有序推进。虽然向家坝引水系统一线开挖在前期布设了两条施工通道，但受地质条件影响，进水口一端的施工通道打通较晚，直接占压了开挖工期。施工过程中，通过灌排廊道增设一条施工支洞，使得工期得以保障。如能在前期规划好引水支洞通道，可为引水一线开挖赢得更多时间。

（2）优化设计方案，布设好引水洞高程。向家坝右岸地下电站引水隧洞底板高程高出进水口高程10m，使得施工过程中开挖、混凝土浇筑通道难以布置，且不利于后期门洞封堵撤退。在今后类似工程中，应尽可能保证引水隧洞进水高程与进水口底板一致，而排沙洞可在进水口底板进行挖槽等方式布设，既有利于工程进展，还可减少投资（引水隧洞进水口先挖后浇筑混凝土）。

（3）斜井开挖与支护、混凝土浇筑安全风险大，且运行期间斜井混凝土检修困难。建议斜井段采用钢衬，既可降低施工期的安全风险，保证过流面质量，又利于运行期的检修；此外，综合工程建设及检修成本，采用钢衬造价不一定高于钢筋混凝土造价。

（4）做好施工支洞封堵与发电顺序的谋划。向家坝水电站④、⑤施工支洞封堵撤退与机组发电顺序正好相反，若施工组织阶段做好规划，如改变机组发电顺序或者改变支洞进出口方向，均能为后期撤退赢得时间。

第3章 厂 房 系 统

厂房系统由主厂房、主变室、电缆竖井、开关站等建筑物组成。主厂房岩锚梁以上开挖跨度33.4m、岩锚梁以下开挖跨度31.4m以及厂房开挖高度85.5m等技术指标位居水电地下工程世界前列。工程区域缓倾角岩层及层间结构面、软弱夹层对大洞室大跨度顶拱稳定不利；垂直节理裂隙与水平层状节理裂隙切割，容易影响边墙稳定；地下水较丰富且具有侵蚀性及低瓦斯等特性。建设过程中，通过大量的科研设计确定了地下洞室群尤其是主厂房、主变室、开关站的施工程序和支护参数，进行严格的施工管理和作业控制，顺利完成了厂房系统的工程建设，尤其是主厂房顶拱、岩锚梁和高边墙开挖质量优良，主厂房顶拱围岩最大变形仅13.36mm。

3.1 工程设计

3.1.1 主厂房设计

地下厂房装机4台，单机容量800MW，布置在右岸山体内，山体地面高程420.00~525.00m。地下厂房顶拱高程306.20m；埋深约114.00~219.00m；主厂房纵轴线方位角为NE30°，与主要节理的平均夹角为60°。

根据机组特征参数、电气设备布置、起吊设备选型、交通运输要求，以及洞室支护、结构布置等因素，确定主厂房洞室开挖断面尺寸为：岩锚梁以上开挖跨度为33.40m，岩锚梁以下开挖跨度为31.40m，最大开挖高度85.50m，厂房总长度为255.00m。其中主机间长165.00m，四台机组连续布置，机组间距40.00m。安装间布置在主机间右端，长90.00m。

主厂房共分4层布置，由上至下依次为发电机层（高程274.74m）、母线层（高程268.74m）、水轮机层（高程263.24m）、操作廊道层（高程243.00m）。发电机层上游侧设有通风夹层，兼做防潮墙，吊物孔布置在下游侧，楼梯布置在上游侧。母线层上游侧布置有通风夹层、楼梯和中性点接地装置；下游侧布置低压母线引出线装置，与下游母线洞相通，机组左侧布置有发电机机旁盘和励磁盘。水轮机层布置有通风夹层、楼梯、水轮机调速器和油压装置。

安装间位于主机间右端，长度为90.00m，地面高程为274.74m，与发电机层同高。安装间布置发电机转子、定子、下机架、顶盖和水轮机转轮安装场地,并留有一定的回车位置。靠近主机间侧安装间长 50.00m 段底板下设有两层副厂房。底层副厂房高程为 263.24m,与水轮机层同高,从左至右分别布置渗漏集水井、检修集水井、高压风机室、低压风机室、透平油处理室、透平油库和风机室。上层副厂房高程为 268.74m,布置机修室、机组 CO_2 灭火室、CO_2 钢瓶室和消防供水室。

母线洞垂直主厂房轴线,布置在主厂房下游,连接主厂房及主变室;断面为圆拱直墙型,长度 40m,宽度与高度均为 10.00m。共 4 条。母线洞分两层,上层与发电机层高程同高,均为 274.74m,下层高程为 268.74m,与主厂房母线层同高。

地下厂房剖面图见图 3.1 – 1。

右岸地下主厂房规模巨大,周边洞室纵横交错,为选择合理的洞室间距、开挖程序、支护参数和局部加强支护措施,确保围岩稳定,进行了大量的设计、计算、咨询和实验研究工作,包括工程类比、数值计算分析和实验等,并进一步结合材料利用,最终确定了主厂房洞室的支护参数(见表 3.1 – 1)。地下厂房洞室支护示意图见图 3.1 – 2。

表 3.1 – 1　地下厂房洞室主要支护参数表

部位		支护方案
主厂房	顶拱	预应力对穿锚索:$T = 2000kN$,$L = 30m$,上下游方向共布置四排锚索,间距 9m 左右,纵向根据地质条件间距为 4.5 ~ 6.0m。 锚杆:$\phi32@1.5m \times 1.5m$,$L = 6m$、9m 相间布置;软弱夹层局部为 $\phi36@1.5m \times 1.5m$、$P = 150kN$ 预应力锚杆。 喷混凝土厚 200mm,挂钢筋网 $\phi8@0.2m \times 0.2m$,局部喷 200mm 钢纤维混凝土
	上游边墙	预应力锚索:边墙高程 241.00 ~ 296.74m,$T = 2000kN$,$L = 30m$。竖直方向共布置八排锚索,间距 6.5 ~ 7.0m;纵向根据地质条件间距为 4.5 ~ 6.0m。 锚杆:$\phi32/36@1.5m \times 1.5m$,$L = 6m$、9m 相间布置;Ⅲ类围岩 $\phi36@1.5m \times 1.5m$,$L = 8m$。 喷混凝土厚 200mm,挂钢筋网 $\phi8@0.2m \times 0.2m$
	下游边墙	预应力对穿锚索:边墙高程 241.00 ~ 296.74m,$T = 2000kN$,$L = 40m$。竖直方向共八排锚索,间距 6.5 ~ 7.0m;纵向根据地质条件间距为 4.5 ~ 6.0m。 锚杆:$\phi32/36@1.5m \times 1.5m$,$L = 6m$、9m 相间布置;Ⅲ类围岩 $\phi36@1.5m \times 1.5m$,$L = 8m$。 喷混凝土厚 200mm,挂钢筋网 $\phi8@0.2m \times 0.2m$
	左右端墙	锚杆:$\phi32@1.5m \times 1.5m$,$L = 6m$、9m 相间布置。 喷混凝土厚 200mm,挂钢筋网 $\phi8@0.2m \times 0.2m$
母线洞		锚杆 $\phi28@1.5m \times 1.5m$,$L = 4.5m$;喷混凝土,厚 100mm;挂钢筋网 $\phi6.5@0.2m \times 0.2m$;混凝土衬砌,厚 500mm。 母线洞底与尾水隧洞之间设置预应力对穿锚索,长度随两洞间距变化,预拉力 $T = 2000kN$,间距 $@4.5m \times 4.5m$

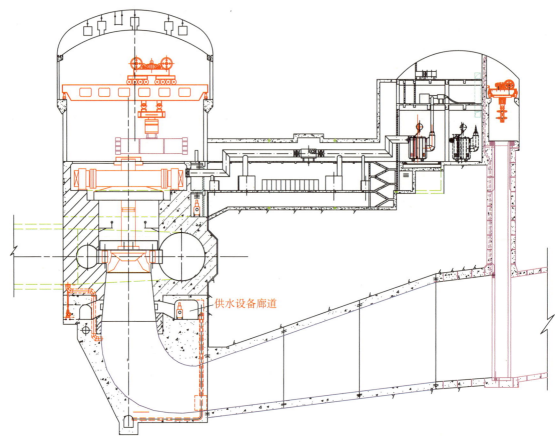

图 3.1-1　地下厂房剖面图

3.1.2　主变室设计

主变室平行布置在主厂房下游侧，两洞之间岩墙厚 40.00m。根据厂区布置，主变压器室和尾水闸门操作廊道布置在一个洞室内，统称为主变洞。主变洞内上游侧布置主变压器室和主变运输道，下游侧布置尾水闸门操作廊道，两者之间设置 1.0m 厚混凝土隔墙。根据机电设备布置，主变压器采用三相变，每台机组各一台。主变压器室宽度为 12.50m，主变运输道宽度为 6.00m，尾水闸门操作廊道净宽 6.50m。考虑围岩支护和两室之间隔墙厚度，主变洞开挖跨度为 26.30m。主变洞采用圆拱直墙型，毛洞断面尺寸：跨度为 26.30m，直墙高度为 17.00m，顶拱高度为 6.00m。

每台主变的布置长度与机组间距相等，即 40.00m，并使主变中心线与机组中心线对齐。在主变洞右端设置 10.00m 宽的高压电缆竖井，与地面副厂房、开关站和出线平台相通，竖井内布置电缆道、排风通道和交通道。在主变洞左端设置 3.00m 宽交通廊道与主厂房相通。主变洞总长度为 173.80m。

主变室分三层布置，从下至上依次为主变压器层、电缆层和顶拱排风通道。底层主变层层高为 12.00m，为便于运输，主变室底板高程为 274.74m，与主厂房发电机层高程相同。每个机组段包括一间主变压器室和一间厂用配电设备室，中间用防火隔墙隔开，主变压器底板

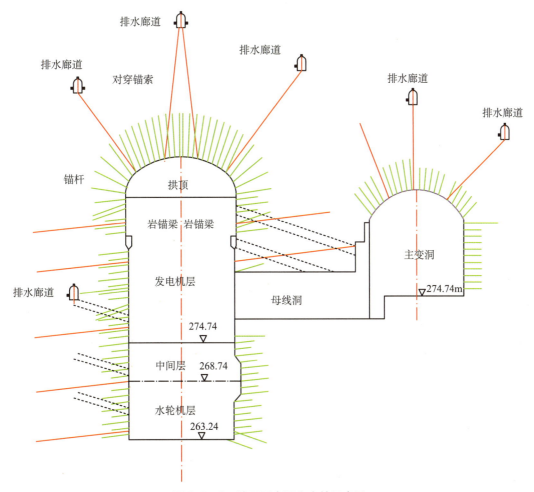

图 3.1-2　地下厂房洞室支护示意图

下设有事故油池。主变室下游布置主变运输道,层高为 7.10m。在主变运输道和电缆层之间布置避雷器夹层,层高为 4.90m。电缆层高程为 286.24m,层高 5.00m,主要布置有 500kV 出线电缆,上游侧布置有主变洞通风道。顶层作为主厂房、母线洞排风通道。

　　主变洞主要支护参数见表 3.1-2。

表 3.1-2　主变洞主要支护参数表

部位		支护方案
主变洞	顶拱	预应力对穿锚索:$T=1000\text{kN}$,$L=20\text{m}$,上下游方向共布置三排锚索,间距 7.5~9.0m。纵向根据地质条件间距为 4.5~6.0m。 锚杆:$\phi32@1.5\text{m}\times1.5\text{m}$,$L=5\text{m}$、7m 相间布置。 喷混凝土厚 150mm,挂钢筋网 $\phi8@0.2\text{m}\times0.2\text{m}$
	上下游边墙	锚杆:$\phi32@1.5\text{m}\times1.5\text{m}$,$L=5\text{m}$、7m 相间布置;其中上游边墙有到主厂房边墙的三排对穿预应力锚索。 喷混凝土厚 150mm,挂钢筋网 $\phi8@0.2\text{m}\times0.2\text{m}$

3.1.3 电缆竖井

竖井是水电工程中的重要建筑物，施工难度大，有明显的特殊性。向家坝水电站地下洞室群中有两条竖井，分别是电缆兼排风竖井（以下简称"电缆竖井"）、电梯及排烟竖井（以下简称"电梯竖井"）。电缆竖井是地下主变室直通地面开关站的通道，主要起电缆敷设、排风和上下交通等作用；电梯竖井是地下厂房直通坝顶的通道，主要起消防排烟和上下交通等作用。

3.1.3.1 设计情况

电缆竖井开挖断面尺寸为 14.2m×11.2m（长×宽），井底高程为 291.74m，井顶高程为 509.50m，开挖总高度 217.76m；其底部与地下主变室贯通，顶部与地面开关站相连。电缆竖井位置见图 3.1-3。

整个井壁段全部采用钢筋混凝土衬砌，内部设置有电梯井、电缆井、主变洞排风竖井、主厂房排风竖井、板梁、楼梯及大量预埋件等，结构较为复杂。电缆竖井标准断面见图 3.1-4。

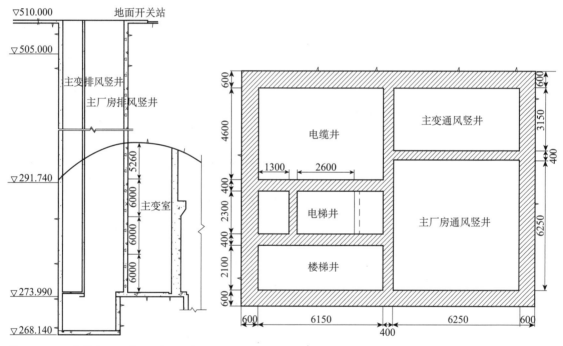

图 3.1-3　电缆竖井位置（单位：高程 m；其他 mm）

图 3.1-4　电缆竖井标准断面（单位：mm）

3.1.3.2 功能设计

从地下主变室到地面开关站，要实现三个功能，分别是电缆出线、上下交通和通风。考虑到电缆安装和后期维护的需要，出线和交通功能必须在一个结构物中实现；通风功能既可以单独实现也可以与前面两个功能一起实现。电缆竖井是采用三个功能集成的合体式结构还是多个单一功能的分体式结构（通风竖井单独成井），主要取决于通风设计。主厂房主变室通风示意图见图 3.1-5。

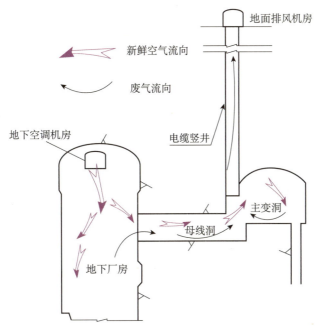

图 3.1-5　主厂房主变室通风示意图

地下厂房的通风为全空调方案，通风方式为进场交通洞进风，经主厂房空调室送入主厂房顶拱，由顶拱送风口再送至母线层（主变室）、水轮机层（蜗壳层），经使用后送到排风竖井，通过设置在开关站地面的风机室排出。若采用分体式布置，需要增加由主变洞和主厂房到排风竖井的 2 条水平通道，在挖空率已经很高的主厂房和主变室之间再各增加一条水平通道，对洞室群的整体稳定性不利。

电缆竖井采用矩形布置，根据不同使用功能，将高压电缆竖井用混凝土隔墙分隔成电缆区、排风区和交通区三个区域。排风区位于竖井左侧，左上游侧为主变洞排风竖井，左下游侧为主厂房排风竖井，各排风竖井根据主厂房、主变洞机械排风量分别确定排风竖井面积。电缆区主要布置有四回路高压电力电缆，每回路高压电力电缆均布置在独立封闭的空间内，电缆区下游侧布置有电缆安装、检修的区域。交通区布置有楼梯和电梯，连接地面副厂房和主变洞，并与每层电缆区相通，部分控制电缆布置在电梯背后的控制电缆竖井内。

3.1.3.3　位置选择

电缆竖井平面功能分区布置后，根据结构计算结果确定各部位详细的结构尺寸。经计算确定，边墙钢筋混凝土衬砌厚度为 60cm，隔墙钢筋混凝土厚度为 30~40cm，底板混凝土厚度为 60cm。

电缆竖井是连接开关站和主变室的一个结构，其位置取决于开关站和主变室的布置方案。"地面开关站 + 地下主变室"的布置方案是考虑了围岩稳定性、运行管理条件、工程量和施工条件、机电设备布置、电能损耗等因素后的最优选择。从平面上来看，主变室和开关站端墙彼此相连，电缆竖井布置在连接处是最优选择。电缆竖井位置比选见图 3.1-6。

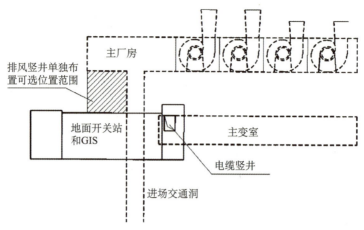

图 3.1-6　电缆竖井位置比选

为便于电缆通道和通风通道布置，高压电缆竖井上游边墙与主变洞上游边墙对齐，下游边墙受下游侧主变洞运输通道布置限制，只能与主变室对齐，见图 3.1-7。

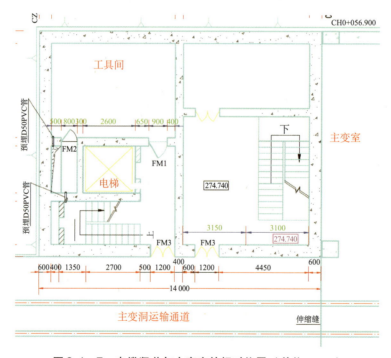

图 3.1-7　电缆竖井与主变室的相对位置（单位：mm）

3.1.3.4　支护设计

电缆竖井为方形竖井，开挖断面面积为 $159m^2$，属于大断面洞室。考虑到所处围岩以 T_3^3 层的Ⅲ～Ⅳ围岩为主，围岩强度不足，局部会产生塑性变形，不支护可能产生变形破坏，故采取了全断面喷混凝土、系统锚杆加钢筋网的支护方式。锚杆采用全长粘结型普通水泥砂浆锚杆，Ⅲ～Ⅳ围岩 6m 和 4.5m 长锚杆间隔布置，Ⅱ类围岩则全部采用 4.5m 长锚杆；喷混凝土厚度为 10cm。

对出露的夹层或煤层，清理后回填 C15 混凝土，预埋灌浆管路回填水泥砂浆或水泥浆；煤洞则采取清理后回填封堵的方式处理。煤洞高度 50cm 以内的，回填深度为 1m；超过 50cm 的煤洞，回填深度为煤洞高度的两倍。煤洞结构示意图、煤洞回填处理图分见图 3.1 - 8、图 3.1 - 9。

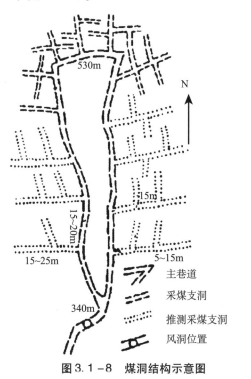

图 3.1 - 8　煤洞结构示意图

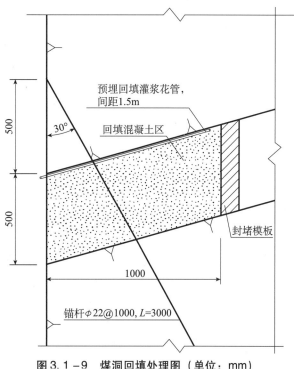

图 3.1 - 9　煤洞回填处理图（单位：mm）

3.1.4　地面开关站

开关站一般用来布置高压配电装置和出线设备，无论地面开关站或地下开关站都需要一个地面的场地来布置相应的 GIS 设备或出线设备。综合考虑坝址区的地形地质条件、枢纽总体布置格局、出线设备布置及雾化等因素，500kV 开关站采用地面 GIS 方案。

3.1.4.1　设计情况

地面开关站建筑物有 GIS 室、副厂房和排风机房。GIS 室位于中部，分两层布置：地面层布置室内全封闭组合电器（GIS），地下层布置电缆。下游侧布置室外出线平台。地面开关站建筑物立面图见图 3.1 - 10。

排风机房位于地面左端，分两层布置：第一层布置主厂房和主变洞排风机房，第二层布置楼梯送风机房。

地面副厂房布置在开关站右端，分七层布置：地下层为电缆层；第一层为地面，主要布置开关站 10kV 配电室；第二层为辅助设备控制室和计算机室；第三层为精密仪表室和低压试验室；三层以上为办公室。各层之间设有楼梯、电梯连通。

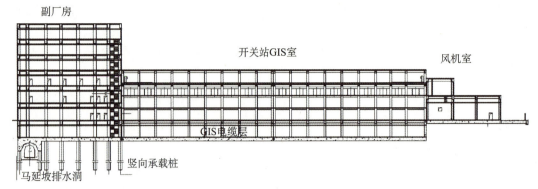

图 3.1 -10 地面开关站建筑物立面图

3.1.4.2 站址选择

开关站选址与高压配电装置的选型及其布置关系密切，相互影响。开关站布置时应考虑尽量靠近厂房，以便统一运行管理和设备检修维护，提高运行可靠性；避免附属生产和生活设施的重复建设，节省投资；电站与开关站间的连接方式应尽量简单可靠；尽量减少开关站与大坝及厂房的施工干扰。

高压配电装置的选型属于电气专业内容，经过技术经济比较，设计选择了 GIS 开关设备；GIS 设备可能布置于地面或地下，相应的开关站分为地面开关站和地下开关站。

GIS 设备布置于地下，设备运行的可靠性和安全性较高。缺点是受地下空间限制，地下 GIS 室的宽度较小，开展现场耐压试验具有一定难度；需要局部加宽加高主变洞，使得洞室跨度增大，边墙高度增加，提高了地下洞室成洞难度，加大了支护工程量，对厂区地下洞室群的稳定有不利影响。

考虑到右坝肩顶部附近高程 510m 左右有一缓坡平台，将 500kV 开关站布置在该平台上。地面方案布置充分利用了自然地形，具有布置紧凑、无高边坡问题、高压引出线距离短、开挖及支护工程量小和后期运行管理较为方便等优点。

地面开关站位置图见图 3.1 -11。

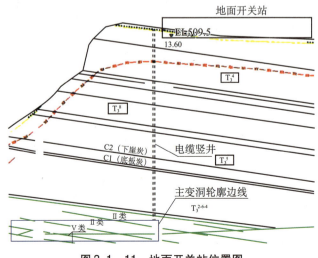

图 3.1 -11 地面开关站位置图

3.1.4.3　开挖支护设计

开关站位于右坝头坡顶倾向 SE 的缓坡平台上，地形坡度约 14°，为顺层发育的缓坡。平台出露地层为侏罗系（$J_{1-2}z$）下部粉砂岩、泥岩地层，基岩露头一般为中等风化，地表坡积物厚 3~6m。

设计目的是要在缓坡上挖出一个平台，在其基础上布置 GIS 室、副厂房、风机室、出线塔等建筑物和设备。开关站所在的区域，由于地形较平缓，且岩石以堆积物为主，开挖支护工程量和施工难度均较小。设计开挖方量约为 7.2 万 m^3，边坡采取系统锚杆加喷混凝土的支护方式，锚杆采用全长粘结型普通水泥砂浆锚杆，全部采用 4.5m 长锚杆，喷混凝土厚度为 10cm。

3.2　主要技术问题

3.2.1　主厂房

1. 主厂房顶拱稳定

1）地质条件

主厂房顶拱均出露在 T_3^{2-6-3} 地层内，岩层主要以灰白色厚至巨厚层状中细至粗粒砂岩为主，顶拱见软弱夹层及薄层状泥质粉砂岩、粉砂质泥岩透镜体；地层产状较平缓，岩体构造破坏程度较低，无较大断层分布，主要结构面为软弱夹层、层面和节理裂隙。

顶拱共有 4 条软弱夹层出露。软弱夹层较厚，一般为 50~120cm，倾角较缓。夹层在顶拱出露段较长，一般 10~20m，岩性主要为泥质岩夹煤线，岩石较为破碎，自稳能力较差，开挖出露后，小块不稳定岩石较多，范围较大。根据地质素描统计情况，软弱夹层出露区约占顶拱面积 35%。

厂房顶拱岩层产状平缓，层间结构面尤其是软弱夹层对顶拱岩体的稳定影响较大，洞室顶拱与层面或软弱夹层之间岩体在节理裂隙的组合切割下可能形成三角块体，其稳定性差，顶拱围岩稳定问题非常突出。

2）应对措施

主厂房岩层产状较缓（倾角 15°~20°），层状结构面对顶拱稳定性影响较大，易形成切割体掉块。针对这种特点，除系统支护外，作了针对性的支护，包括：在局部夹层出露的下方位置布设一定数量的预应力锚杆，以加强软弱夹层的整体稳定性；在厂房南端墙受软弱夹层 JC2-1 在顶拱上方穿过的影响，预应力锚索布置间距加密，同时还布置一定数量的预应力锚杆；锚杆间排距根据地质围岩分类不同，局部地质较差洞段采用 9m 长、间排距为 1.0m×1.0m 的锚杆以加强支护；全洞段挂网喷混凝土，局部软弱夹层洞段喷钢纤维混凝土。

在主厂房开挖前，提前完成主厂房周边围岩变形监测仪器的埋设，以获得岩体变形的初始值，以便对厂房开挖全过程进行监测。在开挖过程中，根据实测变形观测数据，对开挖过程中洞室稳定性进行分析，科学指导开挖、支护程序，并根据监测信息反馈结果，实时调整支护参数，以确保安全。

考虑到全断面一次开挖对围岩扰动大，主厂房顶拱采用分部开挖方法及光面爆破技术。

而分部开挖方法按施工顺序一般可分为中部先开挖成型法、品字形推进法、两侧先开挖成型法等。经反复研究比选后，向家坝厂房采用按"中部开挖、上游侧扩挖、下游侧扩挖"三个步骤开挖成型。

2. 岩锚梁开挖

岩锚梁是地下厂房施工的重点、关键和特殊项目，其施工质量的好坏直接关系到施工期水轮发电机组能否安全起吊安装、运行期水轮发电机组能否安全起吊检修。而岩锚梁开挖成型的好坏是岩锚梁施工质量的最基础、最重要的环节。

向家坝岩锚梁以上开挖宽度为33.4m，岩锚梁以下宽度为31.4m。岩锚梁在主厂房上下游两侧通长布置（单边长度255.4m），上拐点高程为EL286.11m，下拐点高程为EL284.57m，岩台斜面与铅垂面的夹角为33°，岩台开挖宽度为1.0m，开挖形状似牛腿。其所在岩体约有一半存在软弱夹层，需设置附壁柱和连续墙。具有结构复杂，施工工艺要求高，技术难度大，地质条件差等特点。

岩锚梁部位开挖采用"中间预裂拉槽、两侧预留保护层、分层分区、小进尺、多循环、勤测量、弱爆破、样架导向钻孔、双向光面爆破"的施工方案。

3. 高边墙开挖

随着科学技术的发展，地下厂房的规模不断扩大，其尺寸越来越大，边墙也越来越高。向家坝主厂房开挖最大高度达到85m。如何在开挖时控制和减小洞室变形是施工一直关注的焦点。常规的地下厂房高边墙开挖方法是中部拉槽先行，边墙预留保护层跟进。该方法由于保护层采用搭设样架+手风钻，每炮循环进尺短，开挖进度较慢，边墙支护不能及时展开，整体施工时间长。

在向家坝厂房中下部开挖时，采用了"边墙一次深孔预裂，全断面梯段开挖、层间快速转序"施工技术并取得成功。边墙分层高度8～10m不等，结构预裂采用KSZ-100Y型预裂钻机进行造孔，钢管样架导向。结构预裂超前拉槽大于20m爆破，爆破区域距离边墙支护区大于30m。全断面梯段爆破采用ROCD7液压钻机造孔，深孔梯段爆破，梯段长度8～10m。

4. 蜗壳混凝土浇筑

右岸地下厂房蜗壳采用半垫层、半直埋的方式埋入混凝土内。单台机组蜗壳混凝土方量约为1万m³，采用C30混凝土。蜗壳层混凝土总高度15m，浇筑难度大，主要表现在：

（1）蜗壳混凝土结构平面尺寸大，结构体型复杂。单个机组蜗壳层内设置有楼梯、吊物孔、蜗壳进人孔廊道、水车室搬运廊道及基坑进人廊道。蜗壳、座环的支墩布置密集，各种机电埋件繁多。混凝土施工穿插进行埋件安装，施工干扰较大。

（2）蜗壳底部净空尺寸小。由于向家坝单机容量为目前世界之最，其蜗壳尺寸巨大，蜗壳底部距离混凝土面最小间隙在0.76～1.5m之间，施工人员操作空间小，钢筋安装难度大，阴角部位入仓及振捣困难。

（3）施工工序繁多。除常规的钢筋制安、模板安装和混凝土浇筑外，还有蜗壳弹性垫层安装、机电埋件安装、冷却水管安装、监测仪器埋设、灌浆管路埋设，以及后期回填、接触灌浆施工等工作。

（4）施工控制要求严格。在混凝土浇筑过程中，如施工措施不到位或施工控制不严格，易造成混凝土浇筑对蜗壳产生的浮托力及侧压力过大，进而造成蜗壳变形或移位。

5. 混凝土温控

地下厂房属于大体积混凝土施工的部位主要包括进水口、地下厂房、尾水出口及施工支洞的封堵等，这些部位的混凝土施工对温度控制都有极高的要求。而工程所在区域夏季气温较高，月平均最高气温为 35.1℃，极端最高气温高达 36.3℃，且持续时间长（5～9 月平均气温均在 23℃ 以上），高温季节的温控难度大，冬春季节还有寒潮降温的袭击，冬季要防止混凝土表面出现温度裂缝，温控工作量大、难度高、历时长。

地下厂房在洞内施工，由于夏季洞内温度不高，大大降低了混凝土的浇筑温度及施工环境温度，因此，温度控制相对较进水口及尾水部分更为容易。但是，在地下厂房混凝土施工中，对尾水底板、蜗壳及岩锚梁的施工应加强温度控制措施。由于结构的限制，为了方便施工，尾水底板采用一次性不分层浇筑，浇筑层厚度约为 3m，这样就升高了混凝土的浇筑温度及混凝土内部的最高温度，因此，尾水底板的混凝土浇筑尽量安排在低温季节进行。蜗壳部位是主厂房最大体积混凝土部位，且结构复杂，钢筋及埋件较多，应保证蜗壳部位混凝土浇筑质量，重视混凝土温控问题，防止钢蜗壳上浮、偏移或变形是整个厂房混凝土施工的关键。岩锚梁施工主要是由于其混凝土标号高，水泥用量大，直接导致混凝土内部温度的迅速上升，因此，对高温季节浇筑的岩锚梁，应采取预冷混凝土并精心养护。

为保证地下工程混凝土质量，组织开展了地下工程温控防裂研究，并在设计研究分析和施工措施研究基础上，提出了相应的温控防裂措施，主要有：

（1）按隧洞衬砌混凝土、主厂房大体积结构混凝土和岩锚梁结构混凝土 3 种分类进行混凝土温度控制分析研究。

（2）每年 4—10 月地下厂房大体积混凝土控制浇筑温度 18～20℃，隧洞衬砌混凝土控制浇筑温度 18℃，岩锚梁混凝土控制浇筑温度 18～20℃。

（3）地下厂房岩锚梁混凝土安排在 1—3 月浇筑，正值低温季节，可自然入仓，并辅以通水冷却。

（4）为降低混凝土温升，应尽量利用混凝土的后期强度，地下厂房蜗壳混凝土、引水系统及尾水系统混凝土设计龄期由 28d 调整为 90d。粉煤灰掺量按 25% 控制。

6. 施工通道布置

地下厂房施工是一个较为复杂的系统工程，具有单机容量大、洞室跨度大、高度高等特点，且施工中不可预见因素较多，如处置不当，有可能转化为控制工期的关键项目。因此，为保证及加快地下厂房系统的施工进度，除采用先进高效的施工机械设备及科学合理的施工程序外，同时还需合理布置施工通道。

大型地下厂房施工时，应统筹研究布置各施工阶段的施工通道，做到及早形成，统筹兼顾。施工支洞应布置合理、立体多层次、一洞多用，做到施工方法先进，施工干扰小，以保障施工安全和总进度的需要。对于大型地下厂房，通常设 4～5 条施工支洞方可满足施工需要。布设施工支洞时，应提前考虑满足隧洞内衬钢管、衬砌滑模和出渣运输、各种施工管线布置以及人行安全的需要，断面尺寸一般设为宽 7.0～7.5m、高 6.5m 左右。

主厂房是地下电站系统施工进度的关键线路，由于其高度大，应考虑上、中、下三层通道。每一层施工尽量布置成左右双通道，以利于形成层间交叉施工。通常情况下，在厂房上层两端布置各一条通道，一条需单独设置，一条可结合永久洞室如风机室设置；中层主要利用永久洞室如进厂交通洞、引水下平段、母线洞，一般都会设置一条支洞贯穿各条引水下平段（这种布置几乎成为当今地下厂房的固定通道模式。机组少时可布置成单头通道，如向家坝地下厂房；机组多时可延伸形成一环形通道，如溪洛渡地下厂房）；底层则利用尾水扩散段及尾水系统的通道。

3.2.2　主变室

主变室主要安放变压器等设备，作为紧邻主厂房的大型洞室，其施工难度主要表现为受主厂房施工安排约束。因其距主厂房距离不足40m，且都为大型洞室，主变洞顶拱开挖不能与主厂房顶拱同时进行，不利于施工组织；其混凝土主要为框架结构而非大体积混凝土，施工时需大量立模，需投入大量施工资源，而浇筑时因可作为主厂房的混凝土运输通道而常常受到影响，如何解决好这些问题成为施工组织管理的关键。

3.3　施工方案

3.3.1　主厂房

3.3.3.1　施工通道布置

根据向家坝永久性地下洞室的布置，结合施工总进度的要求和地下洞室施工需要，右岸地下电站共布置6条施工支洞，各施工支洞断面均为城门洞形，均按双车道布置。在施工过程中经过修改调整，前后共形成11条施工支洞，包括①、②、③、④、⑤、⑥6条施工支洞，以及后期增加的②-1、③-1、④-1、⑤-1及引水上弯段5条施工支洞。施工支洞作为地下厂房系统施工的交通运输及通风通道，在右岸地下厂房系统开挖完成后，根据施工进展及时作回填封堵处理。地下厂房通道布置图见图3.3-1。

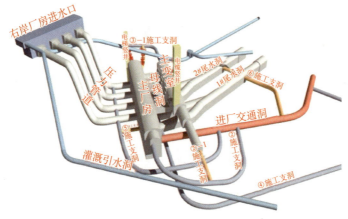

图3.3-1　地下厂房通道布置图

与主厂房施工密切相关的各施工支洞特性及功能情况如下：

①施工支洞进口位于大坝右坝肩上游侧，洞口高程 292.70m，通至主厂房左端墙顶拱 299.60 高程，坡度为 5.22%，洞长 132.6m，作为主厂房Ⅰ、Ⅱ层开挖及支护的施工通道。

②施工支洞为进厂交通洞的岔洞，从进厂交通洞引岔洞通至主厂房右端墙顶拱，岔洞口高程 281.92m，主要承担主厂房Ⅰ、Ⅱ层开挖及支护的部分施工及主厂房通风。

④施工支洞为进厂交通洞的岔洞，距进厂交通洞进洞口约 40m，从进厂交通洞桩号厂交 0+428.300 底板高程 294.80m 引岔洞通至尾水扩散段底板高程 225.90m，洞长 1050.9m，作为主厂房Ⅷ、Ⅸ、Ⅹ层开挖出渣和尾水扩散段的施工通道。

⑤施工支洞为进厂交通洞的岔洞，从进厂交通洞桩号厂交 0+140.000、高程 278.30m 引岔洞通至引水洞下平段底板高程 246.90m，穿过①、②、③引水隧洞（新⑧、⑦、⑥机引水隧洞）交至④引水隧洞（新⑤机引水隧洞）下平段，洞长 562.6m，作为引水洞斜井、下平洞开挖和混凝土衬砌施工，以及主厂房Ⅵ、Ⅶ层开挖主要施工通道。

③-1 施工支洞为③施工支洞的岔洞，从③施工支洞桩号③支 0+045.200、底板高程 293.10m 引岔洞通至主厂房左端墙高程 282.30m，坡度为 13.48%，洞长 80.5m，主要承担主厂房Ⅱ～Ⅳ层开挖支护运输。

④-1 施工支洞为④施工支洞的岔洞，开挖断面型式有两种：进口段和转弯段为 6m×5m（宽×高），厂房侧直线段为 4.5m×5m。从④施工支洞桩号④K0+865.000、底板高程 230.50m 引岔洞通至主厂房右端墙高程 241.00m，坡度为 13.55%，洞长 77.6m，作为主厂房Ⅶ、Ⅷ层及集水井的施工通道。

⑤-1 施工支洞为⑤施工支洞的岔洞，从⑤施工支洞桩号⑤K0+370.230、底板高程 249.70m 引岔洞通至主厂房右端墙高程 253.60m，与⑤施工支洞共同承担引水下平洞及主厂房Ⅵ、Ⅶ层开挖及支护运输。

各条施工支洞功能特性见表 3.3-1。

表 3.3-1　施工支洞特性表

施工支洞	规格 （长×宽×高， m×m×m）	起点高程 （m）	终端高程 （m）	承担运输的主要部位
①	132.6×7.5×6.5	292.70	299.60	主厂房Ⅰ、Ⅱ层开挖及支护运输
②	415.89×8.0×7.0	281.80	298.62	主厂房Ⅰ、Ⅱ层开挖及支护的部分施工及主厂房通风
③	132.5×7.5×6.5	294.30	290.10	主变洞顶拱开挖及支护运输通道
④	1050.9×8.0×7.0	294.80	225.90	主厂房Ⅷ、Ⅸ、Ⅹ层开挖出渣和尾水管前段的施工通道

续表

施工支洞	规格 （长×宽×高， m×m×m）	起点高程 （m）	终端高程 （m）	承担运输的主要部位
⑤	562.6×8.0×7.0	278.30	246.90	主要承担引水下平洞、引水斜井及主厂房Ⅵ、Ⅶ层开挖及支护运输
③-1	80.5×7.0×6.0	293.10	282.30	主要承担主厂房Ⅱ～Ⅳ层开挖支护运输
④-1	77.6×6.0×5.0 （4.5×5.0）	230.50	241.00	作为主厂房Ⅶ、Ⅷ层及集水井的施工通道
⑤-1	232.0×4.0×3.5	249.70	253.60	与⑤施工支洞共同承担引水下平洞及主厂房Ⅵ、Ⅶ层开挖及支护运输

开挖阶段形成的施工通道，在混凝土施工阶段大部分均可利用，施工时还考虑了利用灌浆廊道、增设皮带机廊道。各通道见表3.3-2。

表3.3-2　主厂房混凝土施工通道

施工部位		运输路线
主厂房	肘管层	进厂交通洞、④支洞、尾水扩散段
	锥管、蜗壳层、机墩、风罩、板梁柱框架结构 （中上部）	进厂交通洞、三灌廊道、皮带机廊道； 进厂交通洞、主变洞、母线洞； 进厂交通洞、安装间； ①支洞、③支洞、③-1支洞
集水井	下部混凝土	进厂交通洞、④支洞、④-1支洞； 进厂交通洞、⑤支洞、⑤-1支洞
	上部混凝土	进厂交通洞、安装间

（1）向家坝的第三层帷幕灌浆廊道位于发电机层高程，在早期规划时就考虑兼做主厂房的混凝土运输通道，通过适当增加开挖断面，既有利于机械化开挖作业，也为后期混凝土施工增加了手段。

（2）在主厂房发电机层高程上游侧增设2条皮带机廊道，北端墙增加一交通廊道，与下游侧的母线洞对应，有力保证了混凝土运输通道，使混凝土施工不占压安装间，消除了与机电施工的相互干扰。

3.3.1.2　顶拱层开挖

主厂房顶拱采用分部开挖方法及光面爆破技术，按"中部开挖、上游侧扩挖、下游侧扩挖"三个步骤开挖成型。

1. 开挖前准备

（1）主厂房顶拱对穿锚索在开挖面揭露之前完成钻孔，便于顶拱开挖面形成后及时下索支护，有利于围岩稳定。钻孔作业利用主厂房顶部提前形成的排水、灌浆廊道。

（2）在厂房顶拱开挖前，先在永久断面内施工小导洞进行开挖爆破试验，掌握岩石的特性。根据经验公式结合现场实际地质情况，确定合理的钻孔布置、装药结构及起爆方式等爆破参数。

2. 开挖方法

主厂房Ⅰ层开挖高度为 11.2m，开挖分三区施工完成，先进行中导洞开挖，再进行导洞扩挖和底层开挖，最后再两侧扩挖。由于缓倾角岩层分布，为了减小顶拱围岩掉块或塌方影响，以及有效控制整个厂房变形，顶层划分的三个作业区采取逐区完成顺序，相互不搭接工期，有序揭露厂房顶拱。顶拱各区开挖施工均采用手风钻造孔，周边光面爆破。顶拱揭露后，及时进行对穿锚索穿索施工，在Ⅱ层开挖前，完成顶层所有支护工作。Ⅰ层开挖分区图见图 3.3 - 2。

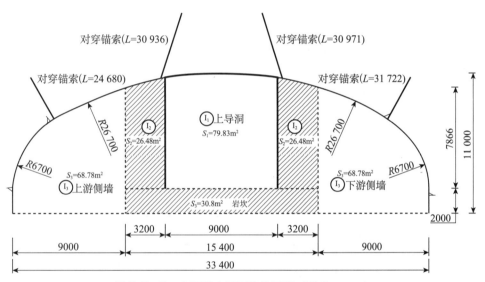

图 3.3 - 2　主厂房Ⅰ层开挖分区图（单位：mm）

1）中部上导洞开挖

中部上导洞开挖为单工作面，采用 YT28 气腿钻钻孔，自制操作平台作为施工平台，开挖设计轮廓线采用光面爆破，开挖断面尺寸为 8.0m×9.0m（宽×高），每炮循环进尺 2.5～3.0m。主厂房Ⅰ层中部上导洞开挖见图 3.3 - 3。

中部上导洞开挖炸药采用 2 号岩石乳化炸药，起爆器材以塑料导爆毫秒延时雷管为主，形成微差起爆网路，雷管跳段使用。采用楔形掏槽；崩落孔孔距 80～100cm，采用 ϕ32 药卷连续装药；顶拱光爆孔孔距 45cm，抵抗线长度 55cm，采用 ϕ25 药卷不耦合装药，线装药密度约 100～120g/m，不耦合系数为 1.8；侧墙光爆孔孔距 50cm，抵抗线长度 60cm。具体钻爆设计见图 3.3 - 4。

图 3.3 - 3　主厂房 I 层中部上导洞开挖

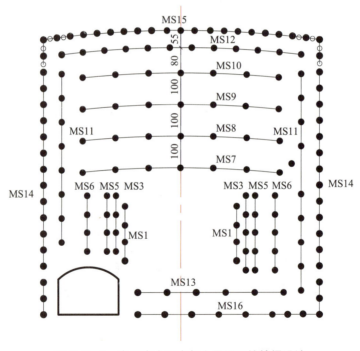

图 3.3 - 4　主厂房 I 层中部上导洞开挖钻爆设计

2）中部上导洞扩挖

中部上导洞扩挖同时施工的工作面有 2 个，采用 2 套钻爆设备，见图 3.3 - 5。中部上导洞扩挖采用了 YT28 气腿钻钻孔，以自制操作平台作为施工平台，开挖设计轮廓线采用光面爆破，循环进尺 2.5 ~ 3.5m。主厂房 I 层中部上导洞扩挖见图 3.3 - 5。具体钻爆设计见图 3.3 - 6。

图3.3-5 主厂房Ⅰ层中部上导洞扩挖

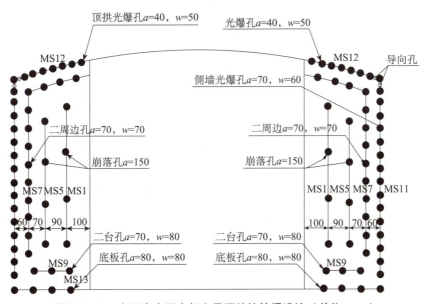

图3.3-6 主厂房Ⅰ层中部上导洞扩挖钻爆设计（单位：cm）

3）两侧扩挖

主厂房Ⅰ层两侧扩挖（见图3.3-7）采用了YT28气腿钻钻孔，以自制操作平台作为施工平台，开挖设计轮廓线采用光面爆破。循环进尺2.5～3.0m。

扩挖崩落孔逐排布置，孔距为130～150cm，排距为100～120cm；其中二圈孔间距为70cm，底孔间距为70cm。崩落孔、二圈孔及底孔采用耦合连续装药。周边孔采用光面爆破，光爆孔抵抗线长度为60cm，炮孔间距为45cm，线装药密度为80～100g/m，装药结构采用不耦合间隔装药，底部加强装药，药卷直径为32mm，不耦合系数为1.8。主厂房Ⅰ层两侧扩挖钻爆设计见图3.3-8，开挖爆破参数见表3.3-3。

图3.3-7　主厂房Ⅰ层两侧扩挖

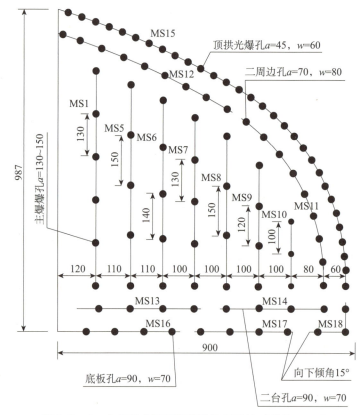

图3.3-8　主厂房Ⅰ层两侧扩挖钻爆设计（单位：cm）

注：Ⅱ、Ⅲ类围岩。

80

表3.3-3 主厂房Ⅰ层两侧扩挖爆破参数表

部位	炮孔名称	雷管段别	钻孔参数					药径(mm)	装药参数					
			孔径(mm)	孔深(cm)	孔距(cm)	最小抵抗线(cm)	孔数		装药长度(cm)	堵塞长度(cm)	线密度(g/m)	单孔药量(kg)	单响药量(kg)
	主爆孔	MS1	42	300	130	120	6	32	240	60		2.4	14.4
		MS5	42	300	150	110	5	32	240	60		2.4	12.0
		MS6	42	300	140	110	5	32	240	60		2.4	12.0
		MS7	42	300	130	100	5	32	240	60		2.4	12.0
		MS8	42	300	150	100	4	32	240	60		2.4	9.6
		MS9	42	300	120	100	4	32	240	60		2.4	9.6
		MS10	42	300	100	100	3	32	240	60		2.4	7.2
侧墙扩挖	二周边孔	MS11/12	42	300	70	80	9/9	25	238	62		1.0	9.0/9.0
	二台孔	MS13/14	42	300	80	70	4/4	32	240	60		2.4	9.6/9.6
	光爆孔	MS15	42	300	40	60	30	25	260	40	100	0.312	9.36
	底板孔	MS16/17	42	300	70	70	4/4	32	240	60		2.4	9.6/9.6
	底角孔	MS18	42	300	70	70	3	32	240	60		2.4	7.2
合计							99						149.96

3. 爆破监测分析

1）爆破振动控制

在厂房Ⅰ层开挖过程中，结合现场实际情况，在洞室边墙靠近底板位置布置振动测点进行爆破振动观测，各测点按照水平径向、水平切向和竖直向三个方向布置传感器，并按照近密远疏的原则布置。爆破振动监测测点布置示意图见图3.3-9。

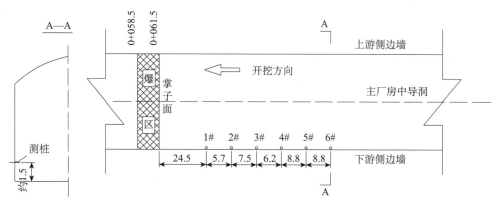

图3.3-9 主厂房Ⅰ层爆破振动监测测点布置示意图（单位：m）

《爆破安全规程》推荐水工隧洞爆破质点振动速度安全允许值为 7～15cm/s，根据监测结果并参照同类工程经验值，厂房Ⅰ层开挖规定按10cm/s控制。Ⅰ层开挖过程中共计进行了202点次的爆破振动监测，绝大部分实测振动速度峰值均在建议的控制标准10cm/s以内，只有极少数实测数据（14点次）超过10cm/s。分析发现，超限测值对应测点与掌子面距离均在20m以内，最近测点与爆源水平距离仅约10m。结果表明，厂房Ⅰ层开挖过程中，采用了毫秒微差起爆网路，严格限制单响药量，开挖爆破没有对地下洞室围岩及支护结构造成危害性的振动影响。

2）爆破影响深度监测

地下厂房岩体声波检测孔垂直于岩壁钻设，声波孔孔深4.5～5.0m。地下厂房顶拱声波测试在CZ0+131附近的35号锚索孔和36号锚索孔，其中35号锚索孔未完全揭穿（位于非扩挖段），而36号锚索孔因堵水效果影响，而仅测试了距地下厂房顶拱约15.0m范围。由于厂房顶拱测试声波孔是在顶拱开挖较长时间后测试的，且测试部位位于顶拱，围岩声波波速值受到围岩松弛变形的影响，同时顶拱附近的层间夹层对声波波速值影响也较大，测试的成果只能以该孔较深部位的声波稳定值作为评价依据。

主厂房Ⅰ层开挖共进行了5组声波检测，共完成15个孔共70.0m、348点次的声波测试工作。检测成果表明，主厂房Ⅰ层开挖过程中，各检测部位爆破影响深度分布在1m范围内。地下厂房顶拱距离洞壁约1.0m范围，波速明显较低，平均波速约1820m/s，超过1.0m范围以后，波速较为稳定，稳定波速平均值约2690m/s。顶拱1.0m范围的波速比约32.3%。参考DL/T 5333—2005《水电水利工程爆破安全监测规程》相关规定（波速变化率 $\eta < 10\%$），该1.0m范围内属爆破破坏轻微区。

主厂房顶拱声波波速随距洞壁深度变化图见图 3.3 – 10。地下厂房 I 层爆破影响深度检测成果表见表 3.3 – 4。

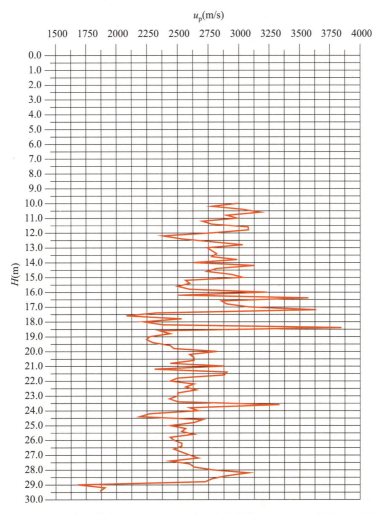

图 3.3 – 10　主厂房顶拱声波波速随距洞壁深度变化图（0 + 131 附近 35 号锚索孔）

注：从顶拱上部的廊道开始测试。

表 3.3 – 4　地下厂房 I 层爆破影响深度检测成果表

检测组数	检测时间	检测部位	测孔总深度（m）	平均波速变化率（%）	平均爆破影响深度（m）
1	2006.12	顶拱 0 + 131	60.0	32.3	1.0
2	2006.12	边墙 0 + 131	21.0	14.8	0.8
3	2007.05.20	上游 CZ 0 – 34.8 ~ 0 – 37.0m	15.0	7.61	0.8
4	2007.05.24	上游 CZ 0 + 57.8 ~ 0 + 56.1m	14.8	22.89	0.8
5	2007.05.24	下游 CZ 0 + 108.7 ~ 0 + 110.5m	15.0	甚微	

续表

检测组数	检测时间	检测部位	测孔总深度（m）	平均波速变化率（%）	平均爆破影响深度（m）
6	2007.05.29	下游 CZ 0 - 22.5 ~ 0 - 24.0m	15.0	1.19	甚微
7	2007.06.09	下游 CZ 0 + 132.5 ~ 0 + 134.0m	9.8	3.66	甚微

注：地下厂房Ⅰ层各检测部位实测爆破影响深度为 0~1m，平均 0.8m。

4. 安全控制与监测

顶拱开挖过程中，注意使一次揭露的跨度尽量小，并及时做好临时和系统支护。对开挖部位加强地质观测，针对不同的地质条件，制定相应的开挖钻爆方案。开挖后，视地质情况决定是否跟进支护，以维持岩体稳定，控制地应力释放速度。通过顶拱布设的安全监测数据及时了解开挖过程中岩体受力变化情况和顶拱变形情况，并据此控制爆破和调整支护方案。

如遇地质条件较差、可能出现局部坍落的岩体时，采用"短进尺、多循环、弱爆破、勤支护、勤观测"的方法施工，爆破后先喷 5cm 厚素混凝土保护和布设适量随机锚杆，然后进行出渣和其他作业。如遇地质条件特别差情况，在该部位预留厚 10~15m 的岩柱，待附近顶拱层系统支护完成后再行处理。

主厂房共布置 12 个监测断面，5 个断面为多点位移计监测断面，7 个断面为锚杆应力监测断面。多点位移计在厂房顶拱开挖前已经埋设并取得了初始数据，完全取得了厂房顶拱变位情况。监测成果表明，各断面顶拱围岩变形与爆破开挖施工程序关系密切，空间效应是围岩变形的主要影响因素。顶拱揭露后，围岩最大位移为 10.13mm。顶拱中心线围岩浅表监测点位移在监测前期出现三个位移增量台阶，与主厂房Ⅰ层"中导洞开挖、中导洞两侧扩挖及两侧边墙扩挖"的三个开挖序次相吻合。

3-3 断面顶拱中心线围岩深度位移-时间过程曲线见图 3.3-11。

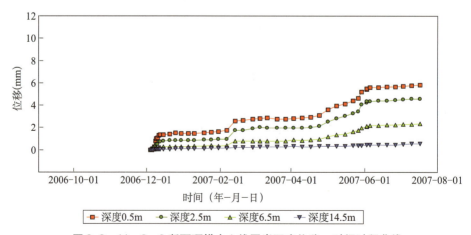

图 3.3-11　3-3 断面顶拱中心线围岩深度位移-时间过程曲线

3.3.1.3　岩锚梁开挖

岩锚梁是右岸地下厂房施工的重点、关键和特殊项目，位于主厂房Ⅲ层。岩锚梁以上开挖宽度为 33.4m，岩锚梁以下开挖宽度为 31.4m。岩锚梁在主厂房上下游两侧通长布置（单边长度 255.4m），上拐点高程为 EL286.11m，下拐点高程为 EL284.57m，岩台斜面与铅垂面的夹角为 33°，岩台开挖宽度为 1.0m。具有结构复杂、施工工艺要求高、技术难度大、地质条件差等特点。岩锚梁部位开挖采用"中间预裂拉槽、两侧预留保护层、分层分区、小进尺、多循环、勤测量、弱爆破、样架导向钻孔、双向光面爆破"的施工方案。

1. 岩锚梁开挖前的准备

（1）在Ⅱ层开挖选取地段进行爆破试验，针对不同的围岩类别（按Ⅱ、Ⅲ类，Ⅳ、Ⅴ类两种）取得爆破参数（线装药密度、孔距等），了解岩体地质特性，以指导施工。

（2）岩锚梁层分层高度需考虑岩锚梁开挖、锚杆、锚索和混凝土施工等因素；岩锚梁层以下分层在满足开挖、支护施工要求的同时，应尽量减小爆破振动对岩锚梁混凝土的影响。

（3）在Ⅲ层开挖前适当时机打通进厂交通洞，以形成南北双通道的格局。

（4）Ⅲ层开始拉槽爆破前，应完成上方对应Ⅱ层区域至少 50m 范围的支护。

2. 施工程序

为减小爆破对高边墙围岩的影响，同时保证边墙的成型质量，主厂房Ⅲ层分三大区开挖：中部拉槽区，两侧保护层区，岩台开挖区。

1 区为中部拉槽，宽 23.4m，一次性拉槽梯段高 9m，开挖断面面积约 210.6m²；两侧保护层宽 4m，分四层开挖，分别为 2、3、4、6 区，分层高度分别为 2.45m、3m、1.55m、2m，相应断面面积为 10.17m²、12m²、6.2m²、8m²；岩台开挖为 5 区，开挖宽度为 0.85m，面积为 2.41m²。

施工工艺流程：

中槽预裂→1 区（中槽）开挖→5 区岩台竖向光爆孔和辅助孔提前造孔（插 PPR 管进行保护）→2、3、4 区保护层顺序开挖→下拐点锁口保护→5 区岩台开挖→边墙支护施工、6 区保护层开挖→Ⅳ层预裂。

岩锚梁开挖分层分区见图 3.3 - 12。

3. 施工方法

1）中部拉槽

中部拉槽采用梯段爆破，单段梯段长度为 10m，孔径 76mm，间排距 238cm × 200cm。采用 φ60 乳化炸药，炸药单耗为 0.68kg/m³，单响药量控制在 90kg 左右。

为减少中部拉槽时的爆破振动影响，在中部拉槽与保护层之间设置一排初预裂孔，先行主爆孔起爆，形成一道裂缝。初预裂孔采用 ROCD7 液压钻钻孔，孔径 φ76mm，间距 0.8 ~ 1.0m，底部超深 50cm，线装药密度 450 ~ 500g/m，药卷 φ32，堵塞 90cm。

2）岩台开挖预找平

为确保岩台开挖成孔质量，在钻孔前先对岩台顶面进行预找平处理，见图 3.3 - 13。采用人工清撬、浅孔爆破的方式。

3）岩台开挖测量放样

岩台开挖施工放样、钻孔样架搭设放样采用全站仪施测。钻孔样架的搭设按照样架设计高程和位置放样（钢管中心线），每隔 5m 放出断面上样架的定位点（超欠挖、桩号、高程），然后用连通器将高程引至各相同高程点，并在边墙上每隔 10m 标出桩号及高程。斜面孔测量放线要求放出水平高程、桩号和孔斜，经测量放线后，孔位用红漆标记孔位。测量放

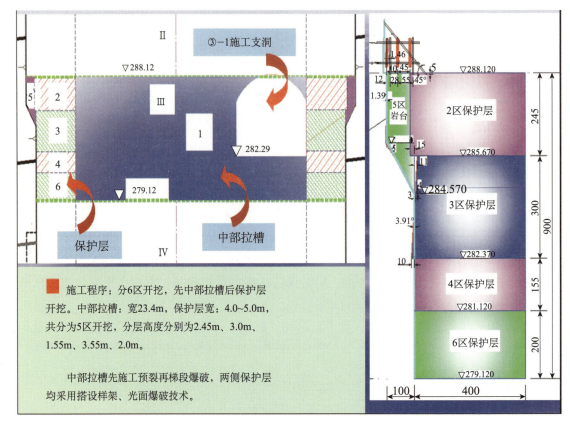

图 3.3 – 12　岩锚梁开挖分层分区（单位：高程 m；其他 cm）

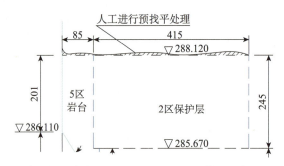

图 3.3 – 13　岩锚梁开挖分区图（5 区、2 区）（单位：高程 m；其他 cm）

线分两次，搭设完成后再校核一次。

4）岩台开挖样架搭设

对于各区光爆孔和二周孔采用搭设钢管样架的方式，以定位定向、控制钻孔精度。钻孔样架全部采用 $\phi 48mm$ 钢管搭设，主要由支撑管、导向管组成，样架搭设顺序为先支撑钢管、后导向管，钢管与钢管之间采用扣件进行连接，与导向管相邻部位纵向水平钢管的连接须采用对接扣件。

样架搭设前应进行欠挖检查，对于高程欠挖大于 20cm，水平方向欠挖大于 2cm 部位，应进行欠挖处理。用榔头或风镐对有尖角或松动部位进行处理，以保证样架搭设稳定。严格按照测量放线，进行支撑管的搭设。先搭设横向固定钢管，钢管在边墙上入岩不小于 20cm

以固定样架，必要时用木楔子卡紧，再搭设竖向定位钢管和纵向连接钢管，竖向定位钢管和斜撑入岩面5cm以保证样架稳定，最后安装导向管。横向定位钢管和竖向定位钢管排距都为2.1m。根据钻孔深度，设置限位横杆，减小钻孔误差。

样架导向管由内、外导向管组成，分别采用ϕ32mm和ϕ48mm钢管。在内导向管上套2个ϕ38mm钢管环（4cm长），约束内导向管晃动，以减小孔位偏差。内、外导向管采用铁板焊接后用螺栓或插销连接。样架导向管搭设时先布置ϕ48mm外导向管，内导向管套在钻杆上在施钻时插入外导向管。外导向管长度为79.4cm（内导向管长度95cm），考虑局部欠挖，统一离设计岩面20cm布置；由于超挖现象较多，分别加工长1.1m、1.5m内导向管以备用。样架导向管的布置间距、角度必须与爆破设计中的钻孔布置一致。岩锚梁开挖样架见图3.3-14。

图3.3-14 岩锚梁开挖样架

所有样架搭设必须牢固可靠，若定位架不稳定，可考虑将架子与周边锚杆或增设短插筋（ϕ25mm，入岩50cm）焊接固定。为加强样架刚度，5区岩台斜面导向管纵向水平钢管使用ϕ48×5mm无缝钢管。保护层及岩台钻孔样架设计见图3.3-15。岩锚梁开挖样架搭设见图3.3-16。

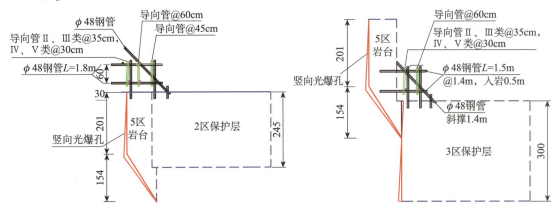

图3.3-15 保护层及岩台钻孔样架设计（单位：直径mm；其他cm）

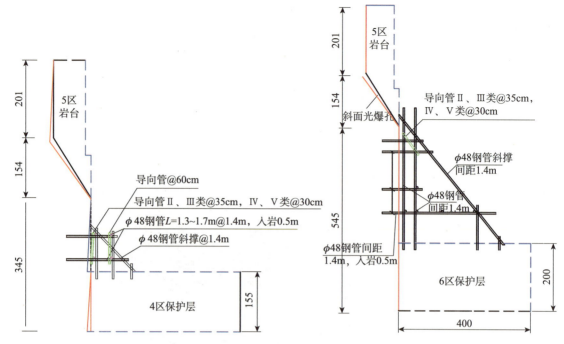

图 3.3 – 15　保护层及岩台钻孔样架设计（续）（单位：直径 mm；其他 cm）

图 3.3 – 16　岩锚梁开挖样架搭设

钻孔作业需在操作平台上进行，为不影响样架精度，搭设专门的脚手架平台作为钻孔平台。断面上设置两根立杆，间距 50cm@2.0m，一根横杆和斜撑间距@2.0m，纵向铺 2 块竹跳板在横杆上。钻孔平台搭设可根据现场实际调整，原则上不能与样架相冲突并能保证自身稳定。为保证施工安全，在保护层外边缘搭设钢管防护栏。

5）岩台下拐点保护

距离岩锚梁下拐点 10cm 处增设一排锁口锚杆（ϕ25mm、$L=1.5$m@100cm），以加强下拐点保护，防止岩台开挖撕坏下拐点。必要时采用$\angle 50 \times 50 \times 3$mm 角钢进行通长焊接加固，在此基础之上再在下拐点以下 1m 范围内进行初喷混凝土（厚 5cm）施工。岩锚梁开挖下拐点保护见图 3.3 – 17。

6）岩台开挖钻孔

光爆孔和二圈孔全部采用钻孔样架进行控制。开钻前，采用钢卷尺、地质罗盘、水平

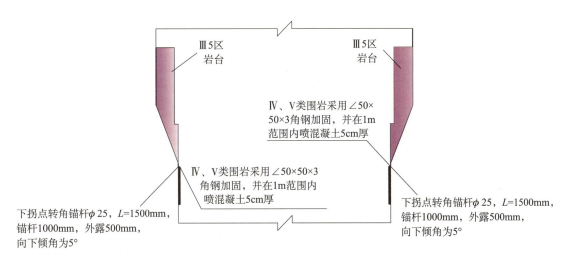

图 3.3－17　岩锚梁开挖下拐点保护

尺对准备投入使用的钻孔排架进行钻前校核检查，经检查无变形和移位后方可开钻。开孔后应立即检查孔位是否在开口线位置，确保孔位无误后再继续施钻，并在钻进过程中注意检查。

钻孔用钻杆均进行专门加工制作，根据各区设计造孔深度考虑超深后加工成统一长度光爆孔。钻孔根据需要采取换钎方式。开孔前务必采用长内导向管放点（用红油漆标记），斜交面应预开孔 3～5cm，正式钻孔必须使用内导向管。其中，岩台上拐点位置的设计钻孔深度为 2.06m，结合样架设计高度，相应选用钻杆长度为 3.06m（不含钎尾长度）；岩台斜面位置的设计钻孔深度为 1.84m，结合样架设计高度，相应选用钻杆长度为 2.84m（不含钎尾长度），斜面孔可直接选用 3m 标准钎（除去钎尾 17～18cm，可钻孔深度 2.82～2.83m，样架导向管向钻孔方向移 1～2cm）。为保证开挖质量，对于各区主爆孔和二圈孔（岩台二圈孔除外），统一超深 30cm。

对于有锚墩部位，钻孔采用短钎多次换钎方式。外导向管在套入内导向管（已插短钎）后安装，该根短钎钻完后取下外导向管，换另外的钎，再安装好外导向管继续钻。在钻孔过程中，需派专门的架子工配合。

在 2 区保护层钻孔时，将 5 区岩台竖向光爆孔和二圈孔一并实施，插 ϕ32mmPPR 管并用棉纱堵塞孔口，PPR 管端部一律伸出孔口 20cm 高。

在 5 区钻孔时，搭设操作平台，人工上至岩锚梁上部，将 5 区竖向孔（2 区开挖时已打好）内的 PPR 管拔出，进行装药、联线，局部无法拔出管的孔作报废处理，重新造孔。

岩锚梁开挖造孔见图 3.3－18。

7）岩台开挖装药起爆

根据不同的地质条件，2、3、4、6 区保护层垂直光爆孔线装药密度按 60～90g/m 控制；5 区垂直光爆孔（设计轮廓线位置）以及岩台斜面孔的线装药密度按 50～80g/m 控制。岩锚梁开挖保护层布孔设计见图 3.3－19。

岩台竖向和上拐点斜面双向光爆孔采用 ϕ12mm 自制小药卷（ϕ25mm 药卷对剖）间隔装药，岩台位置下拐点光爆孔采用 1/4ϕ25mm 小药卷间隔装药。药卷加工采用工具刀进行，对

图 3.3 - 18　岩锚梁开挖造孔

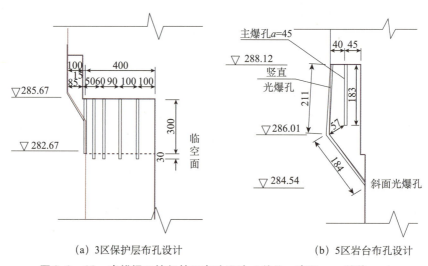

(a) 3区保护层布孔设计　　　　　(b) 5区岩台布孔设计

图 3.3 - 19　岩锚梁开挖保护层布孔设计（单位：高程 m；其他 cm）

剖时将药卷放在相应大小的半圆 PVC 管内进行。药卷提前加工，根据实际孔深调整装药长度，光爆孔装药全部绑在竹片上，竹片宽度为 2.5cm。装药时竹片应贴靠保留岩壁一侧布置。岩锚梁开挖使用药卷见图 3.3 - 20。岩锚梁开挖实际效果见图 3.3 - 21。

4. 岩体爆破监测分析

1）爆破振动控制

主厂房Ⅲ层共进行 376 点次的爆破振动监测，包括针对岩锚梁开挖爆破试验的振动测试。

在前期拉槽爆破开挖过程中，最大振动测值为 14.60cm/s，且多次出现最大振动测值超过建议安全控制标准（10cm/s），在中后期的爆破开挖过程中，通过及时调整最大单响药量和优化爆破设计，最大振动测值基本控制在建议安全控制标准（10cm/s）以内，只是偶有超标准情况发生，取得了较为理想的爆破效果。此外，在厂房Ⅲ层保护层及岩台爆破开挖过程中，最大振动测值均小于建议安全控制标准（10cm/s），保证了施工安全。

图 3.3 - 20　岩锚梁开挖使用药卷

图 3.3 - 21　岩锚梁开挖实际效果

2) 爆破影响深度监测

在厂房Ⅲ层开挖爆破过程中，共完成 12 组 830 点次爆破影响深度检测，检测成果见表 3.3 - 5。

表 3.3 - 5　地下厂房Ⅲ层爆破影响深度检测成果表

检测组数	检测时间	检测部位	测孔总深度（m）	平均波速变化率（%）	平均爆破影响深度（m）
1	2007.10.18	上游 CZ0 + 150	14.6	18.4	0.6
2	2007.10.18	下游 CZ0 + 145	14.6	21.1	1.2
3	2007.11.01	下游 CZ0 + 128	16.2	4.2	0.7
4	2007.11.11	下游 CZ0 + 155 岩台保护层	12.5	5.0	0.2
5	2007.11.26	北端墙 CH0 + 12	15.0	7.1	0.6

检测组数	检测时间	检测部位	测孔总深度（m）	平均波速变化率（%）	平均爆破影响深度（m）
6	2007.11.26 2007.12.08	上游下直墙 CZ0 + 155	15.2	4.5	0.4
7		上游岩台 CZ0 + 155	15.0	5.1	0.3
8		下游岩台 CZ0 + 145	14.8	5.4	0.5
9		上游下直墙 CZ0 + 50	16.0	8.4	0.4
10		上游岩台 CZ0 + 50	16.2	7.6	0.4
11	2008.01.14	下游岩台 CZ0 + 116.2	8.8	说明混凝土浇筑密实	
12	2008.02.16	下游岩台 CZ0 + 116.2	8.8	0.7m 和 0.9m 处波形不规则	

根据表 3.3 – 5，针对主厂房Ⅲ层中部预裂、拉槽爆破后的上游 CZ0 + 150 和下游 CZ0 + 128、CZ0 + 145 和保护层边壁进行了 3 组爆后声波检测，检测结果显示，中部拉槽（预裂）对预留保护层的开挖影响深度值为 0.6 ~ 1.2m。由此说明，预留 4 ~ 5m 厚的岩壁保护层是足够安全的。

岩锚梁岩台、上直墙及下直墙上布置的 7 组 21 个声波检测孔检测显示，存在波速下降现象的最大深度为 0.7m。对波速下降率进行统计，所有声波检测孔存在波速下降现象范围内的波速下降率均小于 10%，根据 DL/T 5333—2005《水电水利工程爆破安全监测规程》，判断为未爆破破坏，说明在主厂房Ⅲ层保护层开挖时，所实施的各类爆破有效地控制了对岩锚梁区域围岩质量的影响，也说明岩锚梁开挖施工中采用的钻爆方法及参数是合理的。

3.3.1.4 高边墙快速下挖

主厂房Ⅱ层的开挖，由于位于厂房岩锚梁层附近，为了控制和减小变形，采取常规的开挖方法，即中部拉槽先行、边墙预留保护层跟进的方法。该方法由于保护层采用搭设样架 + 手风钻，每炮循环进尺短，开挖进度较慢，边墙支护不能及时展开，整体施工时间长。

Ⅳ层以下的中下部开挖则改用了"边墙一次深孔预裂，全断面梯段开挖"施工技术。边墙结构预裂采用 KSZ – 100Y 型预裂钻机进行造孔，钢管样架导向。结构预裂超前拉槽大于 20m 爆破，爆破区域距离边墙支护区大于 30m。全断面梯段爆破采用 ROCD7 液压钻机造孔，深孔梯段爆破，梯段长度 8 ~ 10m。中下部开挖示意图见图 3.3 – 22。

1. 开挖方法

1）边墙结构预裂

边墙结构预裂施工超前全断面开挖掌子面 50m 距离，并避开支护作业面。采用 KZS100Y 潜孔钻造竖直孔，结构预裂孔孔径 80mm，孔距 70cm，线装药密度 571g/m。ϕ48mm 钢管样架导向，综合考虑边墙开挖质量及下一层开挖预留钻机下钻位置，结构预裂孔孔深在各层分层高度的基础上超深 0.5m。实施过程中装药及网路结构根据边墙成型效果动态调整。每段连接处及边墙转角处需设置空孔，防止拉裂。预裂最少超前主爆区一排炮距离；预裂缝要求宽度 0.5 ~ 1.0cm。重点控制预裂孔的造孔精度及装药量的准确性，特别是预裂孔的药量和药卷的分布位置要准确。爆破网路采用毫秒微差起爆网路，为了避免爆破振幅叠加，采用 MS3 以上较高段位雷管间隔起爆。

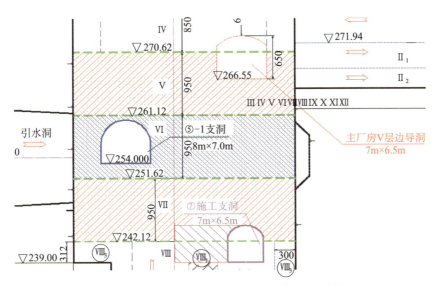

图 3.3-22　中下部开挖示意图（单位：高程 m；其他 cm）

2）全断面梯段爆破

全断面梯段爆破采用 ROCD7 钻机造孔，布孔参数为爆破孔间排距 2.5m×1.8m，孔径 90mm，靠近边墙 0.7m 为缓冲孔，单循环进尺 10.2m，每次爆破 7 排孔，中部拉槽炸药单耗 0.74kg/m³。

3）层间转序控制

主厂房长度较长，分层施工中采用层间搭接施工方法，搭接时间约 1 个月，即上层开挖及支护作业各道工序结束 50～100m 后，开始下一层的开挖施工。

高边墙开挖效果见图 3.3-23。

图 3.3-23　高边墙开挖效果

2. 高边墙穿洞开挖

主厂房在不同高程与其他洞室相贯通，且边墙较高，高边墙稳定问题尤为突出。为了有效控制围岩塑性区和围岩变形，保证工程安全和施工安全，在周边洞室与主厂房相通时，遵循"先洞后墙"原则，提前释放岩体应力，保证洞口成型、降低围岩损坏。

周边洞室开挖进度安排与主厂房高边墙开挖进度相适应。开挖与厂房边墙交叉的各洞室前，先实施锁口锚杆，并利用先导洞提前实施厂房边墙3m范围的环向预裂；在与厂房边墙交叉的引水洞、母线洞施工中，采用隔洞开挖、分层开挖技术，有利于洞室应力安全地逐步释放，也有利于高边墙垂直岩壁的稳定；合理应用控制爆破，采用光面和预裂技术，确保开挖轮廓面成型，减少爆破振动对围岩的影响。在开挖完成的同时，必须完成支护工作，在平面上，只有完成中导洞（或侧导洞）支护后，才能进行扩挖，尽量减小一次开挖跨度，减少围岩变形。在立面上，只有完成上一层锚喷和锚索施工后，才能从引水下平洞、母线洞、进厂交通洞等贯入主厂房高直边墙。

3. 岩体爆破监测分析

1）爆破振动控制

主厂房Ⅳ层共进行462点次的爆破振动监测，全部针对岩锚梁这一重要保护对象进行。地下厂房Ⅳ层开挖均在相应部位岩锚梁混凝土龄期基本达到28d后进行。针对岩锚梁的振动监测中，有3场次的振动测值超过了建议安全控制标准（10cm/s），均出现在Ⅳ1层梯段爆破过程中，最大测值为2008年04月07日01：54地下主厂房Ⅳ1层梯段爆破中的竖直向振动（13.86cm/s），该测值超过了建议安全控制标准（10cm/s），但没有超过《爆破安全规程》规定的上限值（15cm/s）。2008年01月12日07：14对地下主厂房Ⅳ层上游CZ 0+29.0～0+61.0结构预裂区开挖爆破，测点布置于主厂房靠近底板位置边墙上。距爆源5m的1号测点水平切向振动测值为14.28cm/s，距爆源5m至20m有10个方向点次超过建议安全控制标准（10cm/s），但没有超过《爆破安全规程》规定的上限值（15cm/s）。其余场次各测点各方向振动测值均小于建议安全控制标准（10cm/s）。

地下主厂房Ⅳ层以下开挖共进行93点次的爆破振动监测，其中针对岩锚梁进行了2场次的振动监测。结果表明，后期随着开挖高程的下降，爆源与岩锚梁的相对距离增大，在Ⅳ层以下的开挖爆破过程，各场次振动监测的振动测值均小于建议安全控制标准（10cm/s）。

2）爆破影响深度监测

在地下厂房Ⅳ层的开挖爆破过程中，共完成了2组153点次爆破影响深度监测，监测成果见表3.3－6。

表3.3－6 地下厂房Ⅳ层爆破影响深度监测成果表

监测组数	监测时间	监测部位	测孔总深度（m）	平均波速变化率（%）	平均爆破影响深度（m）
1	2008.04.22	下游CZ 0－13.0	15.0	5.4	0.8
2	2008.04.28	上游CZ 0－38.5	15.6	7.0	0.7

注：地下厂房Ⅳ层各监测部位实测爆破影响深度为0.7～0.8m，平均0.75m。

3.3.1.5 岩锚梁混凝土浇筑

1. 岩锚梁混凝土结构

岩锚梁混凝土在开挖阶段实施，其结构由一期混凝土、二期混凝土、永久伸缩缝、施工缝键槽、排水沟、排水管、吊车梁轨道等组成。岩锚梁一期混凝土和附壁柱混凝土均为C30

二级配常态混凝土，为保证岩锚梁轨道的安装精度，二期混凝土应尽量在变形稳定后浇筑，采用 C35 一级配混凝土。下游边墙有一部分为进厂交通洞与岩锚梁交叉段，采用 C35 二级配混凝土。岩锚梁分块长度为 10m、8m，上游共 29 块，下游共 27 块和 1 段进厂交通洞交叉段。岩锚梁结构见图 3.3 - 24。

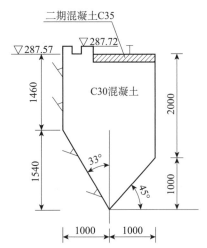

图 3.3 - 24　岩锚梁结构图（单位：mm）

2. 岩锚梁混凝土施工的前提条件

（1）厂房Ⅲ层在浇筑部位的支护工作完成且其附近 100m 内的开挖完成，岩锚梁上下高程 EL282.741m 的锚索下索与张拉完成。

（2）Ⅳ层的拉槽预裂及边墙预裂完成，从而减少爆破振动对结构面的破坏。

（3）母线洞至少完成第一层开挖支护，靠厂房侧径向锁口支护施工完成。

（4）在岩锚梁浇筑期间应停止厂房邻近洞室的开挖爆破作业，如主变洞、引水下平洞、尾水扩散段及第三层灌排廊道。

3. 岩锚梁混凝土施工方法

岩锚梁混凝土浇筑分段长度为 8m、10m，跳段施工，上下游同时浇筑。岩锚梁混凝土采用 6m³ 混凝土搅拌车运输，SY5300TSD32 型伸缩式皮带输送车入仓，小型振捣器辅以人工捣实。

岩锚梁混凝土浇筑施工工艺流程见图 3.3 - 25。

4. 具体施工方法

1）基面清理及验收

人工清除岩壁梁混凝土浇筑范围内的浮石、墙脚石渣和堆积物等，对局部欠挖地段利用人工配合风镐处理直至合格，并用高压风水枪冲洗岩面（破碎带和其他不良地质带已进行刻槽和补缺），保证岩面清洁湿润、无欠挖、无松动岩石方能进行基础验收。基面清理见图 3.3 - 26。

2）测量放线

采用全站仪进行放线，将岩锚梁体型的控制点线标示在明显的固定位置，并放出高程点，确定钢筋绑扎、立模边线及梁顶高程，并做好标记。

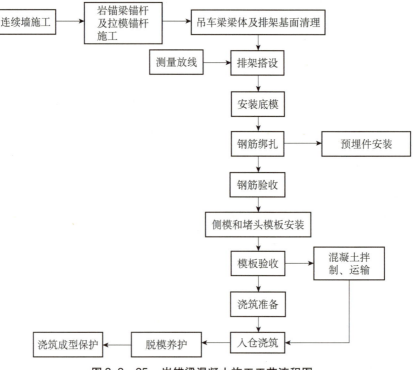

图 3.3 - 25　岩锚梁混凝土施工工艺流程图

图 3.3 - 26　基面清理

3）排架搭设

排架采用 $\phi48\times3.5mm$ 钢管进行搭设，宽 3.0m、高约 8.5m，采用纵横向剪刀撑和 $\phi12$ 拉筋与边墙系统锚杆焊接进行加固。在三排承重钢管的顶端配置可调节托撑，托撑上通长放置工字钢（Ⅰ18）对型钢三脚架进行调平；在施工排架的顶部 EL285.57m 搭设施工平台，宽 1.2m。搭设排架的同时在排架和爬梯靠洞轴线侧挂绿色安全网，保证施工作业人员安全。岩锚梁混凝土施工排架见图 3.3 - 27。

图3.3-27 岩锚梁混凝土施工排架

4) 斜面模板（底模）安装

工字钢安装完成后即进行型钢三脚架安装，型钢三脚架为定型加工制作，吊车配合人工吊装就位。

斜面模板（底模）也为定型加工制作，单块长度2.0m，螺栓连接，安装前按测量放样提供的边线、中心线及高程点进行立模。底模支撑在型钢三脚架之上，每块模板配置四榀型钢三脚架。模板采用吊车配合人工进行就位。

底模安装完成后于岩台下拐点处利用木条+砂浆进行补缝，模板之间利用双面胶补缝，模板面涂刷脱模剂。

岩锚梁模板安装见图3.3-28。

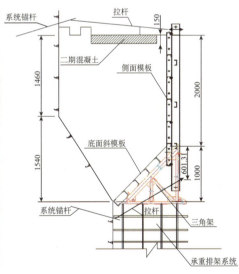

图3.3-28 岩锚梁模板安装（单位：mm）

5) 钢筋加工和安装

钢筋在钢筋厂按照设计图纸分批加工制作并编号，挂牌分类堆存。运至主厂房工作面后，按钢筋编号规律堆放，搭设脚手架作为施工平台，人工安装绑扎。岩锚梁钢筋安装见图3.3-29。

图 3.3 – 29　岩锚梁钢筋安装

6）预埋件安装

预埋件安装包括桥机轨道插筋预埋、排水管预埋及其他预埋件安装。

（1）桥机轨道插筋预埋。

桥机轨道插筋预埋精度要求极高，施工过程中严格按照设计位置进行布设，测量精确定位，与结构钢筋焊接前测量再次复核后方进行焊接，焊接完成后测量复查，偏差满足要求后出具测量检查表。

（2）排水管预埋。

排水管设计为 $\phi100mm$ PVC 管，间距 15m，与边墙排水主管位置对应。将排水管按边墙排水主管的对应位置用铅丝绑扎垂直固定在梁体结构钢筋上，上口伸出岩壁吊车梁混凝土顶面 5cm 左右并以塑料泡沫堵塞，下口紧贴斜面模板并用塑料泡沫堵塞，防止混凝土浇筑进入钢管内，待混凝土浇筑完成模板拆除后及时将上口伸出顶面的钢管人工切除，并将其上下贯通。排水管内预先满填人工砂，然后进行上下封堵。

（3）其他预埋件安装。

① 各类锚杆应力计安装与岩壁梁锚杆施工同步进行。

② 测缝计、单向应变计和电缆预埋在吊车梁混凝土底模安装完成后先于结构钢筋安装，且测缝计造孔和单向应变计造孔与岩锚梁锚杆造孔同步进行，造孔完成后对成型孔进行保护至测缝计和单向应变计安装为止。

③ 钢筋计与岩锚梁结构钢筋同步施工。

④ 混凝土浇筑过程中加强对测缝计、钢筋计、单向应变计和电缆的保护工作。

⑤ 岩锚梁混凝土开仓浇筑前须对梁体内预埋的监测仪器进行检查，直至所有的仪器安装完成且完好无损时方可进行浇筑施工。

7）直立面模板（侧模）安装

直立面模板（侧模）为定型加工制作，单块长度 2.0m，螺栓连接，立模时严格按测量放样提供的边线、中心线及高程点进行。侧模安装前将竖向槽钢围图一并安装后利用吊车配合整体吊装就位，就位于型钢三脚架的角钢支撑上，并与侧模螺栓紧密连接。

侧模与底模之间及侧模之间采用双面胶贴缝。

模板搭接部位采用 5t 手拉葫芦进行加强，严防连接部位出现错台、挂帘等现象。校正后，最大允许误差控制在设计允许范围以内。

模板的加固必须采用拉筋和外支撑相结合的方法，其方式为：模板以 $\phi48 \times 3.5mm$ 钢管排架为主，辅以钢筋斜拉加固，侧模采用拉模锚杆焊双 $\phi16mm$ 拉条的方式固定，侧模槽钢围囹上下均设置有拉条孔位，限位筋、双螺帽与拉条牢固焊接进行加固。

岩锚梁立面模板安装见图 3.3 - 30。

图 3.3 - 30　岩锚梁立面模板安装

8）堵头模板安装

堵头模板采用 2cm 厚木板进行拼装，后背 $5\times10cm@35cm$ 枋木，外面再背 $\phi48\times3.5mm$ @105cm、115cm 钢管扣件，采用 $\phi12mm$ 拉筋固定。

混凝土分块跳仓施工时在施工缝处设置键槽，键槽模板采用内部钉木盒子的方法按照设计尺寸现场制作而成，安装时必须找准位置，并把所遇钢筋标识在键槽模板上，用电钻开孔，以便纵向筋穿过。

9）清仓验收

在混凝土浇筑前清理仓内杂物，并冲洗干净，排除积水，检查钢筋、埋件是否符合设计和规范要求，施工缝缝面及键槽槽面在混凝土浇筑时凿毛处理并用水冲洗干净。

10）混凝土的拌制和运输

岩锚梁混凝土在拌和系统拌制，水平运输采用 $6.0m^3$ 混凝土搅拌运输车，垂直运输采用伸缩式皮带输送车入仓为主，25t 吊车与 16t 吊车配 $1.0m^3$ 吊罐入仓作为备用方案，HB60 泵为连续墙入仓主要手段。

11）混凝土入仓、平仓振捣

岩锚梁混凝土采用 SY 5300TSD32 型伸缩式皮带输送车为主要入仓手段。岩锚梁混凝土伸缩式皮带输送车见图 3.3 - 31。岩锚梁混凝土入仓见图 3.3 - 32。

采取控制混凝土搅拌车的出料量来控制混凝土的入仓强度，按每层混凝土覆盖厚度 30cm 计算，梁体 EL286.11m 以上每个下料孔混凝土入仓量按 $2.0m^3$ 控制，梁体 EL286.11m 以下每个下料孔混凝土入仓量按 $1.5m^3$ 控制。

岩锚梁混凝土采用自下而上分层浇筑，浇筑层厚控制在 30~40cm，浇筑过程中下料孔内采用自制铁皮溜管伸至混凝土浇筑层面上下料，控制混凝土下料高度，防止混凝土出现离析现象。单仓混凝土布设 4 个下料孔，间距为 2~3m，断面尺寸为 30cm×40cm。岩锚梁混凝土下料全过程循环进行，按照单方向依次均匀从各下料孔下料，且每次下料摊铺厚度严格

图 3.3 - 31　岩锚梁混凝土伸缩式皮带输送车

图 3.3 - 32　岩锚梁混凝土入仓

控制在 30 ~ 40cm，每个下料孔覆盖区域为其中心线的 1 ~ 1.5m 范围。混凝土浇筑必须保持连续性，对已开仓段必须一次性浇筑完成，不许出现冷缝。

人工平仓后采用插入式振捣器振捣，两台振捣器一前一后交叉两次梅花形插入振捣，快插慢拔。

12）混凝土温控

岩锚梁混凝土施工时段为 2008 年 1—3 月，属低温季节，并将主要施工时段控制在夜间；混凝土水平运输控制每罐料运输循环时间不超过 30min；采用布料机入仓提高了强度，减少了混凝土温度回升，混凝土浇筑温度不超过 18℃。

混凝土内部温度控制采用通水冷却技术。冷却水管采用高强度 ϕ32mm PE 管；水管间距为 0.95m × 1.0m，距离预埋管材周边 0.3 ~ 0.5m，单根长度一般控制在 50m 以内；仓面内单根冷却水管无接头；注意使水管表面无油渍等杂物。

通水冷却技术要求：①冷却后水进仓温度控制在 12 ~ 13℃；②水流方向每 1d（特殊情况可 12h）改变一次，以保证混凝土块体均匀冷却；③自混凝土浇筑收仓后即开始通水，前 3d 采用大量通水（30 ~ 35L/min），待混凝土内部最高温度出现后，再根据测温数逐步下调通水流量至正常水平（18~20L/min），保证出水温度小于 17℃，通水时间按 7d 控制；④通水冷却结束后用水泥砂浆对水管进行全长封堵。

13）脱模及混凝土养护

混凝土浇筑收仓后 12~18h 及时进行人工洒水养护。脱模后对岩锚梁二期混凝土槽内采用流水养护，其余外露面采用麻袋覆盖洒水养护，养护时间不小于 28d。岩锚梁混凝土养护见图 3.3-33。

图 3.3-33　岩锚梁混凝土养护

14）混凝土防护

为保证岩壁梁成型混凝土不受主厂房Ⅳ层开挖爆破飞石的撞击破坏，直立面及斜面模板拆除后设置竹马道板进行保护，竹马道板采用 10 号铅丝连成整体后与岩锚梁上下的外露钢筋头进行连接。岩锚梁混凝土保护见图 3.3-34。

图 3.3-34　岩锚梁混凝土保护

3.3.1.6　蜗壳混凝土施工

1. 施工特点

右岸地下厂房蜗壳采用半垫层、半直埋的方式埋入混凝土内。每台机组蜗壳混凝土方量为 10 400m³，主要采用 C30 混凝土。蜗壳层混凝土总高度 15m，浇筑难度大，主要表现在：

（1）蜗壳混凝土结构平面尺寸大，结构体型复杂。单个机组蜗壳层内设置有楼梯、吊物孔、蜗壳进人孔廊道、水车室搬运廊道及基坑进人廊道。蜗壳、座环的支墩布置密集，各种机电的埋管繁多。混凝土浇筑与埋件安装穿插进行，施工干扰较大。

（2）蜗壳底部净空尺寸小。向家坝蜗壳尺寸巨大，蜗壳底部距离混凝土面最小间隙在 0.76~1.5m，施工人员操作空间小，钢筋安装难度大，阴角部位入仓及振捣困难。

（3）施工工序繁多。除常规的钢筋制安、模板安装和混凝土浇筑外，还有蜗壳弹性垫层安装、机电埋件安装、冷却水管安装、监测仪器埋设、灌浆管路埋设以及后期回填、接触灌浆施工等工作。

（4）施工控制要求严格。在混凝土浇筑过程中，如施工措施不到位或施工控制不严格，易造成混凝土浇筑对蜗壳产生的浮托力及侧压力过大，进而造成蜗壳变形或移位。

地下厂房蜗壳见图 3.3-35。

图 3.3-35　地下厂房蜗壳

2. 施工顺序

1）施工分层分块

考虑机电设备安装及结构特点，结合现场实际情况，蜗壳层混凝土分为五层浇筑（见图 3.3-36），第一层混凝土分层高程略高于座环阴角部位，第二~五层主要根据蜗壳进人廊道和水车室进人廊道的结构分布情况进行分层，第二~五层高度均不超过 3.0m。

底部第一层分四个象限（见图 3.3-37），按 Ⅰ→Ⅲ→Ⅱ→Ⅳ 象限顺序施工，采用泵机+溜槽联合浇筑；第二~五层通仓浇筑，利用主厂房周围施工通道布设溜槽作为主要入仓手段，每个机组至少保证 2 趟溜槽能够同时入仓，吊罐辅助入仓。

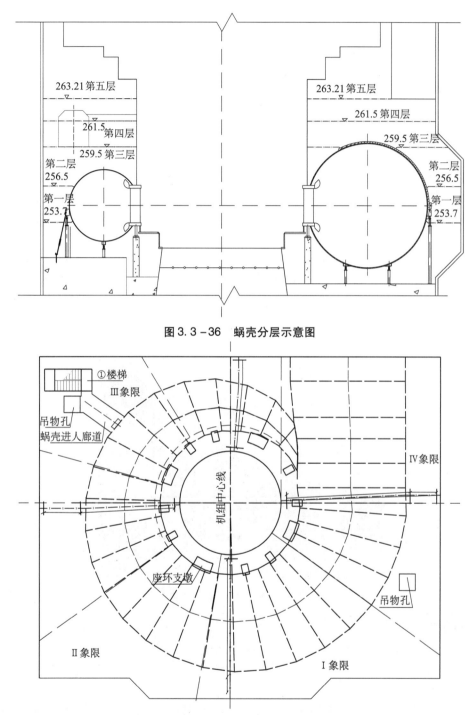

图 3.3 –36　蜗壳分层示意图

图 3.3 –37　蜗壳第一层分区示意图

2）施工顺序

蜗壳层混凝土浇筑整体施工顺序为：混凝土缝面处理→蜗壳安装验收→蜗壳腰线以下钢筋安装→弹性垫层安装→泵管、溜筒及灌浆管路安装、冷却水管安装、监测仪器安装→蜗壳第一层混凝土浇筑→蜗壳腰线以上钢筋安装→蜗壳第二层混凝土浇筑→蜗壳及座环底部回填灌浆→蜗壳第三层至第五层混凝土浇筑、基础环底部回填灌浆。

单仓混凝土施工顺序为：测量放样→缝面处理→钢筋安装→灌浆系统安装→冷却水管安装→模板安装→仓位验收→混凝土浇筑→下一仓号施工。

3. 主要施工方法

1）缝面处理

蜗壳混凝土支墩凿成毛面，无乳皮、灰浆；水平缝面采用高压水枪冲毛成毛面，粗砂微露。

2）钢筋施工

蜗壳外包钢筋有两层，安装顺序为先里后外，施工顺序为：仓面清洗→测量放样→安装样架钢筋→蜗壳内侧钢筋就位→环向主筋焊接→接头验收→分布筋安装。

钢筋先安装至蜗壳腰线，之后随着仓位的上升继续施工腰线上部的钢筋。先施工环向主筋再施工流向分布筋，沿蜗壳流道方向先尾部后进口。安装时先在蜗壳底部做好钢筋样架并固定，然后将加工好的钢筋分类分批吊运入仓，并根据现场情况分别摆放就位。在蜗壳支墩之间将钢筋按设计要求连接成型，经验收后整体推入蜗壳支墩顶部就位，与样架钢筋绑扎固定。安装过程中，需保证钢筋的保护层厚度满足设计要求，确保混凝土顺利进料。

蜗壳钢筋安装见图3.3-38。

图3.3-38 蜗壳钢筋安装

3）模板施工

模板主要采用木模和组合钢模板。模板利用 $\phi 48mm$ 钢管做横竖围图，模板设拉条与内支撑，拉条采用 $\phi 14mm$ 拉条，内支撑采用 $\phi 25mm$ 钢筋，拉条间排距按 $75cm$ 控制。

4）弹性垫层施工

蜗壳混凝土浇筑通常分为保温保压方案、垫层方案和直埋方案。本工程采用垫层方案，垫层材料为高压聚乙烯闭孔泡沫板，垫层范围为 Ⅰ、Ⅳ 象限内的上半圆。泡沫板厚度 $30mm$，垫层两端渐变至 $10mm$。

弹性垫层施工前，先将钢管表面冲洗干净，并用纱布抹干。在泡沫板表面均匀涂抹氯丁胶，待氯丁胶呈不拉丝状再涂第二次，等到板面二次涂抹的氯丁胶呈不拉丝状，且钢管表面已涂氯丁胶呈不拉丝状，便将泡沫板与钢管粘合。粘合过程中，用木槌敲击板面，防止泡沫板松动弹出，板缝处用氯丁胶粘合密闭牢固。在结合面处进行砂光和表面喷涂聚氨酯类防水材料。

在已经敷设完垫层的部位安装钢筋或进行其他作业时候，注意对垫层材料的保护。垫层施工应安排在相应部位钢筋安装之前进行。

蜗壳弹性垫层施工见图 3.3 - 39。

图 3.3 - 39　蜗壳弹性垫层施工

5）冷却水管安装

仓内冷却水管间距按照 150cm × 150cm 布置（自密实混凝土，按 100cm × 100cm 控制），采用 ϕ32mm PE 管，呈蛇形布置。每仓第 1 层水管铺设于施工缝面，层间距按 150cm 控制，中上部的冷却水管采用铅丝牢固绑扎在操作架管上，水管距边 1.5m 左右。单组水管总长不超过 250m。蜗壳混凝土冷却水管布置见图 3.3 - 40。

6）溜槽搭设

混凝土仓面溜槽布置需根据入料点、仓面高程，在施工前进行合理布置，确保溜槽能够覆盖所有仓面。主溜槽的走向贯穿仓面中心，根据仓面形状布设分溜槽，溜槽坡度以 25° ~ 30° 为宜。溜槽排架主要为操作施工架，设置行人通道。

7）混凝土施工

（1）蜗壳第一层混凝土浇筑。

蜗壳第一层混凝土即底部混凝土为施工难度最大的部位，为确保浇筑质量，根据施工部位特点进行了级配分区，见图 3.3 - 41。最底部 50cm 及外侧混凝土采用常态二级配，可进行常规振捣；蜗壳底部范围采用泵送自密实混凝土；座环阴角部位采用泵送一级配，采用预埋高位、低位泵管方式，振捣可通过座环上面预开的 ϕ125mm 振捣孔进行。

混凝土从蜗壳外侧以开仓平铺法浇筑，施工人员在蜗壳内外侧同时振捣，形成外高内低，确保蜗壳外侧混凝土挤进蜗壳底部和内侧。浇筑到蜗壳底部以上后，采用径向低位泵管继续泵送混凝土，施工人员继续在蜗壳内侧振捣，当阴角处已无法人工振捣时施工人员从封头模板撤出仓面，启动高位泵管泵送一级配混凝土，蜗壳外侧继续浇筑常态混凝土。浇筑过程中控制混凝土上升速度为 30cm/h，并注意控制蜗壳内外侧混凝土高差不宜过大。施工泵送混凝土时，布设一根泄压兼排气管，泄压管口距阴角顶部高度 5cm，可有效控制座环底部泵送末端的瞬时升压现象。

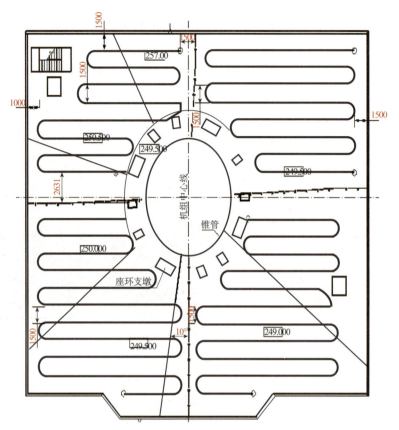

图 3.3 - 40　蜗壳混凝土冷却水管布置（单位：高程 m；其他 cm）

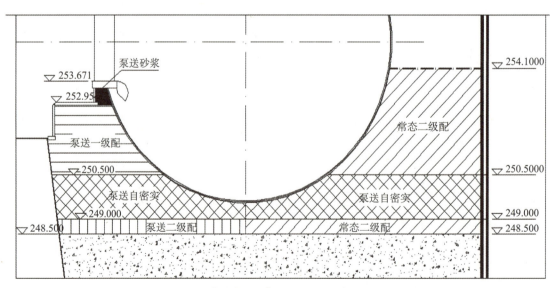

图 3.3 - 41　蜗壳底部混凝土级配分区示意图（单位：m）

当混凝土浇筑至基础环环板顶面，且环板上孔洞出浆后，用木塞将环板上的振捣孔封堵，继续浇筑至阴角上 $\phi 20\text{mm}$ 孔冒浆后，用铁丝通孔，停止浇筑。启动砂浆泵泵送砂浆，泵送压力按不大于 0.2MPa 控制，以确保泵送过程中抬动变形值控制在允许范围内。

（2）蜗壳第二～五层混凝土浇筑。

第二～五层混凝土采取平铺法浇筑，浇筑常态二级混凝土，每浇筑层收仓面与蜗壳交角处做倒角处理。由于这几层混凝土在蜗壳腰线以上，对蜗壳整体变形的影响相对较小。但施工时仍然尽量控制混凝土，尤其是廊道及楼梯两侧混凝土对称、均匀上升，保证混凝土结构体型满足设计及规范要求。

8）混凝土温控措施

（1）每年 11 月～次年 3 月混凝土采用自然入仓，4～10 月采用预冷混凝土，浇筑温度控制在 16～18℃，最高温度按≤38℃控制（自密实混凝土最高温度根据胶材用量设定）。在不同部位埋设测温管和温度计，特别是自密实混凝土部位，监控混凝土内部温度变化。

（2）采取个性化方式通水。前 3～5d 采用 25～35L/min 的大流量进行冷却通水，达到最高温度后采用 15～20L/min 的流量进行冷却通水（控制降温幅度每天不超过 1℃），确保混凝土最高温度在设计允许范围内。

（3）4～11 月通制冷水，进水温度按≤12℃控制，进出水口温差按 4～6℃控制。其余月份通江水冷却，通水时每天调换一次进出口方向，在混凝土开仓时即开始通水。

（4）采用中热水泥和减少单位水泥用量，并严格控制混凝土运输时间和仓面浇筑坯覆盖前的暴露时间。

4. 蜗壳变形监测

蜗壳混凝土浇筑环节复杂、影响因素多，一旦控制不好，将面临质量事故，因此必须高度重视第一层混凝土浇筑过程中蜗壳及座环的变形监测，做到严格控制，确保工程质量。蜗壳层混凝土浇筑期间变形控制标准为：蜗壳顶部变形量＜2.5mm；座环变形量（径向、轴向）＜0.2mm。

变形监测由两部位组成：一是座环内安装 4 组百分表，每组由 2 个百分表组成，分别对抬动、水平位移实行变形监测；二是在蜗壳每一象限外侧腰线部位安装 1 个百分表，主要监测蜗壳的抬动。监测过程主要由土建、机电联合监测小组负责，并建立预警制度。座环监测点布置图见图 3.3－42。

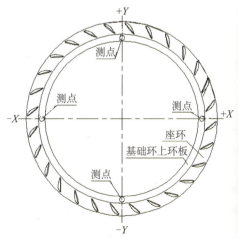 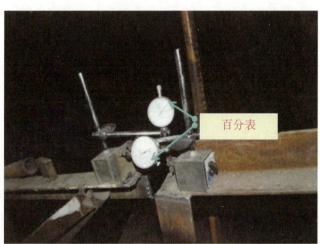

图 3.3－42　座环监测点布置图

蜗壳混凝土浇筑过程中，按每小时监测 1 次控制；当座环变形量接近 0.15mm 或蜗壳上抬接近 2mm 时，每 30 分钟监测一次；当座环变形量大于 0.15mm 或蜗壳上抬大于 2mm 时，每 5 分钟监测一次，同时根据具体情况，降低混凝土入仓速度或暂缓浇筑。当座环变形量达到 0.2mm 或蜗壳上抬达到 2.5mm 时，暂停蜗壳浇筑，持续进行监测，直到数据无明显变化为止再逐步恢复浇筑。

监测数据显示（见表 3.3-7），在蜗壳混凝土浇筑过程中，1~4 号机组座环最大径向变形 0.17mm、最大轴向抬动变形 0.19mm，蜗壳的最大抬动变形为 1.92mm，均在控制标准以内。其中，蜗壳变形值总体较座环位移变形值大，主要是由于在混凝土浇筑过程中被施工人员触碰所致。机电安装单位复测数据显示，底部混凝土浇筑完成后，座环、蜗壳的最终形位尺寸均满足设计要求，说明施工方案及监测措施是合理、有效的。

表 3.3-7　蜗壳第 1 层混凝土浇筑抬动变形监测数据统计表

部位	座环最大抬动值		蜗壳最大抬动值（mm）	备注
	径向（mm）	轴向（mm）		
1 号机	0.13	0.18	0.34	
2 号机	0.16	0.19	0.61	
3 号机	0.16	0.17	1.92	
4 号机	0.17	0.19	0.54	
控制标准	≤0.2	≤0.2	≤2.5	

5. 灌浆系统施工

蜗壳底部及阴角部位混凝土入仓困难，为保证蜗壳底部和阴角部位混凝土的浇筑密实，确保蜗壳和外围混凝土能够联合承载，避免因空腔产生应力集中，需在蜗壳外包混凝土浇筑完成以后，对可能存在空腔的部位进行灌浆。向家坝蜗壳混凝土灌浆施工首次引进了可重复灌浆管新型工艺，对阴角部位采用可重复回填灌浆管，对蜗壳底部采用可重复接触灌浆管和预埋拔管。

可重复灌浆管具有良好的柔韧性，在管体上均匀设有四排交错布置的出浆孔，在外层设有起单向开关作用的发泡材料，防止砂浆堵塞出浆孔。灌浆管体直接与基面紧密接触，灌浆时，浆液压缩发泡材料并均匀地注入混凝土与基面之间的缝隙中，不倒流、可重复灌浆。

1）阴角回填灌浆

蜗壳阴角部位按不同高程布设 3 套可重复回填灌浆管（见图 3.3-43），灌浆管采用 ϕ38mm 可重复灌浆管，用专用固定卡紧贴固定在蜗壳外管壁。在可重复灌浆管两侧端部用 ϕ25mmPVC 管相接，一根作为进浆引管，另一根作为回浆管、灌浆管、排气管。安装完成后在管口做好保护并做出醒目标记，并对灌浆管进行检查，确保管路畅通。

地下厂房蜗壳阴角部位回填灌浆由低处孔向高处孔灌，分两个次序进行：先灌 1、3 管，再灌 2 管。灌浆时注入水灰比为 0.5∶1 的水泥浆，灌浆压力为 0.1MPa。当排气孔返出浓浆后用木塞由低到高依次堵上，达到设计压力后，灌浆孔停止吸浆，并继续灌注 10min 即可结束灌浆；停止灌浆后，将可重复灌浆管内的浆液用大流量无压水（或水压小于灌浆压力）冲洗干净，以备下次灌浆。当可重复灌浆管无法再灌入浆液后，要尝试从最高点排气孔进行倒灌浆。

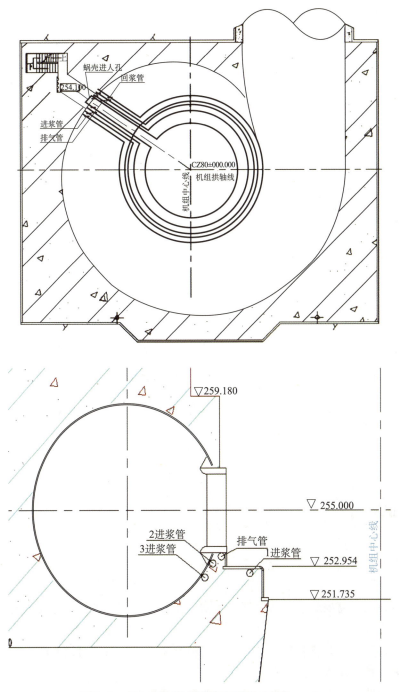

图 3.3－43 蜗壳阴角灌浆布置图（单位：m）

2）底部接触灌浆

蜗壳底部沿中心线外侧布置间距为 2m 的拔管，中心线处布置一根 DN32mmPVC 管做进浆管，在 DN32mmPVC 管上布置三通与拔管之间连接。沿中心线内侧蛇形布置可重复灌浆管。蜗壳底部接触灌浆平面布置图见图 3.3－44。

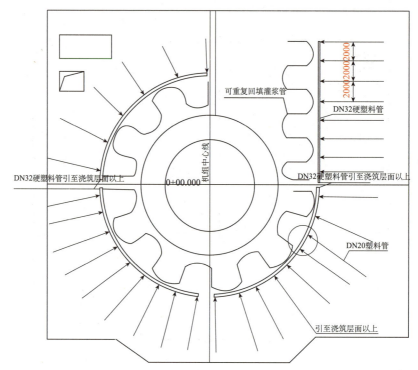

可重复回填灌浆管

200020002000

DN32硬塑料管

DN32硬塑料管引至浇筑层面以上

机组中心线

0+00.000

DN32硬塑料管引至浇筑层面以上

DN20塑料管

引至浇筑层面以上

图 3.3 – 44 蜗壳底部接触灌浆平面布置图（单位：桩号 m；其他 mm）

拔管时间为混凝土收仓后 12h。蜗壳底部接触灌浆先对外侧的拔管进行灌浆，再对内侧的可重复灌浆管进行灌浆。拔管灌浆时，自灌浆主管注入水灰比为 0.5 ∶ 1 的水泥浆，灌浆压力为 0.1MPa，拔管孔口返浓浆后依次用木塞封堵，封堵后灌浆压力达到设计压力 0.1MPa 后，灌浆孔停止吸浆，并继续灌注 5min 即可结束灌浆。可重复灌浆管施工方法同阴角部位。

3）灌浆施工要点

（1）灌浆施工安排在蜗壳第一层混凝土浇筑完成 7d 后进行。

（2）拔管所用充气管需安装充气阀门，在埋设前要进行 24h 的充气密封性检查；在与混凝土接触时需进行充气，保持充实状态。

（3）可重复灌浆管安装前宜清洗管内杂物，灌前进行风、水轮换冲洗检查，保证灌浆时管路通畅性。

（4）考虑可重复灌浆管管径小、灌注浆液稠度大，避免因压力过大产生抬动破坏，单根可重复灌浆管长度不宜超过 30m。

（5）灌浆管路须紧贴蜗壳外壁，避免在混凝土浇筑振捣时损坏堵塞管路。

（6）灌浆过程中必须安排专人进行抬动观测，防止座环及蜗壳变形。

4）灌浆质量成果

传统工艺所用灌浆管材质为刚性材料，在蜗壳底部狭小空间内安装难度大，且在混凝土浇筑时易损坏。而可重复灌浆管柔韧性较好，方便在蜗壳底部安装，灌浆管既是回浆管也是排气管，灌浆时全断面线状出浆，较之传统工艺简单、可靠性强。

表 3.3 - 8 为灌浆质量检查成果表，可以看出，灌浆后最大脱空面积 0.15m² （设计允许值 0.16m²），表明在蜗壳灌浆中采用可重复灌浆管效果良好，满足设计要求。

表 3.3 - 8　灌浆质量检查成果表

部位	灌浆类别	工程量（m²）	总灌入量（kg）	单位灌入量（kg/m²）	灌前脱空面积（m²）	灌后脱空面积（m²）	灌浆结果
1 号机蜗壳	回填灌浆	200	1583.94	7.92	0.54	0.12	合格
	接触灌浆	1150	5272.59	4.58			
2 号机蜗壳	回填灌浆	200	5587.40	27.94	0.64	0.12	合格
	接触灌浆	1150	3656.37	3.18			
3 号机蜗壳	回填灌浆	200	3011.99	15.06	0.8	0.15	合格
	接触灌浆	1150	4173.13	3.63			
4 号机蜗壳	回填灌浆	200	3485.73	17.43	0.76	0.15	合格

3.3.2　主变室施工

3.3.2.1　主变洞开挖施工

主变洞平行布置在主厂房下游侧，全长约 190m。主变洞断面为圆拱直墙型，典型开挖尺寸：跨度 26.30m，高度 23.90m，长度 192.3m。

1. 主变洞施工

1）施工通道

与主变洞施工有关的主要为③施工支洞及进厂交通洞。

③施工支洞为①施工支洞的岔洞，断面尺寸同①施工支洞，从①施工支洞桩号①支 0 + 030.238、高程 294.30 位置分岔洞通至主变洞左端墙顶拱 290.10 高程，坡度为 3.12%，洞长 132.5m，作为主变洞顶拱开挖及支护的施工通道。

2）施工分层

根据机械设备的使用效率，结合对穿锚索施工，将主变洞分为三层进行开挖（见图 3.3 - 45）：

Ⅰ层：EL297.89m ~ EL289.39m（层高 8.5m）；

Ⅱ层：EL289.34m ~ EL279.99m（层高 9.4m）；

Ⅲ层：EL279.99m ~ EL273.99m（层高 6m）。

3）主要施工方法

Ⅰ层：

主变室Ⅰ层分中导洞及两侧扩挖，由③号施工支洞进入主变室中导洞进行开挖支护施工，先贯通中导洞后再进行两侧扩挖。中导洞标准开挖断面为 8.50m × 9.0m，两侧扩挖标准断面为 7.80m × 8.65m。Ⅰ层采用 5m、7m 砂浆锚杆支护，全断面 C25 网喷混凝土。主变室Ⅰ层开挖使用自制钻孔台架作为钻孔操作平台，人工 YT28 手风钻钻孔，循环进尺 3m，周边孔采用光面爆破。主变洞Ⅰ层开挖分区图见图 3.3 - 46。

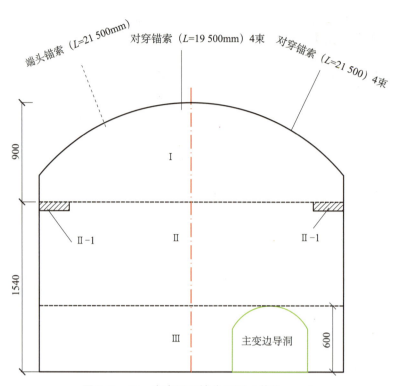

图 3.3 -45　主变洞开挖分层图（单位：cm）

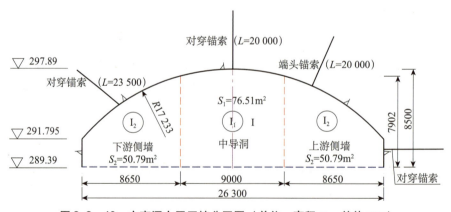

图 3.3 -46　主变洞 I 层开挖分区图（单位：高程 m；其他 mm）

　　锚杆钻孔采用三臂凿岩台车钻孔，锚杆的水泥砂浆灌注采用麦斯特注浆机进行，挂网采用液压平台车配合人工挂设，混凝土喷护采用麦斯特喷射台车施工。

　　主变洞 I 层开挖效果见图 3.3 -47。

　　II 层：

　　主变洞 II 层开挖采用先周边预裂，后一次性拉槽（梯段爆破）的施工方法。上部两侧槽挖采用手风钻造垂直孔，周边光面爆破。

　　锚杆钻孔采用三臂凿岩台车钻孔，锚杆的水泥砂浆灌注采用麦斯特注浆机进行，挂网采用液压平台车配合人工挂设，混凝土喷护采用麦斯特喷射台车施工。

图 3.3 - 47　主变洞 I 层开挖效果

Ⅲ层：

主变洞Ⅲ层分两层开挖，其中Ⅲ1 层高 4.5m（EL279.99m ~ EL275.49m），Ⅲ2 层高 1.5m（EL275.49m ~ EL273.99m）。

Ⅲ1 层开挖采用中部先拉槽，两侧预留保护层光面爆破开挖的施工方法。中部拉槽采用 ROCD7 液压钻造孔，孔径 76mm，钻孔深度 5.0m（超钻深度 0.5m）。上游保护层主要采用三臂凿岩台车造水平孔，光爆开挖；下游保护层主要采用手风钻造竖直孔分层光爆开挖。每一层爆破时，在分层底板高程处造水平孔，双向光爆控制结构面成型。

Ⅲ2 层（底板保护层）开挖采用手风钻造水平孔光爆开挖，每一梯段孔底预超挖 10cm，为下一梯段手风钻下钻提供适当空间。梯段长度 8 ~ 10m，排炮进尺 3m。

2. 爆破监测分析

1）爆破振动控制

主变洞各部位开挖爆破振动监测实测最大峰值振速均未超过 15cm/s，母线洞各部位开挖爆破振动监测实测最大峰值振速均未超过 10cm/s，监测成果和现场宏观调查结果表明，主变洞和母线洞开挖爆破振动未对本洞室和相邻洞室稳定产生不利影响。主变洞各部位开挖爆破振动监测最大峰值振速折线图见图 3.3 - 48。

2）爆破影响深度检测

主变洞开挖过程中，进行了岩体爆破影响深度检测。检测成果显示，主变洞 I 层各部位开挖导致的保留岩体爆破影响深度在 0.3 ~ 0.7m 范围以内，各组爆破影响深度检测的平均值为 0.3 ~ 0.57m，且多数情况下岩体爆后波速变化率较小，属甚微爆破破坏或未破坏。

3.3.2.2　主变洞混凝土施工

1. 施工概述

主变室分三层布置，从下至上依次为主变压器层、电缆层和顶拱排风通道，主变室底板高程为 EL274.740m，第一层板（EL286.70m）厚 22cm，第二层板（EL291.60m）厚 18cm，主变压器底板下设有事故油池，电缆道底板高程为 EL268.740m。在主变洞右端设置高压电

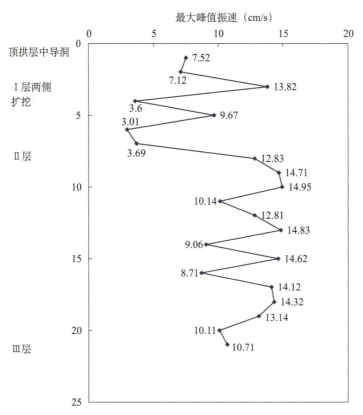

图 3.3 - 48　主变洞各部位开挖爆破振动监测最大峰值振速折线图

缆竖井，与地面副厂房、开关站和出线平台相通，竖井内布置电缆道、排风通道和交通道。在主变洞左端设置交通廊道与主厂房相通。

　　主变室混凝土分主变电缆沟、主变底板、事故油池、板梁柱、楼梯、尾水闸门混凝土和隔墙混凝土等，现浇筑部位混凝土全长 176.5m，宽度为 26m。

　　主变洞混凝土结构三维图见图 3.3 - 49。

图 3.3 - 49　主变洞混凝土结构三维图

　　2. 施工程序和施工工艺

　　主变室混凝土施工分 6 段，施工程序为：备用变压器室段→①机组段→②机组段→③机组段→④机组段→④号楼梯段，各段错开浇筑。

单段施工分 10 层，施工程序为：建基面垫层混凝土浇筑→第一层混凝土浇筑→第二层混凝土浇筑→第三层混凝土浇筑→……→第十层混凝土浇筑。

单层混凝土浇筑施工工艺流程如下：建基面清理及验收、垫层浇筑、施工缝缝面冲毛及清理、架立筋施工、测量放线、钢筋制安、立模及加固、清仓验收、混凝土浇筑、待凝、拆模养护。

3. 主要施工方法

1）主变底板建基面找平层混凝土浇筑

（1）建基面清理及验收。

底板浇筑范围内浮石及杂物部分采用人工配合 CAT330 反铲挖掘机进行挖装，对局部欠挖地段利用 YT28 手风钻钻孔，小药量、光面爆破进行处理直至合格，并用高压风水枪冲洗岩面，保证岩面清洁湿润、无欠挖、无松动岩石。

（2）模板安装。

模板安装前，在主变电缆沟母线洞范围临边 1.5m 处设置一排插筋（ϕ22@3000mm，$L =$ 1000mm，外露 20cm）。垫层混凝土模板采用 P3015/P1015 普通钢模板拼装，局部超挖处采用 2cm 厚木模板拼缝，模板后背 2×ϕ48×3.5mm 钢管做水平向围檩，再背竖向 ϕ48×3.5mm 钢管@1.5m 加固。模板采用 ϕ14mm 拉筋固定，拉筋与插筋焊接（焊缝长度≥10d），模板与拉筋采用"ϕ14mm 丝杆 + 钢垫板 + 螺帽"方式连接紧固。

（3）混凝土浇筑。

混凝土采用 6.0m³ 混凝土搅拌运输车运输，电缆道及主变室底板混凝土采用自卸 + 泵送入仓，其余 EL274.70m 以上混凝土浇筑采用 HB60 泵泵送入仓。混凝土入仓后人工利用刨锄、铁锹进行平仓，人工平仓后采用 ϕ50mm 插入式软轴振捣器振捣，两台振捣器一前一后交叉两次梅花形插入振捣。

（4）收仓、抹面。

当混凝土浇筑结束后及时组织人工进行收仓抹面。抹面时严格对找平层混凝土顶面高程进行控制，要求大面平整、高程准确。

（5）脱模及混凝土养护。

混凝土浇筑收仓后 12～18h 及时进行人工洒水养护。在混凝土强度能保证其表面和棱角不因拆除模板而受损坏的前提下，进行模板拆除。找平层表面均进行人工凿毛处理。

2）主变室混凝土浇筑施工

（1）施工缝缝面冲毛及清理。

各层浇筑前，对前次浇筑施工缝缝面采用高压冲毛机进行冲毛处理或采用人工进行凿毛处理，保证施工缝面无乳皮、成毛面、微露粗砂。钢筋安装前将缝面清洗干净，表面清洁无杂物，经验收合格后进行下道工序施工。

（2）测量放线。

在安装钢筋前，应在架立筋上放出各层钢筋的高程，同时放出立模边线点及各特殊点，在最终验收前进行最后一次检查。

（3）钢筋制安。

钢筋连接形式主要采用直螺纹套筒（正反丝扣），局部辅以焊接接头，当主筋采用焊接接头的时候，接头左右 40d 的区段内接头钢筋的根数与总数的比值不超过 50%。各层钢筋安装过程中应严格确保钢筋保护层厚度。

（4）预埋件安装。

埋件主要为机电和电气埋管、接地、地锚、建筑方面的埋件安装，埋件原则上在各层下层钢筋施工完成后即可展开施工，完成区域埋件施工后再进行上层钢筋的安装施工。

各种埋管埋件在钢筋安装过程中穿插进行，利用结构钢筋进行固定，需要穿过模板的部位安装单位提前在现场进行高程桩号的标示，土建施工中对于部位预留空间，待管路安装完成后采用 $\delta = 2.5cm$ 木板拼装。地锚孔采用地质钻机钻孔，孔径不小于 70mm。

（5）止水安装。

安装止水前，测量放出结构分缝线，在结构主筋上焊好止水架，卡牢止水；或用铅丝与结构主筋将止水上下左右固定，并保证其中心线位置准确安设于结构缝处。

（6）模板制安。

根据混凝土分层、分区设计，第一层包含堵头模板和排水沟模板安装，第二层包含边墙侧模板安装，第三层主要包括尾水侧墙侧模板、堵头模板、油坑底模和排水沟模板安装等，第四、五、六和八层包含边墙侧模板和柱侧模板安装，第七和九层包含梁底模板、楼板梁侧模板、结构缝模板、边墙侧模板和排水沟模板安装。

①框架柱采用普通平面钢模板 P3015、P2015、阳角模板，模板安装方式为竖向安装，同时配 P2060 小钢模。纵横向围图采用 $\phi48mm$ 架管，调节丝杆外撑于排架上，也可根据需要设置对穿拉杆。边墙 $\phi14mm$ 拉杆间距 0.75m，排距 0.8m，尾闸井内拉杆与边墙锚杆焊接固定。

②尾闸隔墙采用普通平面钢模板 P6015 和 P2015，模板安装方式为横向安装，同时配 P1060 小钢模。纵横向围图采用 $\phi48mm$ 架管，调节丝杆外撑于排架上，也可根据需要设置对穿拉杆。边墙 $\phi14mm$ 拉杆间距 0.75m，排距 0.8m。尾闸隔墙 EL290m 到 EL287m 位置处在中心线设置蛇形柱，以便牛腿 $\phi14mm$ 拉杆焊接固定，蛇形柱间距 1.5m。

③楼板、梁结构采用承重排架支承，模板均支承在方木或架管上，通过调节丝杆将荷载传递给承重排架。由于楼板尺寸空间小，不利于大模板拼装，故主要利用现有钢模板进行现场组合，主要采用 P6015、P3015、P2015、P1015 钢模板进行拼装，角部根据需要采用连接角模、5mm×5mm 方木或 $\delta = 3cm$ 木板进行拼缝。轨道部位需预埋插筋，轨道模板采用小钢模并用钢筋对撑加固，底部焊接钢筋支撑在结构钢筋上。

（7）排架搭设。

排架采用 $\phi48 \times 3.5mm$ 钢管进行搭设，需严格按照设计图纸及规范要求逐层进行施工。

楼板下承重排架立柱间、横距均为 1.0m，步距 1.0m，EL286.74m 梁下排架立柱间距 0.2~0.5m，横距 0.5m；EL291.74m 梁下排架立柱间距 0.2~0.5m，横距 0.5m。第一层排架搭设高度 11.8m，第二层排架搭设高度 4.8m。边墙牛腿下立柱间距 0.3m，排距 0.5m，施工操作排架立柱间距 1m，排距 1m。尾闸井内 EL273.99m 以上排架由原尾闸悬挑排架上延而成，并设置对转楼梯，形成人员通道。排架每 6 跨设置一剪刀撑和斜撑。在主变室第一层楼板浇筑时，考虑其他工作面影响，承重排架在靠尾闸井侧预留门洞，形成施工通道，通道两侧第 1 排采用双立柱支撑。

（8）混凝土拌和与运输。

混凝土拌和：必须严格按照批准的混凝土配料单和投料程序进行拌和，严禁擅自更改；

拌和前必须对拌和楼各种称量装置进行率定，使其称量误差精度满足规范规定要求。使用外加剂时，应将外加剂溶液均匀地配入拌和用水中，拌和均匀，卸料斗的出料口与运输设备之间的落差不得大于 2.0m。

混凝土运输：运输时应与拌和、浇筑能力及仓面具体情况相适应。混凝土采用 6.0m³ 混凝土搅拌车运输，运输过程中不能发生分离、漏浆、严重泌水、过多温度回升和坍落度损失，应尽量缩短运输时间，因故停歇过久，混凝土已初凝或已失去塑性时，应做废料处理。严禁在运输过程中和卸料时加水。混凝土的自由下落度不宜大于 2.0m，超过时，应采取缓降或其他措施，以防止骨料分离。

（9）混凝土入仓、振捣、抹面及混凝土级配。

电缆道和主变底板（第一～三层）混凝土的入仓主要采用自卸和泵送两种方式组合进行，第四层以上（EL274.7m 以上）混凝土的入仓采用泵送入仓方式。振捣采用 ϕ50mm 软轴振捣器或 ϕ100mm 硬轴振捣器振捣。板部位进行抹面，板在开仓验收前，设置有抹面刮轨，刮轨的安装高差不超过 0.5mm，刮轨间距不超过 2.5m。待自验合格后申请终检，终检合格后向监理工程师申请开仓验收，混凝土板的抹面由专业的抹面工进行操作，抹面平整度用 3.0m 直尺进行测量，每个测点的高差不超过 6.0mm。混凝土抹面轨道在混凝土初凝前拆除。考虑到梁板、柱交汇处钢筋布置较多，为确保钢筋密集部位混凝土衬砌不出现骨料架空情况，保证混凝土的施工质量，原则上底板、墙和柱使用二级配混凝土，梁板采用一级配混凝土。混凝土级配可根据实际情况调整。混凝土浇筑完成后，边墙、柱子的拆模时间以不损坏混凝土棱角为准；板梁结构跨度小于 8.0m 的，待混凝土强度达到设计强度要求的 70% 时拆模；大于 8.0m 以上的，待混凝土强度达到设计强度的 100% 后才能拆模。混凝土终凝后开始养护，定期洒水养护持续 28d。主变洞混凝土现场见图 3.3-50。

图 3.3-50　主变洞混凝土现场

3.3.3　电缆竖井

3.3.3.1　竖井开挖方案

施工中采用 DL/T 5407—2009《水电水利工程斜井竖井施工规范》中推荐的方案——

"反井钻机造孔＋人工分次扩挖"。该开挖方案具体来说，就是先用反井钻机钻出直径 1.4m 的导井，然后采用人工的方式进行两次扩挖，第一次扩挖从下往上进行，扩挖后形成直径约 4m 的溜渣井，第二次从上往下全断面开挖。电缆竖井开挖方案示意图见图 3.3－51。

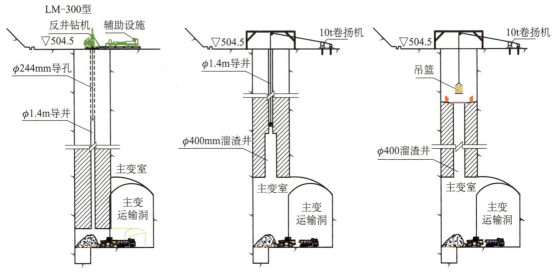

图 3.3－51　电缆竖井开挖方案示意图

1. 反井钻机钻井工艺

对于长度超过 200m 的竖井，采用反井钻机施工导井属于常规方法。反井钻机法适用于中等强度岩石、深度在 400m 以内的导井，该方法是 20 世纪 90 年代从煤炭行业引进水电行业的，用反井钻机开挖竖井导井，具有速度快、安全性好等优点。反井钻机见图 3.3－52。

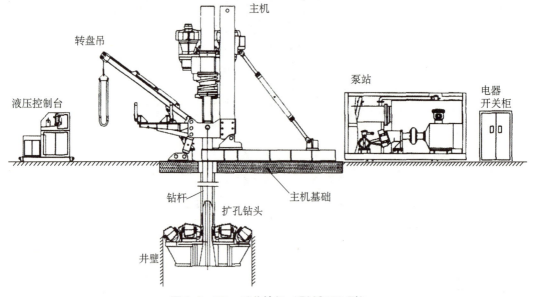

图 3.3－52　反井钻机（BMC400 型）

反井钻机是一种特殊的设备，地面驱动部分一般为电力驱动液压系统，液压系统产生的动力驱动钻杆，钻杆将能量传递给钻头，通过滚刀将岩石破碎下来，形成钻孔。反井钻机施工工艺见图3.3－53。

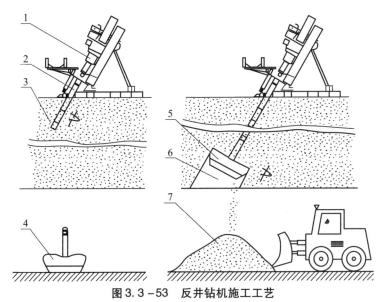

图3.3－53　反井钻机施工工艺

1—主机；2—钻杆；3—导孔钻头；4—5扩孔钻头；6—钻孔；7—破碎岩渣

根据地层岩性、岩石强度、竖井深度等条件，选择一个相匹配的钻机是导井施工成功的第一步。反井钻机可供选择的有2个系列，即LM系列和BMC系列。LM系列钻机是专门为煤矿系统设计的用于井下软岩工程的专用钻机，有LM90、LM120、LM200等3个型号。BMC系列钻机是针对水电工程特点研制的适用于硬岩工程的专用钻机，有BMC100、BMC200、BMC300、BMC400等3个型号。BMC型钻机比LM型钻机功率大，钻孔效率高，事故率低，目前水电工程使用的主力机型为BMC300反井钻机。

2. 导井施工难点

该区域分布的4个地层从下至上依次为T_3^{2-6}、T_3^3、T_3^4和$J_{1-2}z$，电缆竖井依次穿过了上述四个地层。其中T_3^{2-6}和T_3^4以厚至巨厚层砂岩为主（T_3^{2-6}厚度为130～178m，是大坝坝基持力层和洞室围岩，T_3^4厚度为15～35m），成井条件较好。$J_{1-2}z$以粉砂岩、泥岩为主，易风化崩解，需及时支护。T_3^3泥质岩石相对较多，含7个薄煤层，有采煤历史，其中的泥质岩石较软弱。

由于电缆竖井所处岩层特殊的地质条件，使得反井钻机开挖导井具有以下两个难点：

1) 钻孔穿煤层处理难度大

电缆竖井所在的右岸山体，地形整齐，无大的冲沟发育，地应力为中低量级，地下水分布以孔隙－裂隙水为主要存在形式，地下水位较低。

反井钻机造孔的难点是要穿越7层不同性质的煤层（见图3.3－54），钻头穿过该区域时，可能反复发生较严重的塌孔漏水现象。一旦出现，需要将钻杆全部取出，用水泥砂浆灌浆后重新开孔，整个过程十分耗时，对施工进度影响较大。图3.3－54显示，电缆竖井所处围岩以T_3^3为主，分布在EL350m～EL450m约100m范围的区域内，占全部围岩的45.9%。图3.3－55是煤层中下部普遍被开采后的岩体变形与拉裂情况，开采导致采煤支洞周边岩体质量变差。

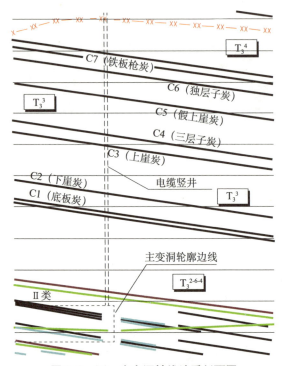

图 3.3-54　主变洞轴线地质剖面图

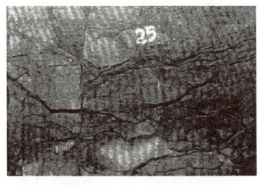

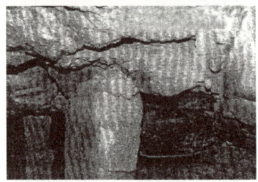

图 3.3-55　煤层采空区变形与拉裂岩体

2）钻机造孔偏斜控制难度大

电缆竖井所处岩层，岩石软硬差别较大，从上至下呈"软—硬—软—硬"交替分布，且每一层中都有不良地质段或层间软弱地质带出现，这种岩性和抗压强度上的差别将导致钻头受力不均匀，对造孔时进钻速度、钻压控制等提出了很高要求，处理不当极易出现孔位偏斜甚至废孔的情况。

3. 导井施工情况介绍

电缆竖井导孔累计施工时间 117d，因处理煤层共发生拆钻回填灌浆 11 次，共计耗时 69d，油泵故障 3 次累计停工 13d，有效造孔时间 35d，日均进尺 6.2m。1.4m 反扩耗时 92d，日均进尺 2.4m。

反井钻机钻进日进尺水平相差较大，导孔日均进尺在 2～50m 范围内，扩孔在 2～28m 范围内，见表 3.3－9。一般而言，岩石强度越低钻孔速度越快（但垂直度越不容易控制），地质情况（岩石强度、岩层均一性）对钻速也有较大影响。

表 3.3－9　同类工程反井钻机钻孔速度对比

项目	井深（m）	直径（m）	钻机型号	导孔直径（mm）	扩孔直径（m）	导孔进尺（m/d）	扩挖进尺（m/d）	岩石类型	平均饱和抗压强度（MPa）
向家坝水电站电缆竖井	217	14.2×11.2	LM－200	216	1.4	6.2	2.4	砂岩	
锦屏一级电站溜渣斜井	74.3～202	6	BMC－300	241	1.4	7.6	5.7	变质砂岩	—
十三陵抽蓄电站出线竖井	157.8	8.6	LM－200	216	1.4	16.1	10.6	砾岩	58
水布垭电站通风竖井	183	—	LM－200	216	1.4	50	28	石灰岩	
高桥电站引水洞调压井	56.1	7.6	LM－200	216	1.4	2.5～3.5	2～3	玄武岩	
周宁水电站引水高压竖井	70～180	5.9	LM－200	216	1.4	15	5	钾长花岗岩	80～140

注：日均进尺未考虑故障影响时间。

反井钻机中的特殊情况处理：

1）煤层处理

电缆竖井所在岩层分布有 7 层厚度不一的煤层，这些在不同高程不规律出现的煤层，给反井钻机导孔钻进带来了较大麻烦。导孔行进到 71m 孔深时，初次出现不返水、不返渣现象；后续钻进过程中，分别又在孔深 72m、111.5m、119m、123m、149m、114m、145m、153m 等处出现上述情况，导孔钻进至孔深 149m 后情况尤为突出，塌孔漏水现象十分严重。这些异常状况出现的位置与煤层出露的位置基本对应。导孔施工过程中，共进行了 11 次煤层灌浆处理，每次处理时间为 4～11d。

对应的处理措施为灌注水泥砂浆，具体为：灌浆前将钻杆、钻头全部拆除至孔外，水泥砂浆配比为 1∶1∶1.8（水∶水泥∶砂），并加入一定量的速凝剂，砂浆灌好 2d 后重新开孔钻进；一般经过一次灌浆后钻杆就能顺利通过。导孔复钻至 145m 孔深时，再次出现漏水情况，为避免装拆钻杆延误工期，采取了灌注膨润土方式处理：将钻杆提升 2~3m，用泥浆泵将浆液顺钻杆压入孔内，这种处理方式也取得了较好效果。

2）导孔偏斜控制

反井钻机在钻进过程中如果岩性不一，钻头受力不均匀，很容易造成孔位偏差，一般通过设置稳定钻杆来控制导孔偏斜。

反井钻机的钻杆分为普通钻杆（1m）和稳定钻杆（0.5m 或 1m）（见图 3.3 – 56），稳定钻杆比普通钻杆外周多了均匀分布的 4 条 3cm 厚的钢肋板，其作用是导向，防止钻杆随深度的增加旋转产生过大弯曲、过大摆幅，同时减少钻杆与孔壁的接触磨损。

图 3.3 – 56　稳定钻杆与普通钻杆

设置稳定钻杆是导孔施工过程中控制孔位偏斜的主要措施，稳定钻杆主要根据地质条件变化而设置：岩性均一无软弱夹层的区域可以不设置，而有煤层、断层的部位可加设 1 根。电缆竖井导井施工过程中共设置了 8 根稳定钻杆，开始钻进时放置 1 根，以后每钻进 30~40m 及地质情况变化大的部位各放置 1 根，以确保导孔的垂直度，但稳定钻杆不宜放置过多，否则在扩孔时容易卡钻。也有其他工程采取不同的设置方式，一般数量为 6~8 根，主要集中在前 30m，钻进 50m 后不再加设稳定钻杆。

4. 扩挖施工情况介绍

反井钻机开挖的导井直径一般为 1.4m，如果不扩挖就进行全断面扩挖，很容易堵井。扩挖分两次进行。第一次人工扩挖是从下往上进行的，施工人员乘吊笼在导井内自下而上钻斜向下的辐射形炮孔，这种方法既安全，施工速度又快，见图 3.2 – 1。第一次扩挖后形成直径 4m 的导井。扩挖的难度主要体现在第二次扩挖上，下面将着重分析二次扩挖。

竖井第二次扩挖量 3.11 万 m³，开挖工期 9 个月，平均月开挖强度为 0.35 万 m³，综合进尺 20~30m/月。要实现安全、快速的正向扩挖，以下几方面是关键：

1）开挖作业平台

竖井内空间狭窄，自然形成的开挖面无法满足施工需求。在井内设置两层悬吊平台是成熟的经验，既安全又方便：下层平台用来覆盖溜渣井井口，上层平台作为支护工作平台并在放炮时存放材料和工器具。作业平台见图 3.3 – 57。

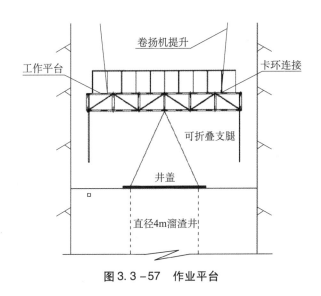

图 3.3 - 57　作业平台

作业平台的主要作用是改善井内的施工条件，只要满足安全、牢固，便于堆放和人员作业即可，平台的具体形式可根据实际情况灵活制作。

电缆竖井的上层平台是用钢管焊接而成的格构式钢结构，表面铺马道板，下面有 3m 高的安全支腿，自重为 6.52t，最大载重量 2t。四条钢丝绳与铅垂线有小于 6°的夹角，可以较好地保证工作平台的稳定性。

2）提升系统

竖井高差大、上下交通困难的特点，凸显了提升系统的重要性，该系统的运行状况对扩挖效率和施工安全的影响极大，需要认真研究精心设计。

电缆竖井的提升系统采用了复合式设计，人与物料分开，从而节约了投资，增加了安全裕度，技术先进、经济合理，可为类似工程提供借鉴。该系统由卷扬机、钢丝绳、吊装龙门架、定滑轮、安全托盖、施工吊笼、防坠器、重量限制器、限位装置等组成。其中，龙门架布置在井口，工作平台由四台可调速、可联动卷扬机和 $\phi22mm$ 钢丝绳提升，载人吊笼由一台可调速卷扬机和 $\phi26mm$ 钢丝绳提升，运行过程安装声光信号控制装置。提升系统见图 3.3 - 58。

系统运行时，运用大吊笼运送施工材料、工具，运用载人吊笼运输人员。载人吊笼下装弹性垫层，防止与大吊笼猛烈碰撞，限位装置与载人吊笼运行联动。小吊笼和工作平台彼此间安装有互锁装置，以防止二者同时运行。

吊笼用来载人，因此对卷扬机运行的安全性、可靠性和稳定性有很高的要求。牵引吊笼的卷扬机有三台，一台牵引主绳、一台牵引副绳（主绳断裂时的备用绳）、一台牵引导向钢丝绳（防止小吊笼在提升下降过程中的水平转动）。

起吊工作平台的 4 台卷扬机安装在同一水平面内，4 台卷扬机的钢丝绳同直径、同型号，为避免在实际工作中钢丝绳裁成长短不一的情况，所有钢丝绳采用厂家直接定制；每台卷扬机都加装排绳器，并设置紧急开关，一旦发现某台卷扬机出现异常现象，按动停止开关使四台卷扬机停止运行。

该提升系统要特别引起重视的环节有：①选型计算要有足够的安全系数；②钢丝绳、卷扬机、滑轮等重要部件相互要有较好的匹配性；③载人吊笼必须设置稳绳系统，并采取防旋转和防倾倒措施；④要严格执行标准化的安全管理体系，要求卷扬机司机、信号工、监护

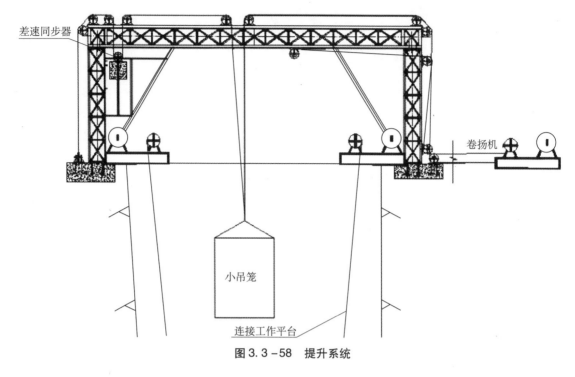

图 3.3-58　提升系统

员、钢丝绳检查工等关键工种严格按标准操作。

3）扩挖安全控制措施

竖井开挖过程中，第一阶段反井钻机开挖导井，机械化程度很高，施工安全风险小；扩挖阶段，反向扩挖安全性也较高，而正向全断面扩挖，由于工作量大、人员需长时间在井内作业，因而安全风险较大。除了常规平洞开挖的风险因素外，井下扩挖施工还有以下几方面的特殊风险：①井口高空坠物；②井内火灾与触电；③提升系统失效。

采取的措施有：①井口周边实施封闭管理，对井口施工作业和人员进出进行专项管理；②井口设置1.2m高的防护栏杆，栏杆外包裹一圈安全密网，底部设置竹跳板踢脚；③井内禁止出现明火作业，严格监控焊接作业，加强对漏电保护装置的检查；④卷扬提升系统和信号联络系统必须进行专项安全设计，监理审核通过后方可组织实施，提升系统和信号系统必须有足够的应急安全措施。

3.3.3.2　竖井衬砌方案

通过多年的施工实践与理论研究，竖井滑动模板已成为一项成熟技术，国家有关部门还制定了滑模施工技术规范，在各种工程中已得到广泛应用。竖井钢筋混凝土衬砌应优先采用滑动模板或滑框倒模工艺；特大断面或断面形状不规则的竖井衬砌可采用悬臂模板或小模板拼装，如三峡永久船闸输水系统有竖井36个，竖井混凝土衬砌施工除了采用滑框倒模外，还使用了悬臂模板、自升式筒模。

1. 滑模系统简介

滑模施工的特点是钢筋绑扎、混凝土浇筑、滑模滑升平行作业，各工序连续进行，互相适应；由于连续浇筑，可以最大限度地减少甚至避免施工缝，使混凝土保持较好的整体性。

滑模系统由以下四大部分组成：

1）液压操作系统

提供滑升动力，由液压千斤顶、支承杆、液压控制台和油路组成。液压千斤顶中心穿支承杆，在周期式的液压动力作用下，千斤顶可沿支承杆做爬升动作，以带动提升架、操作平台和模板随之一起上升。

电缆竖井液压操作系统共配置 60 套 HQ–60 型滚珠式穿心千斤顶，单个千斤顶最大提升力 60kN，允许提升力 30kN，爬升行程为 30mm。

2）操作平台系统

是绑扎钢筋、浇筑混凝土、提升模板、安装预埋件等工作的场所，也是预埋件等材料和千斤顶、振捣器等小型备用机具的临时放置场地；操作平台通过辐射梁附着在提升架上，并随提升架一同上升。

电缆竖井滑模共设计三层平台：上层平台用于作业人员进出吊笼、卸钢筋等材料，并起安全防护作用；中层平台为主要工作平台，与模板上口平齐，为满铺形式；下层平台为吊架平台，为处理混凝土外露墙面之用。

3）模板系统

由模板、围圈和提升架组成。提升架上安装有千斤顶，并与围圈连接为整体，是滑模体系的重要构件。提升架是混凝土侧压力等水平荷载的终端承力件，它控制住了模板、围圈的向外变形，同时承受整个系统的全部竖向荷载，并将上述荷载传递给千斤顶和支撑杆。当提升机具工作时，通过它带动围圈、模板及操作平台等一起向上滑动。

电缆竖井滑模共有 60 个提升架。

4）精度控制系统

主要用来检查平台的空间位置状态；常用的有垂线、激光等，从井口指向井底，通过检查操作平台上各观测点与相对应的标准控制点之间的位置来判断平台的空间位置是否处于正常状态。电缆竖井的测控系统由水平尺和测控线两部分组成。用水平尺测量提升架外圈槽钢的水平度来了解滑模的水平度；测控线设置在井内四角，共 4 根，底部、顶部均固定在锚筋上，通过测量滑模与测控线的相对距离来了解模体的垂直度。

2. 混凝土垂直运输系统

1）下料系统

由于竖井混凝土浇筑仓面在井内，必须布置垂直运输系统将混凝土拌合物从井口送至井内。一般采用溜管输送混凝土。为减少混凝土离析，必须设置缓降设施，常用 My–box 缓降器，缓降器的安装间距一般通过试验确定。

My–box 缓降器是一种在混凝土下落过程中对混凝土起到缓降和重新拌和作用的装置，主要用于混凝土的垂直输送。混凝土在垂直下落过程中，通过缓降器时可降低流速，并在 My–box 内形成螺旋式下落，对混凝土进行重新拌和，防止了混凝土骨料分离现象，提高了混凝土的和易性。My–box 缓降器原理和立体外观见图 3.3–59。

电缆竖井混凝土通过设置在井壁的溜管进入井下，单节溜管长 6m，采用法兰盘连接。首节溜管固定在井口支撑平台上。每节溜管两侧各焊接 1 个钢筋吊耳，用钢丝绳将溜管逐节连接起来，并与井口卷扬机连接，在更换或提升溜管时，利用卷扬机收放钢丝绳。

为防止混凝土在垂直下落过程中的离析，对电缆竖井探索了一种新方法——自制简易缓

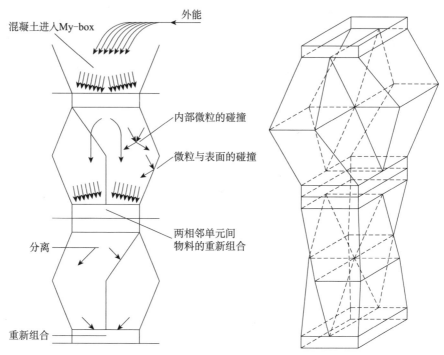

图 3.3 - 59　My - box 缓降器原理和立体外观

降器 + 分料系统。

　　不采用 My - box 管的原因主要有两个：①前面已经谈到，溜管是采用钢丝绳逐节串联的，并未与井壁刚性连接，而 My - box 必须固定在井壁上，二者的固定方式完全不同。②My - box 管自重太大，单个重 115kg，且需成对使用；使用数量太多，一般每隔 10 ~ 15m 需设置一对，竖井内至少需布置 14 组。My - box 管数量众多且重量大，使得对其固定和更换变得十分困难。

　　自制缓降器为 H 型，由 2 根小溜管焊接而成（见图 3.3 - 60），共设置 5 个缓降器，底部连续设置 2 个，向上间距分别为 35m、45m、55m 和 65m。与 My - box 管相比，该缓降器结构十分简单，可以起到一定缓冲作用，不带拌和功能，待拌合物到下面的旋转分料斗中后再进行重新拌和。

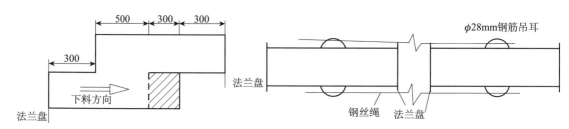

图 3.3 - 60　H 型缓降器和溜管连接 （单位：cm）

　　2）分料系统

　　承接由溜管而来的混凝土拌合物，重新拌和后，将其送入仓面内。该系统由四部分组成，分别是上溜筒溜槽、分料斗、集料槽和下溜筒溜槽，见图 3.3 - 61。上溜筒溜槽与溜管相连，将溜管中落下的混凝土送至受料斗中，受料斗可以 360°旋转，通过集料槽中的 10 个分料口将混凝土送入下溜筒溜槽，见图3.3-62。

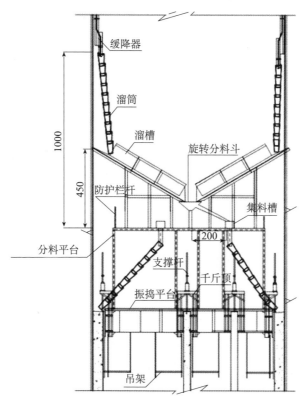

图3.3-61　分料系统剖面图（单位：cm）

分料斗和集料槽可以容纳较多的混凝土拌合物，在此可以进行人工搅拌。

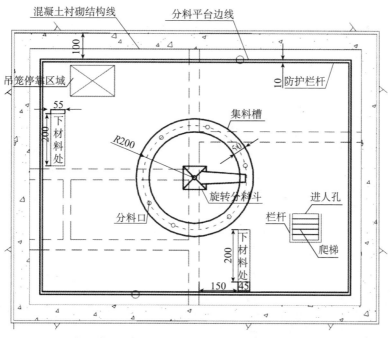

图3.3-62　分料系统平面图（单位：cm）

上溜槽系统中的溜筒作为连接下料系统与分料系统的一个柔性连接，可以根据需要调整角度和增减数量。随着滑模滑升，溜筒角度逐渐减小，当溜筒接近水平时，就意味着需要提升溜管并减少1节溜管了。当溜管重新挂好后，溜筒就恢复最初的角度，依次循环。

下溜槽溜筒系统包含6趟溜筒溜槽，每趟溜筒溜槽由两部分组成：上部接分料口的为溜槽，固定在工作平台上；下部到仓面的为移动式短溜槽，可以人工拖曳调整入仓位置。

施工表明，分料系统的设计是比较合理的，在施工过程与下料系统和仓面的配合较好，但也存在需要进一步改进的地方：

（1）料斗容积不够大，下料速度稍快或工人旋转速度稍慢，就出现堆满外溢的情况。

（2）与溜筒连接的最后2节缓降器磨损较为严重，出现5~6次被磨穿的情况，应该采用耐磨钢材或加焊钢板增加壁厚。

3. 滑升速度分析

电缆竖井滑模施工共滑升202m，浇筑混凝土约1.2万m^3，累计施工131d，有效施工75d，平均滑升速度2.7m/d，单班最高滑升2.2m。期间，非正常停滑3次，停滑26d，另外春节停工20d、加挂抹面平台更换溜管停工10d，累计停滑56d。与国内有公开报道的同类工程相比，电缆竖井滑升速度处于平均水平。

4. 特殊情况处理

1）混凝土表面划伤

滑升至28m时，发现混凝土表面出现较多划伤，进行了停滑处理。划伤的混凝土表面呈现出被硬物刮擦的痕迹，深度在0.5~1cm以内，从下往上呈线状连续分布；划伤在各条井内均有分布，电梯井和楼梯井较多。

划伤出现的原因主要为模板清理不到位，滑升前，模板表面黏结的混凝土硬块未清理或清理不彻底，在连续滑升过程中，这些硬块持续对混凝土表面造成损伤。对此采取了以下处理措施：

（1）立即停滑，将模板全部拆开，清理干净后打磨。

（2）恢复滑升后，安排专人负责模板清理，模板滑升前，用专用工具刮除模板表面的混凝土硬块。

（3）用水泥浆对划伤进行了修补，抹面平台以下的划伤待楼梯、楼板安装后再处理。由于划伤均较浅，不会对混凝土永久质量造成损害。

使用常规模板的部位，立模和拆模前后，应该清理模板表面、检查模板平整度，现场工人、管理人员和监理对此较为熟悉，故很少出现因模板清理不到位而弄伤混凝土表面的问题；而滑模施工没有拆模工序，包括监理在内的现场施工管理人员缺乏滑模施工经验，没有在滑升前后对模板进行检查，导致滑升初期部分混凝土表面被划伤。

2）滑模扭转

滑升过程中，起滑10m后滑模产生了5cm以上的垂直偏差，同时滑模产生了变形，导致部分断面体型产生改变。

模体扭转原因分析：

（1）仓面内固定下料点和浇筑方向未按规范中推荐和施工措施中要求的"有计划地、均匀地变换浇筑方向"。固定下料点和浇筑方向可能导致了滑模持续朝某一方向偏转。

（2）没有按照规范要求"每班不少于 1 次，检查模体的轴线、平面位置和尺寸"，未能及时发现异常情况。

（3）施工过程中，混凝土、砂浆等施工废料直接弃到井底，而井底集渣未能及时清理（发现时废弃料厚度已达 4m），将 4 根测控线底部完全掩埋，造成测控线失效。

电梯井内要安装电梯，由于施工过程中竖井发生扭转，造成井道实际净空间发生变化，给电梯安装带来较大麻烦：超出设计辐射范围的轿厢端支架需要重新制作，电梯轿门、厅门、轿厢门等也需要改造。为适应变形的电梯井道，采取的补救措施如下：①轿厢宽度由 1700mm 改为 1600mm，电梯厅轿门宽度由 1000mm 改为 900mm；②重新制作厅门 21 组、轿厢门 1 组；③重新定制或改造 156 组轿厢端支架、60 组后壁支架。

3）渗水点处理

在整体装修前，对电缆竖井进行了一次全面的渗水检查：发现井壁基本无渗水，仅在 7 个楼层的混凝土墙面查出了裂缝和渗水点；裂缝多为贯穿性干缩裂缝和应力裂缝，裂缝总长 9.1m，缝宽均在 1mm 左右。为了提高电缆竖井后期运行的安全可靠性，对上述裂缝和渗水点进行了化学灌浆处理。蓄水后，井内依然干燥没有出现新的渗水点，说明防渗设计、施工质量和后期的渗水点处理都是成功的。

3.3.3.3　项目管理措施

1. 质量保证措施

1）强化风险预控，严格过程控制

电缆竖井开挖过程中有卡钻、堵井和坠物等安全风险，滑模施工过程中有预埋件错漏和模板变形等质量风险。对这些问题，项目管理者始终高度重视，在施工前对风险因素开展了识别并预备了相应的应对措施，并通过设计交底、施工班前会等技术交底制度将设计意图、质量控制要点传达到质量管理的最前端。如在反扩之前，对作业大平台的安全性进行了专题研究，防坠器、限位器等安全设施经各方确认安全后再投入使用；在防止反井钻机卡钻方面，提前采取了备用水源和电源的措施，确保导孔钻进过程中不发生因停水停电造成钻杆、钻头、导孔报废的机械事故。在预埋件位置精度控制方面，首先由技术员绘制详细的预埋件标高、位置、型号及数量图纸，并将所有预埋件统一编号，施工中采用销号的方法逐层留设，以防遗漏；其次安排测量人员从井顶到滑模滑升位置每 3m 标识一个高程，滑升过程中利用此高程复核测绳和埋件位置。

在过程控制方面，严格执行以"三证五表"为核心的审批与签证制度，落实质量管理体系中的三级检查制度，并定期对上述制度的执行情况进行检查，确保质检人员数量、素质和履职履责满足质量控制要求。滑模滑升初期，通过检查施工记录和监理日志，发现现场质量管理人员未按规定"每班检查模体的轴线、平面位置和尺寸"，便及时向监理指出了问题，并对现场所有技术人员开展了培训教育，最终将质量隐患消除在初始阶段。

2）开展生产试验，熟悉优化工艺

为了获得切合实际的施工参数，熟悉施工工艺，技术难度大、施工要求高的重要项目，在大规模施工前一般要开展生产试验。电缆竖井开挖断面巨大，滑模施工工艺复杂，施工前对钻孔装药、爆破块度控制、混凝土初凝时间等技术参数开展了多次生产性试验。在滑模施工初期，对现场实际备仓速度、混凝土运输时间、入仓强度等进行了连续监测，并让混凝土初凝时间在 6~12h 范围内进行了多次试验，获得了与现场配合程度好并留有一定安全裕度的混凝土最佳初凝时间。尽管这些试验耗费了大量的时间和精力，但试验所取得的施工参数及经验教训为正式施工提供了极大的帮助。

3）坚持各种专业例会制度，及时掌控工程质量情况

每月组织召开质量月例会、试验检测月例会、安全监测月例会等，多层次、多专业的质量例会有效地缩短了检查周期，为定量分析质量问题、研究解决措施提供了制度保证。如针对前期锚杆注浆密实度起伏大、优良率低的问题，四方及时召开专题会，从材料准备、钻孔、插杆、注浆以及工人素质等各环节，查找原因并加以总结改进，持续提高施工质量。扩挖初期，锚杆平均密实度、优良率仅 86.57%、32.54%；经过两次锚杆质量专题会和专项整改后，锚杆质量明显提高，锚杆平均密实度、优良率分别稳定到了 89%、50% 以上。

4）及时总结，持续改进

施工过程中出现的异常情况是进行质量改进的契机，通过研究问题产生的原因、寻找预防应对措施，可以发现质量管理中的薄弱环节，进而实现质量水平持续改进的目标。在电缆竖井施工过程中，安排技术人员进行了多项技术总结，总结涉及反井钻机穿煤层处理办法、测控系统质量控制要点、预埋件位置控制等，这些经验为随后施工的电梯竖井创造了良好的条件，也为竖井施工质量持续改进提供了基础：电梯竖井的施工质量较先期施工的电缆竖井有了明显提高，钢筋、混凝土浇筑工序优良率达到 100%，体型检测 1095 个点，最大偏差 3cm，平均偏差 1.4cm，平均不平整度为 0.17mm；施工中未发生安全、质量事故及较大质量缺陷。

2. 工期保证措施

1）组织管理措施

（1）坚持每周一次的生产协调会，由监理召集各施工队负责人参加，及时协调好工程施工与外部的关系，合理调配机械设备、物资和人力，及时解决施工生产过程中出现的问题。

（2）关键部位严格执行生产日报制度，逐日详细记录工程进度、质量情况、存在问题与解决落实情况等，定期对监理日志和施工日志进行检查。

（3）每月由建设方项目管理者组织召开生产计划会，及时解决工程施工中的内部矛盾，协调与各职能部门的关系，检查施工单位机械设备、生产物资和劳动力计划的合理性，并对资金结算进行合理安排，保证施工进度的落实和完成。

（4）实行技术准备月例会制度，提前为下道工序的施工做好技术、方案和实施措施的准备，确保工程一环扣一环地进行。对于影响工程进度的关键工序，主要领导者和有关管理人员跟班作业，必要时组织有效力量，加班加点突破难点，以确保工程进度计划的实现。

2）技术措施

（1）尽可能采用新技术、新工艺和新材料，尽量压缩工序时间，安排好工序衔接。如电缆区内各单独分区本来采用砖墙隔断，经各方研究后发现，采用防火板既能满足原有的隔断要求，又能满足消防要求，且施工速度更快，随后将砖墙全部改为防火板隔墙，大大缩减了井内后期施工的时间。

（2）根据现场施工反馈及时调整技术方案。开挖过程中发现竖井井壁渗水很少，且成井后未见渗水量增大，随后对井壁防水方案进行了优化，将全断面防水布调整为沿排水孔布置的防水布带，此调整减少防水布工程量超过 80%，大大降低了滑模滑升过程中的备仓工作

量，为滑模快速施工创造了条件。

（3）围绕施工方案进行合理的设计优化，在不影响施工安全和结构永久运行的前提下，让设计为现场快速施工提供技术服务。为充分发挥滑模施工工艺特点，加快滑模滑升速度，经研究和设计复核后，将井内的楼板和梁全部改为预制，井筒施工完成后再进行预制梁和楼板安装；为加快施工进度，要求设计减少了电缆区楼层数，将电缆区楼层层高由 3.2m 调整为 6.4m，楼梯间和电梯前厅按原设计层高不变，由此将电缆区预制件的总数量减少约 50%。

3. 安全保障措施

主要有人员培训、防坠落、机械设备管理和运行管理等四方面。

1）人员培训

地下电站中的竖井结构近年来才大量出现，施工和管理人员存在经验不足问题，必须按照"安全第一、预防为主"的方针，严格按照《水电水利工程土建施工安全技术规程》的有关规定，在不同施工阶段邀请有经验的专家进行指导培训，并对所有井下人员进行相关安全生产考试，加强教育，使施工人员具备在紧急情况下避险、采取应急措施和组织抗险的能力。

2）防坠落问题

竖井是个竖直向下的结构，井内没有任何避难场所，一旦发生高空坠物，都势必直接冲击井底，将极大威胁人身安全，这是与普通隧洞根本不同之处。

（1）正确锁口。在竖井开挖前，先用机械开挖井口表层围岩，向开挖线外多挖 50～60cm，用钢筋混凝土浇筑井口锁口圈。若表层风化程度较深，就要边开挖边向下施作混凝土护壁，直到围岩稳定的微风化段，以确保围岩稳定。锁口混凝土内轮廓要与向下开挖的设计线平齐，锁口深度为 5m。

（2）井口装设围栏和安全门。防止人员进入危险区或者其他运输设备冲入井内，造成设备或人员的坠井事故，也防止落渣。安全门只有在人员上下或进行其他提升作业时才打开，其他时间均处于关闭状态，并派专人值守。

（3）吊笼加装防坠器。在提升过程中，一旦钢丝绳或连接装置断裂，能自动抓住制动绳，使吊笼平稳停住，保证人员安全和避免提升设备损坏。

3）机械设备管理

竖井施工设备较多，其中关系到安全生产的主要是卷扬机和提升钢丝绳。卷扬机是开挖阶段唯一的提升设备，安全装置必须完备，同时必须注意钢丝绳的日常检修维护。

（1）卷筒缠绳要求。钢丝绳在卷筒上缠绕后会对卷筒产生缠绕应力，缠绕应力过大会造成钢丝绳加速损坏、筒壳变形；要求在筒壳外装设衬木并刻上绳槽，以使筒壳受力均匀、钢丝绳排列整齐；额定拉力超过一定值时，必须加装排绳器；为了避免跳绳和咬绳，规定在缠绕层数超过 2 层时，卷筒边缘高出最外一层钢丝绳的高度不小于钢丝绳直径的 1.5 倍，穿绳孔不得有锐利的边缘和毛刺，曲折处的弯曲不得形成锐角。

（2）过卷保护装置。当工作平台或吊笼被提升到井口而未停车，越过井口位置继续向上提升，容易造成过卷事故。这类事故会造成很严重的后果，如将井架拉倒、钢丝绳拉断，使吊笼坠落井底。当吊笼下放到井底而未减速停车，容易发生墩罐事故（即下放过卷事故）。过卷保护装置又叫限位器，在吊笼超过正常卸载位置时，能自动切断电源，使保险闸发生动作。

与限位器配套使用的还有限速保护装置，该装置有两个作用：一是防止卷扬机超速；二是限制吊笼速度，防止过卷保护装置启动后制动距离大而造成事故。

（3）钢丝绳安全检查。钢丝绳很容易损坏，是安全提升的薄弱环节，因此应特别重视。主要采取以下管理办法：①新绳进场前必须严格检查，升降人员的钢丝绳要进行试验；②定期开展涂油、斩头、掉头等维护工作；③实行日检查制度，安排专人负责并做好记录；④按规定及时更换新绳。

4）运行管理

（1）对作业人员的有关要求。卷扬机司机应该经专业培训持证上岗，作业时要精神集中，发现视线内有障碍物时要及时清除，信号不清时不得操作。卷扬机操作人员每班配置2人，其中1人操作卷扬机，1人在竖井井口进行安全信号传递。

（2）对提升信号设置的要求。井内外施工人员主要通过有线电话（导井施工阶段）、电铃、对讲机（全断面扩挖阶段）联络。如指挥人员所发出信号不够清楚或将引起事故时，司机可拒绝执行，并通知指挥人员。若对讲机突然没电时要通过熟记约定信号来完成，以免出现误操作而酿成大患。信号约定按铃响次数为：一停、二上、三下、四开风、五停风。

3.3.4　地面开关站

3.3.4.1　设计调整与优化

1. 调整开挖支护顺序

开关站开始开挖前，紧邻的马延坡区域呈现出大范围的边坡变形和滑坡迹象，周边不同部位共发现了12个裂缝带，见图3.3-63；部分路面裂缝宽度在5cm以上，而且呈持续增大趋势。设计随即对该区域实施了紧急处理措施，位于滑坡变形体边缘的开关站也调整了开挖支护方案。

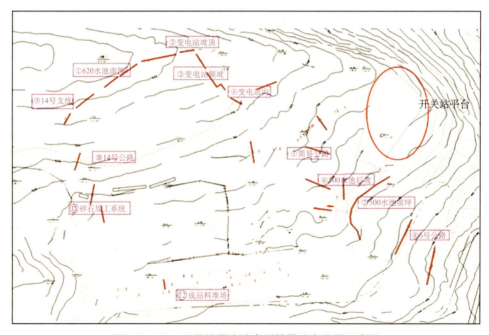

图3.3-63　开关站周边地表裂缝带分布位置示意图

为避免边坡开挖切层破坏原有结构的稳定,设计缩减了开关站开挖规模,将原先一步到位的开挖调整为分期开挖,并在一期开挖过程中增加了抗滑钢管桩。

开挖分期间隔施工的另一个原因是 GIS 室出线平台上的设备布置、基础埋件等信息要滞后开挖较长时间才能确定,安排分期开挖还可以在一定程度上降低机电设备不确定性带来的不利影响。

2. 增加副厂房基础挖孔桩

开关站副厂房原设计只有 3 层,实施阶段,根据电站运行单位要求,副厂房层数增加为 7 层。原有基础处理方式不能满足承载力要求,且副厂房靠近滑坡体前缘,为改善基础受力状况,设计增加了 4 排 32 根基础挖孔桩。

3.3.4.2　施工方案

开关站开挖规模较小,施工方案也属于常规的边坡明挖方案,除深厚覆盖层中钢管桩和挖孔桩的施工外,开挖支护部分的施工情况不再赘述;副厂房、风机房和 GIS 室等开关站地面建筑物,均属于水电站中的常规建筑物,混凝土施工情况也不再叙述。

3.4.2.1　钢管桩施工方案

钢管桩属于抗滑桩的一种,通过在钢管内充填钢筋混凝土或砂浆,将其埋入深层岩体内而对边坡发挥抗剪作用。钢管桩既有钢材的高强性和延性,又有钢筋混凝土的高抗压强度,具有较强的抗剪能力,优越的性能使得这种结构形式在边坡加固、基础处理中获得了广泛的应用。

开关站钢管桩沿边坡开口线和马道布置,共计 260 根 3250m,间排距 1.0m,深度 7～18m。钢管桩孔径为 ϕ150mm,孔内下 ϕ110mm 钢花管,桩长以造孔入岩 6m 确定。

采用改进后的 XY -1 型地质钻机造孔,通过先插入的钢花管注浆孔将水泥浆渗透进边坡岩体中,砂浆凝固后,用钢板和钢筋焊接封闭钢管桩顶部,并浇筑于压顶梁中,施工工艺流程见图 3.3 -64。

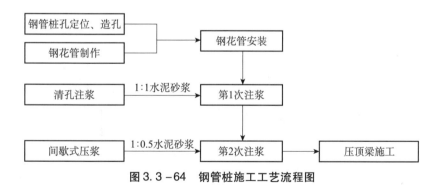

图 3.3 -64　钢管桩施工工艺流程图

1. 覆盖层造孔

钢管桩大部分位于覆盖层区域,此区域为第四系全新统崩坡堆积物;为保证成孔,基岩以上采用偏心跟管钻进造孔。根据偏心跟管钻进技术原理,在松散层采用偏心跟管钻进技术造孔时,选用 ϕ120mm 钻头,在基岩上造孔时选用 ϕ150mm 钻头。偏心钻头与套管配套工艺示意图见图 3.3 -65。

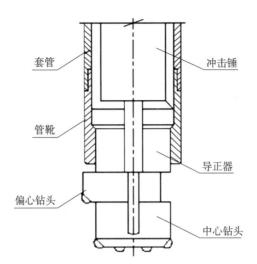

图 3.3 – 65　偏心钻头与套管配套工艺示意图

造孔过程中遇破碎带时采用水泥砂浆掺入速凝剂护壁灌浆，待凝后继续钻进；遇大孤石不易钻进时采用孔内松动爆破后继续钻进。

2. 钢管桩注浆

注浆是钢管桩施工的关键工序，注浆质量将影响钢管桩是否能承受边坡滑动产生的剪切应力。注浆分两次进行，第 1 次为清孔注浆，第 2 次为分次间歇式注浆，见图 3.3 – 66。

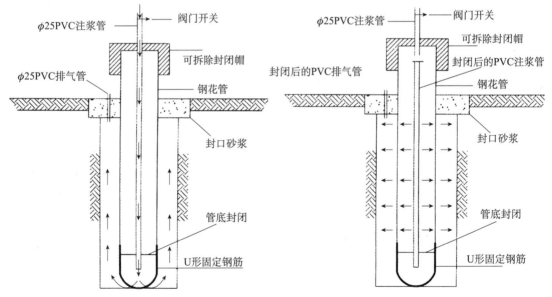

图 3.3 – 66　第 1、2 次注浆示意图

第 1 次注浆稳定后，封闭排气孔，然后进行第 2 次注浆。第 2 次注浆采用 1：0.5 的水泥净浆，分次间歇压浆。注浆时如注浆量已超过设计注浆量但注浆压力还未稳定，或者边坡坡面出现泥浆渗出，则暂停注浆，待凝后再恢复注浆。依次循环将水泥浆压满，达到设计压力并稳定一段时间后，将管口的控制阀门关闭，拆除注浆管，结束灌浆。

3. 施工效果评价

开关站开口线外和马道上的钢管桩有效阻止了边坡的滑动变形，施工完成后边坡一直处于稳定状态。开关站外围一处未设置钢管桩的土质边坡在两年后发生了开裂变形，也从反面印证了钢管桩加固的必要性。

3.4.2.2　挖孔桩施工方案

人工挖孔桩自 20 世纪 80 年代初在我国开始应用，因单桩承载力高、无须机械施工、造价低、无噪音、速度快、工期易控制、对周围建筑影响小、适应性强等优点，在我国高层建筑深基础、深基坑护坡、边坡护坡工程施工中得到了广泛应用。

人工挖孔桩大多数为圆形桩和矩形桩；根据地下水位、渗水情况、施工进度、施工条件、护壁是否与桩体共同作用等条件，选用不同的护壁型式，对于密实、近期无地下水、施工期挖掘不会坍塌的地层，可不设护壁；对于土质松散，渗水量较大的地层，应设护壁，以策安全。混凝土护壁型式见图 3.3 – 67。挖孔桩开挖见图 3.3 – 68。

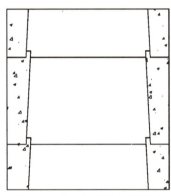

图 3.3 – 67　混凝土护壁型式

图 3.3 – 68　挖孔桩开挖

副厂房平面尺寸为 31m × 19m，挖孔桩共 4 行 8 列 32 根，开挖直径为 1.9m，孔深 6 ~ 14.5m，平均孔深 10.9m；开挖过程中，视地质情况设置 C15 护壁混凝土，单节护壁长 1.15m，上口厚 15cm、下口厚 7.5cm；C30 混凝土灌注桩直径 1.6m。

1. 孔桩开挖

1）施工分序

抗滑桩施工采取分序施工，根据平面分布及岩层结构特点，一般分两序或三序施工，上一序开挖和桩身浇筑完成后进行下一序开挖施工。开关站挖孔桩分三序开挖，见图 3.3 – 69。

2）井挖及支护

人工挖孔桩的开挖在不同的岩层可以采用不同的开挖方式。开关站挖孔桩的开挖方式有 3 种（以第②种为主）：①全风化覆盖层直接用人工挖掘工具开挖，开挖速度一般为 2 ~ 3m/d；②强风化 ~ 中风化层，采用风镐开挖，开挖速度一般为 1 ~ 2m/d；③弱风化层，采用爆破开挖，开挖速度一般为 0.5 ~ 1m/d。

开挖后及时跟进支护措施，以防止井壁坍塌，开挖的石渣直接装入吊桶运至井口。当挖至入岩和终孔标高（设计持力层）时，及时通知监理对孔底进行鉴定。设计要求每根挖孔桩底部均做声波测试，以判断桩底是否存在空洞、断裂破碎带和软弱夹层等。声波检测孔孔径为 ϕ40mm，钻孔长度共 160m（32 × 5m），采用手风钻造孔，在挖孔桩开挖支护完成后进行。

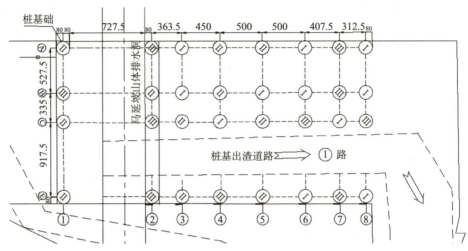

图 3.3 – 69　桩基础平面布置图（单位：cm）

井壁采用钢筋混凝土支护，边开挖边支护，每挖 1m 深，用钢模板做内模，灌注混凝土护壁，再深挖 1m，用以上方法支护 1 次，依次循环；待混凝土达到一定强度后拆模，重复下一道工序，直至入岩达到设计要求。护壁钢筋按规范要求进行搭接，使钢筋混凝土护壁连接成整体。出渣专用提升机见图 3.3 – 70。

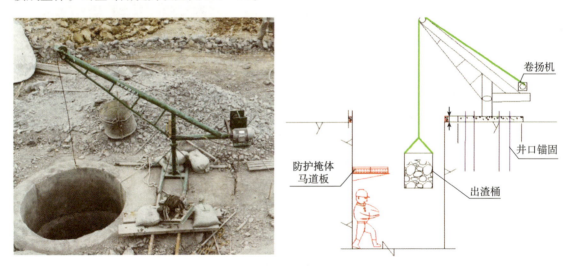

图 3.3 – 70　出渣专用提升机

护壁施工是人工挖孔桩成孔质量优劣的关键环节，做好护壁质量控制也就做好了成孔质量的控制。施工中控制两节护壁中心偏差不大于 5mm，成孔中心偏差不大于 50mm，护壁直径偏差 ±30mm；护壁施工允许偏差：桩径 +50mm、垂直度 0.5%、桩位 50mm。

3）特殊情况处理

地下水是深基础施工中最常见的问题，它给人工挖孔桩施工带来许多困难。土层的开挖破坏了土层中水的动态平衡状态，使周围的静态水渗入桩孔内，影响了人工挖孔桩的正常施工。特别是遇到有动态水压土层时，不仅开挖困难，连护壁混凝土也易被水压冲刷穿透，发生桩身质量问题。

开关站桩基所在 $J_{1-2}z$ 地层为阻水地层，施工过程中出水量不大，但仍有不少桩在开挖过程中出现井内渗水的情况，导致水下钻孔返渣困难和卡钻现象。主要采取了以下四条措施：

（1）在工作面配置潜水泵加强排水，出现积水后立即启动排水；排水管采用软管，便于在放炮时转移。

（2）掌子面分两区交错钻爆，交错台高 40～60cm，排水设备置于低台阶面抽排水，高台阶面钻爆施工，减少施工干扰，提高钻爆功效。

（3）打排水孔处理井壁渗水，并用高效堵漏剂封堵渗水裂缝，在钻孔和护壁混凝土浇筑前集中引至井外。

（4）在挖桩孔前先在拟建场地四周挖砌排水沟，并在适当位置设置集水坑，抽水时先排到集水坑再抽水至排水沟。

此外，为保证开挖过程中的安全，下面的一些事项也要引起重视：井内通风效果不佳，大量的焊接作业将恶化作业环境，在渗水段，焊接难度增大且存在漏电风险，为保证施工安全，井内应禁止焊接作业，护壁钢筋应采用搭接方式连接；井内松动爆破容易产生炸药残留，钻孔前要加强检查，禁止在有积水、松渣的情况下开钻；如有大块石垂直运输，作业人员从爬梯出井后方可提运。

2. 桩身混凝土施工

1）钢筋施工

钢筋采用井外下料制作、井内安装，加工好的钢筋笼用平板车运至孔口，利用吊车进行吊装；对少数桩长超过 12m 的挖孔桩，受钢筋材料的限制，钢筋笼难以整体预制和吊装，在孔内按常规钢筋安装方法采用绑扎连接。

为保证混凝土保护层符合设计要求，在钢筋笼与护壁之间设置混凝土垫块。多排钢筋之间，用短钢筋支撑，保证位置准确。

2）混凝土浇筑

桩身混凝土的灌注主要应保证设计强度、密实度及桩身结构的完整，不能出现夹泥、空洞、浮浆层过厚、漏筋和钢筋笼倾斜等问题。

由于桩井排数较多，混凝土运输车辆不能直接运至井口，采用溜槽＋串筒下料。单桩一次连续灌注成桩，并力求在最短时间内完成桩身混凝土的灌注；桩身混凝土不允许留设施工缝。

（1）振捣问题。对于深度大于 10m 的桩身混凝土，可依靠混凝土自身下落的冲击力及其自重使其密实；对于 10m 以上部分，则可采用正常的施工方法，串筒下料、分层浇筑、分层振捣。对于深度大于 10m 的桩身混凝土，不进行振捣质量是否有保证？其他工程的实践和现场试验均表明，混凝土坍落度在 10cm 以内，自由落下时会发生混凝土离析问题；由于浇注的连续性和大落差的冲击作用，先浇注的混凝土会发生下部骨料较多、上层浆料较多的现象，再次倾入混凝土后，会使骨料与上层浆料混合，保证其混凝土的均匀性。通过对挖孔桩桩身完整性进行检测，其均匀性和密实性均符合设计要求。

（2）孔底积水处理。浇筑前要清孔抽水，防止积水影响混凝土的配合比和密实性；如果孔内水难以抽干，提出水泵后，可用部分干拌混凝土混合料或干水泥铺入孔底，然后再浇筑混凝土。对于水量过大的极端情况，确实无法采取抽水的方法解决，则应考虑采用水下混凝土浇筑。

3. 质量检测

桩身混凝土质量检测主要包括混凝土强度试验和现场检测。现场检测的主要方法有单桩竖向抗压静载试验、高应变动力检测、低应变动力检测、钻孔取芯检测和超声波检测等。

开关站挖孔桩现场检测采用的是超声波检测：在每根桩内均埋设了 3 根声波检测钢管，使用超声换能器分别进行两管之间的超声波声学参数穿透，测试点间距 0.2 ~ 0.5m，从孔底自下而上进行同步测试；遇异常孔段，进行重复检测和定位详查。试验结果表明，桩身混凝土施工质量优良。

3.3.4.3　质量管理措施

1. 提前部署，技术先行

针对施工中可能遇到的地质、施工干扰等问题，及早研究方案、提前做出施工部署，确保施工的主动。钢管桩施工前及施工过程中，组织了多次专题会，研究解决覆盖层成孔困难、注浆量大等问题，及时化解施工矛盾、解决技术难题；对挖孔桩井壁渗水，先后试验了防水材料封闭、安装泄水管等处理措施，获得了不同出水量下的最优应对措施。

2. 紧抓技能培训，提升队伍素质

由于国内建筑市场体系的变化，施工单位自己的职工队伍严重不足，只能大量地使用协作队伍。多数协作队伍都缺乏施工经验，不少队伍不能适应向家坝工程的高质量要求，加上经济纠纷、工序转换等原因，这些作业队伍更换十分频繁。在开关站二期开挖和挖孔桩施工时，主要开挖队伍都已离场，给开挖质量控制带来较大难度。

针对这些问题，各方十分重视作业队伍的培训工作。除要求监理、施工单位定期开展各项基本培训外，项目管理部门还组织施工、监理单位进行了锚杆施工工艺、钻孔装药等专题培训，所有的培训均要求做好记录。对素质要求较高的钻工、炮工，必须通过强化培训后才能上岗。开关站二期开挖期间，监理和施工单位培训 11 次，共 188 人次，缓解了作业队伍素质不足的问题。

3. 着眼细节管理，推进精细化施工

质量在于细节，细节决定成败。钢管桩施工过程中，为了保证钢花管严格居中，沿管身每隔 2m 焊接了 3 根 $\phi8$ 定位钢筋，长度以不触及孔壁为准；为防止底部注浆管被孔底顶住封死，在伸出钢管的注浆管端头加焊一个 $\phi20U$ 型钢筋，既简单又实用，取得了很好的效果。此外，锚杆、钢管桩等施工中，均严格按照"四个精细化"的要求，加强措施准备、现场操作及检查验收等各环节的过程控制，取得了较好的质量效果。

4. 快速反应，持续改进

开关站紧邻一处蠕滑变形体，产生滑动变形的风险较高。在开挖期初期，正好处于蠕滑变形体发展开裂阶段；为减少对变形边坡的扰动，主动缩小开挖规模，将一步到位的开挖调整为二期开挖，同时增强了马道和边坡的支护强度。此外，在变形体治理期间，还组建施工专题小组，密切关注开关站边坡变形情况，及时研究解决问题。

对钢管桩施工各工序，制定了施工工法，细化各项工序的标准及要求，并督促改进。如对覆盖层区域和基岩区域的灌浆办法等分别做了详细的规定。

3.4　小结

在厂房系统开挖建设中，主要采取以下管理措施：

（1）开工前督促各参建单位健全质量保证体系，建立健全三检制度。

（2）制定并严格执行各项质量控制实施细则、规定及其他管理制度，包括《向家坝水电站地下洞室开挖施工质量管理办法》《向家坝工程锚杆锚桩施工质量管理办法》《向家坝工程喷混凝土施工质量管理办法》《向家坝水电站锚杆无损检测工作实施细则》《右岸地下引水发电系统土建及金属结构安装工程施工质量奖罚实施细则》等。

（3）建设各方均安排人员专职负责跟踪管控重点项目，有利于快速发现问题、解决问题；成立各种管控小组，抓过程细节管理，做好各专业、标段间协调，快速反应、解决现场问题，比如洞室开挖支护应急快速反应小组、地质工作小组、岩锚梁开挖质量小组等。

（4）对洞室各施工工序作业质量进行重点监督，关键部位、关键工序要求监理按旁站细则要求实行"每日三班倒"制度，保证现场24h有监理在现场，这样能及时发现可能影响施工质量的问题，并能及时指令施工单位采取措施解决，必要时发出停工、返工的指令。

（5）实行"三证五表"、排炮爆破设计制度。开挖过程中及时根据地质条件及前次爆破效果调整爆破设计，对软弱夹层等部位实行个性化装药，严格控制装药量。严格控制开孔、造孔和装药质量检查，保证开挖质量。

（6）开展光面爆破、预裂爆破、梯段爆破、锚杆工艺试验，及时分析总结经验教训。不定期召开现场分析会，就开挖中存在的问题进行分析并加以整改，根据爆破振动监测数据，指导和控制开挖爆破参数。

（7）采用测量、样架控制以及作业队实施"三定"制度等多种手段，严格控制造孔质量。岩锚梁开挖、预裂孔施工采用样架造孔；实行"定人、定机、定岗"制度，开展"钻工之星"评比，并采取奖惩手段管理。

（8）锚杆施工实行"三证六表"制度，即《准钻证》《准安证》《准灌证》《锚杆测量放样成果表》《锚杆造孔质量检查表》《锚杆安装质量检查表》《锚杆注浆质量检查表》《锚杆旁站记录表》《锚杆单元工程质量评定表》；"三证"由监理现场验收签发，"六表"由承包人质检人员现场旁站监控记录，监理确认。锚杆插杆、注浆，锚索下索、注浆、张拉等关键工序均实行监理旁站监督制度。

（9）开展创样板工程活动，强化细节管理和施工过程控制，推进精细化施工。

（10）对重点、难点、关键项目，比如主厂房顶拱开挖、岩锚梁开挖，除详细的质量、安全保证措施外，进度计划做到开挖细化到循环并认真分析工序进度控制要点，进行目标管理。

（11）建立设计、施工、监测一体化的大型洞室群实时动态反馈分析机制。"开挖支护一层、安全监测分析一层、验收一层、预测一层"，实现动态设计、动态施工和动态管理。

（12）安全监测是指导开挖安全施工的重要依据，在每周监理协调例会上通报安全监测情况。施工过程中注意加强对监测仪器、电缆线路的保护。

（13）通风散烟是地下电站施工中的重要问题，必须高度重视并系统考虑、专项设计，结合永久运行通风需求综合考虑施工期通风；尽可能提前形成永久通风通道，最好利用自然通风散烟，改善施工环境。

在厂房系统混凝土施工中，主要采取以下管理措施：

（1）提前参与设计，做好正式设计图纸下发前与各方的沟通交流。考虑到电站运行单位是电厂，邀请电厂人员提前参与设计方案讨论，避免后期大量的设计修改，尽量减少设计变更。

（2）高度重视设计供图质量。设计图纸务必做好专业会签，特别是涉及土建、装修、机电不同标段交叉的施工图纸、设计通知单，需要设计各专业的密切配合，否则容易给现场施工带来不必要的麻烦，比如地下厂房混凝土浇筑后又因为布管线重新开孔洞问题；为提高设计图纸质量，还应加强图纸下发前的审核力度，可组织参建各方共同会审，充分发挥各方的经验优势。

（3）提前做好技术和资源储备，提前确定重大设计及施工技术方案。高度重视开挖向混凝土施工转序的准备工作，充分落实技术方案、物资材料、浇筑设备及人员培训等。每月组织技术准备例会制度，对施工方案、施工措施、图纸供应及重要设备的投入等，提前 3 个月列出工作计划并进行滚动检查。针对施工中可能遇到的工程地质、施工干扰等复杂问题，及早研究方案，提前做出部署，避免施工被动。

（4）坚持例会制度，组织定期的质量月例会或不定期的质量专题会。每月初组织一次质量分析会议，对混凝土施工质量进行检查、分析和总结。在质量月例会上各方以幻灯片（特别是现场施工工艺照片）形式反映存在的问题、好的做法，并剖析原因，提出改进要求。为了及时检查、发现问题，做到快速反应，每周还定期组织召开混凝土生产系统运行和拌合物检测会议。

（5）统筹研究布置各施工阶段的施工通道和设备配置。地下电站施工主要是开挖、混凝土、机电安装三大阶段，在施工通道、运输设备配置方面，综合考虑，做到及早形成，统筹兼顾。例如在开挖阶段就考虑在主厂房上游侧增设 2 条皮带机廊道，扩大第三层灌浆廊道，作为混凝土运输通道。

（6）提前研究布置混凝土温控临建设施。不同于大坝混凝土通水可集中制冷，地下电站部位分布较零散，制冷水系统和管网的布置难度更大，也应像风水电系统布置一样，提前规划好，保证通水的温度和水量，并有较高的保证率。

（7）重视混凝土模板的配置，分类做好规划。根据不同部位的重要性、外观质量要求、施工条件、工期要求，对模板的要求进行分类，提前做好规划（特别是台车、定型模板有一定的设计制作和采购周期）。

（8）成立地下电站混凝土质量控制工作组，实施领导值班制度，强化现场管理。成立现场工作组，建立现场日碰头会及工作组周例会制度，及时掌握施工现场的各种信息，对现场进度、质量及技术等问题进行检查和监督，对施工中出现的重大事项、意外情况实施快速反应，加强施工过程信息反馈、应急管理及现场控制力度。在此基础上，实施了参建各方领导值班制度，发现问题及时应对，进一步强化了现场的管控力度。

（9）根据细化到仓号、工序的技术措施进行现场管控，努力做到"平面多工序，立体多交叉"的施工组织。如厂房蜗壳层机电配管与土建备仓穿插作业多，相互干扰大，应合理安排交叉作业，保证机电配管劳动力资源投入，避免配管工作对工期的影响。

（10）蜗壳层混凝土施工时成立土建、机电联合监测小组，建立快速反应机制。实行项目部、监理人员联合旁站 24h 值班制度，有力保障了蜗壳混凝土施工质量。

（11）重视混凝土温度控制工作。成立地下电站温控工作组，建立温控周例会制度，对混凝土温控工作进行指导和检查。采取预冷混凝土入仓、冷却通水等多项综合措施，以有效控制混凝土内部最高温度。

（12）高度重视首仓混凝土的浇筑，及时进行总结分析，指导后续施工，对施工措施进行深入细致研究，保证混凝土质量不断改进。在主厂房不同部位首仓混凝土浇筑过程中，参建各方均现场值班，对首仓施工所发现的问题及时分析原因并整改，还以此对作业人员进行现场培训，起到了较好的效果。

（13）做好预警预案，防患未然。强化预防控制理念，针对天气、地质及施工组织中的各种不确定因素，制定并实施了《向家坝地下电站混凝土暂停浇筑和停仓管理规定》《向家坝地下电站"天气、温控、间歇期、浇筑过程"四项预警及快速反应制度》等规定。将可能的变化纳入计划，以有效降低施工质量风险。

第4章 尾水系统

水能在厂房系统内转化为电能后，水流经尾水系统流回下游河道。向家坝地下电站尾水系统根据工程所处的地势地形、地质条件，因地制宜地采用了变顶高尾水洞（不设调压室）、两机合一洞等设计方案；由于工程规模巨大，多项指标位居世界前列，洞室尺寸"量"的变化引起设计和施工难度"质"的飞跃；同时因受到施工通道的限制和关键施工线路的制约，采取了"洞内绕洞""先挂顶后下挖"等一些较为特殊的施工方案。本章重点对尾水系统设计布置及施工的特点、难点进行论述。

4.1 工程设计

向家坝地下电站尾水系统主要由4条尾水扩散段、尾水支洞、尾水闸门室，2条变顶高尾水主洞，2个尾水塔，以及1条尾水渠等结构组成。尾水闸门室与主变室结合，位于主变室的下游侧；尾水支洞紧接在尾水扩散段后面，断面为 $16m \times 20.65m$（宽×高）的城门洞形；不设置尾水调压室，每2条尾水支洞合为1条变顶高尾水主洞，变顶高尾水隧洞出口断面为 $20m \times 34m$（宽×高）的城门洞形，控制尾水的最大出口流速不超过 $4m/s$；各洞室均采用钢筋混凝土衬砌。尾水塔及尾水渠等建筑物组成尾水出口，尾水渠宽 $100 \sim 150m$，两侧边坡坡比 $1:1$，采用厚度为 $1.0m$ 的混凝土面板护坡。尾水系统设计结构布置及施工通道三维布置见图 4.1-1、图 4.1-2，各洞室主要设计参数见表 4.1-1。

尾水系统主要位于 T_3^{2-6-1}、T_3^{2-6-2} 和 T_3^{2-6-3} 的缓倾角岩层中，以厚至巨厚层砂岩为主，局部呈薄至中厚层状，绝大部分为微风化~新鲜岩体，围岩类型以 Ⅱ~Ⅲ 类为主，局部节理裂隙发育段为 Ⅲ 类，软弱夹层为 Ⅴ 类。岩层中未见较大断层分布，出露的层间破碎夹泥层主要有 JC2-2 和 JC2-4。洞室顶拱层状结构面与节理切割形成的柱状块体稳定性较差，易出现洞顶掉块。尾水出口段位于强卸荷带内，分布有夹泥的长大裂隙，围岩类别为 Ⅳ 类，出口边坡上部的 T_3^3 岩组有民间采煤历史，浅部煤层采挖较严重，地质条件复杂。

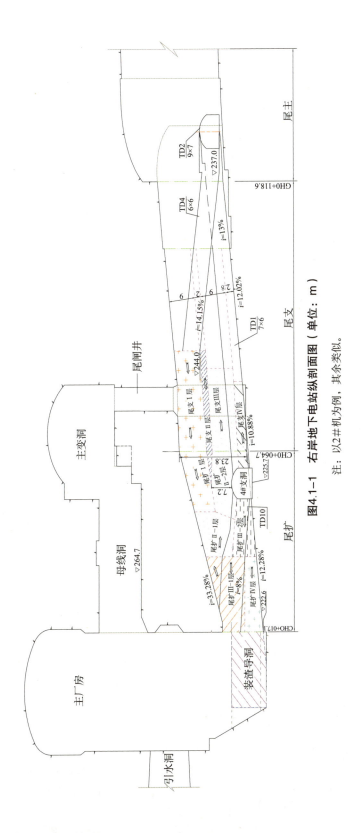

图 4.1-1　右岸地下电站纵剖面图（单位：m）

注：以 2# 机为例，其余类似。

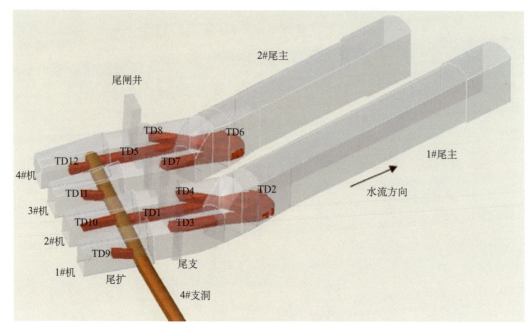

图 4.1-2 尾水系统洞室群及施工通道三维布置

表 4.1-1 洞室设计参数

序号	名称	典型开挖尺寸	结构特点	洞室数量	支护参数	钢筋混凝土衬砌厚度
1	尾水闸门井	20.3m×6.3m×46m	矩形井	4 条	$\phi25$ 锚杆 4.5m/6m	1.0m
2	尾水扩散段	$\phi15.4$m；18.2m×20.95m	圆形渐变为城门洞形	4 条	$\phi32$ 锚杆 6m/9m；$\phi25$ 锚杆 4m/4.5m/6m；锚索 20~33m	1.5m
3	尾水支洞	17.65（27.18）m×18.3m×22.8m	城门洞形	4 条	$\phi25$ 锚杆 4m/4.5m/6m；$\phi32$ 尾支对穿预应力锚杆 4.07~11.7m；1500kN 锚索 20~40m	标准段 1.0m；尾岔段 1.5m
4	尾水主洞	（263.78；199.78）m×24.3m×（34.22~38.15）m	城门洞形，变顶高	2 条	$\phi32$ 锚杆 9m；$\phi28$ 锚杆 6m；$\phi25$ 锚杆 6m；1500kN 锚索 30m	标准段 1.0m；岔洞段 1.5m；出口段 2.0m

4.1.1 无调压室的变顶高尾水洞设计

4.1.1.1 问题的提出

一般情况下，长输水管道的水电站通常需要设置调压室，利用调压室扩大的断面和自由水面，使输水管道中传来的水锤波发生异号反射，从而减小输水管道的水锤压强和水流惯性，以此保证机组运行稳定和供电质量。

向家坝水电站机组单机容量大，引用流量大，设计水头 95m，若设置尾水调压室，其断面尺寸约 90m 高、25m 宽，受地形和地质条件的限制，尾水调压室布置难以避开 T_3^3 岩层；而且布置调压室将加大地下电站洞室群的规模，可能影响主厂房的洞室围岩稳定和结构安全。但是，如果仅简单地取消调压室而不采取其他措施，调节保证计算无法过关，难以保证机组稳定运行和供电质量。因此是否设置调压室，以及采用何种方案来取代调压室，被列入向家坝工程可研阶段特殊专题，需通过各种方案的对比分析，选定最优方案。

4.1.1.2　不设调压室的方案选择

1. 方案筛选

基于电站调节品质考虑，在机组调节时间不宜过度增大的情况下，若不设调压室而又能满足调节保证计算的要求，通常采用以下方法：①加大尾水隧洞的断面，降低 $\sum LV$ 值，或设计成明流洞；②增加尾水渠的开挖，缩短尾水隧洞的长度；③进一步降低机组安装高程。

经分析计算，即使综合采用以上方法，要满足调保计算仍存在以下问题：①主厂房布置整体下降，其下部将处于 T_3^{2-5} 亚组之中，而该层岩石为泥质类软岩，岩性、厚度变化较大，性状较差，透水率大，是主厂房应该避免直接涉及的岩层。②受尾水出口地形的限制，过多开挖尾水出口山体，将造成尾水出口 T_3 岩组边坡过高，边坡处理工程量大。③尾水洞断面过大，对洞室围岩稳定不利。因此不宜采用以上方法。

2. 变顶高尾水洞方案简介

变顶高尾水洞是水电站流道设计的一项较新成果，国内研究起步较晚，目前国内大型水电站中仅在彭水电站和三峡右岸地下电站中采用。彭水电站 2009 年投产，至今运行正常，三峡右岸地下电站仍在施工。苏联设计的越南和平电站，装机容量 $8 \times 240MW$，设计水头 88m，采用变顶高尾水洞，1988 年首台机组投产发电，1994 年竣工，投产以来运行情况良好，电厂曾多次放空尾水隧洞进行检查，未发现明显的空蚀现象，其布置与向家坝接近，单机容量相当于向家坝的 1:3 大比例尺模型。以上国内外工程设计和运行的经验值得借鉴。

图 4.1-3 为变顶高尾水洞的示意图，其工作原理是利用下游水位的变化（即水轮机淹没深度的变化），来保证尾水洞和尾水管有压满流段的长度不超过极限长度，使整个尾水系统始终满足过渡过程对尾水管进口处真空度的要求，从而起到取代尾水调压室的作用。

这种尾水洞的特点是下游水位与洞顶的某一处相衔接，将尾水洞分成有压满流段和无压明流段。当下游处于低水位时，下游水位与洞顶较低处相衔接，此时有压满流段短，而无压明流段长，尾水管进口的真空度不会超过规范的要求。随着下游水位的升高，有压满流段的长度逐渐增长，无压明流段的长度逐渐减小，发生过渡过程时尾水管中负水击压力随之增大，但此时，下游水位升高引起淹没深度逐渐加大，两种压力叠加，尾水管进口的真空度仍不会超过规范的要求。

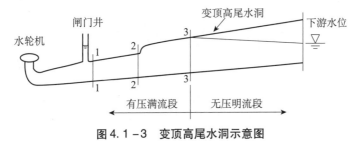

图 4.1-3　变顶高尾水洞示意图

4.1.1.3 方案对比及结论

1. 设计思路

向家坝变顶高尾水洞设计应尽可能考虑工程各方面的要求，在保证变顶高尾水洞能发挥作用的前提下，先初拟体型做详细的水力过渡过程数值分析，校核尾水管进口断面的最小绝对压力，逐步修改和优化体型。拟定体型后，再用物理模型试验和数值分析相互论证，确定最终的变顶高尾水洞体型。最后再将变顶高尾水洞方案与尾水调压室方案进行综合对比，比选出最佳方案。

2. 变顶高方案的数值计算和模型试验

采用数值计算和模型试验的方法研究水力、机械、调节系统在大波动、小波动、水力干扰过渡过程中的工作特性和稳定过程，并且用数值计算程序进行模型试验的对比计算，验证采用两种方法研究的结果的可靠性和合理性。

大波动过渡过程数值计算结果表明，当导叶采取合适的关闭规律时，各项调保参数值均满足有关规范及工程设计的要求，而且变顶高尾水洞方案相对收敛较快，体现了不设置调压室的工作特性和优势。

小波动过渡过程数值计算结果表明，蜗壳压力、尾水管进口压力及机组功率等波动过程均随时间而衰减，调节系统的动态品质均符合规范要求。在不考虑电网自调节系数的情况下，能够在较短的时间内进入 0.2% 的频带宽，其中空载增负荷工况下的机组稳定性很好，具有很好的调节品质。尾水位的波动小、收敛快，小波动稳定性好，调节能力好。

水力干扰过渡过程数值计算结果表明，同一单元相邻机组的负荷变化时，机组的蜗壳压力、尾水管进口压力及机组功率等波动过程均随时间而衰减，调节系统是稳定的，水力干扰不是控制因素。

模型试验的结果表明，变顶高尾水洞在各种过渡过程工况下都能正常运行、稳定可靠：变顶高尾水洞的洞顶压力变化在 6~10m 之间，整个尾水洞均不存在真空气团溃灭而产生激烈的压力变化；没有产生明满流相互交替现象，水击压力大小以及分界面移动距离和速度均在合理范围之内；没有产生由于压力激烈变化而影响电站稳定运行的水力现象，各种控制参数都满足设计规范或规程的要求。对比验证计算表明，模型试验和数值计算的结果吻合度高，两者能够相互印证。

3. 变顶高方案与调压室方案的对比及结论

变顶高尾水洞方案与调压室方案综合对比分析见表 4.1-2。

表 4.1-2　两种方案综合对比

序号	比较项目	比较结果
1	水力过渡过程	两种方案都满足要求。但变顶高方案在大小波动和水力干扰方面收敛、稳定相对更快，具有更良好和更灵活的调节性能
2	洞室群围岩稳定分析	①调压室对洞室群围岩稳定的影响：需设约 90m 高的大断面调压室方案，势必使地下厂房洞室群的围岩稳定性状有所恶化。且调压室左右端墙方向与岩体一组 NW 向陡倾角节理接近，两个调压室之间需设置对穿预应力锚索；由于调压室高度大，与主变洞之间的岩体厚度只有 38.5m，也需设置对穿预应力锚索。

序号	比较项目	比较结果
2	洞室群围岩稳定分析	②变顶高尾水洞本身的洞室围岩稳定：调压室方案的尾水洞出口断面为 18m×27.2m（宽×高），变顶高方案出口断面稍大，为 20m×34m（宽×高），但经优化布置，可使尾水洞布置在厚层砂岩中，顶拱以上 T_3^{2-6} 岩层的厚度超过 40m，大于隧洞跨度的两倍，可以保证洞室围岩的稳定。 因此变顶高方案具有优势
3	工程量	变顶高方案优势突出，洞挖少 13 万 m³，混凝土少 4 万 m³，钢筋少 0.4 万 t，固结灌浆少 0.8 万 m，锚索少 1000 根
4	水头损失	调压室方案水道系统最大水头损失比变顶高尾水洞方案要大，平均差值为0.406m，对于向家坝这样的大型电站，长期电能的损失将是巨大的
5	施工组织设计	①支洞布置：调压室方案需增加 1 条至尾水调压井顶部的施工支洞，施工支洞长 225m。 ②施工程序：变顶高尾水洞高度较大，分 4 层开挖，调压室方案的尾水隧洞则分 3 层开挖，两方案尾水隧洞的施工方法基本相同。但在施工程序上，变顶高尾水洞方案比较独立便于安排，而调压室方案因调压井中下部开挖须待相应部位尾水隧洞开挖完成形成出渣通道后才能进行，互相影响。 ③施工进度：整个地下电站关键线路在主厂房，两种方案对总进度均无影响，但调压室方案高峰时段洞挖月均强度比变顶高方案多 2.5 万 m³
6	对机组振动的影响	两种方案均满足要求

通过两种方案的对比分析，虽然两者都是可行的设计方案，但变顶高尾水隧洞方案在调节能力、工程经济性、对地下厂房洞室群围岩稳定的影响，以及工程可能面临的风险方面，均明显优于调压室方案，因此最终确定采用不设尾水调压室的变顶高尾水洞方案。变顶高尾水洞衬砌后最大断面为 20m×34m（宽×高）的城门洞形，控制尾水出口最大流速不超过4m/s，两条尾水主洞长度分别为 263m、199m，底部坡度为 3%，顶部坡度为 4%。

4.1.2　两机合一洞的设计

由于右岸山体空间位置有限，为避免影响右岸非溢流坝段的抗滑稳定，尾水出口左侧应尽可能远离右坝肩，同时为了避开 T_3^3 岩层煤层采空区，保证尾水洞洞顶有足够的 T_3^{2-6} 岩体厚度，尾水出口位置往右侧也受到限制。若尾水系统按单机单洞布置，则 4 条尾水洞之间的净距仅有 18m，围岩挖空率偏高，难以保证洞室稳定。因此尾水系统采用"两机合一洞"的设计，即 2 号、4 号尾水支洞分别以 33°夹角斜交并入 1 号、2 号尾水主洞（见图 4.1-4）。这种布置虽然加大了单条尾水洞的断面，但其数量减为 2 条，尾水洞之间净距增至 47m，对洞室稳定有利，而且工程量相对较小。

4.1.3　洞室支护设计

尾水系统主要结构为过流水工隧洞，洞室群的加固遵循以锚喷支护为主，钢筋混凝土衬砌为辅，以系统支护为主，局部加强支护为辅，并与随机支护相结合的设计原则。由于向家坝地下洞室规模巨大，现行的设计规范未列出跨度大于 25m 洞室的支护参数，因此在设计过

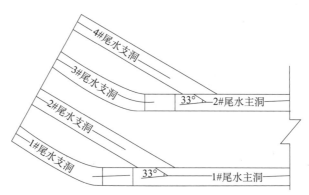

图 4.1-4　尾水支洞与尾水主洞平面布置图

程中，以现行的锚喷支护技术为基础，根据围岩类别，采用工程类比法初步选定主要的支护参数，再通过多种数值计算方法进行验算，从而确定合理的支护方式和参数，并对特殊部位和地质构造根据实际情况进行局部加强处理。各洞室主要部位开挖支护参数见表 4.1-3。

　　洞室衬砌浇筑后，洞室顶拱 120°范围进行回填灌浆，灌浆压力 0.3～0.4MPa；各洞室全断面进行围岩固结灌浆，间排距 3m，入岩 6～10m，灌浆压力 0.5～0.7MPa。

表 4.1-3　尾水主洞主要部位开挖支护参数

部位	支护参数
岔洞段 （衬砌厚度 1.5m）	顶拱：ϕ32、$L=9.0$m 锚杆与 ϕ28、$L=6.0$m 锚杆相间布置，间排距 1.5m×1.5m，外露 0.5m；挂 ϕ8@0.2m×0.2m 钢筋网，喷 C25 混凝土厚 0.2m；1500kN、排距 6m 的对穿及端锚锚索。 侧墙：ϕ32、$L=9.0$m 锚杆与 ϕ28、$L=6.0$m 锚杆相间布置，间距 2.0m，排距 1.5m，外露 0.5m；挂 ϕ8@0.2m×0.2m 钢筋网，喷 C25 混凝土厚 0.15m
1m 衬砌段 （1 号尾主 0+065.782～ 0+223.782、 2 号尾主 0+089.782～ 0+159.782）	顶拱：ϕ32、$L=9.0$m 锚杆与 ϕ28、$L=6.0$m 锚杆相间布置，间排距 2.0m×2.0m，外露 0.5m；挂 ϕ8@0.2m×0.2m 钢筋网，喷 C25 混凝土厚 0.2m。局部洞段洞顶布置有 1500kN、排距 6m 的对穿及端锚锚索。侧墙：ϕ32、$L=9.0$m 锚杆与 ϕ28、$L=6.0$m 锚杆相间布置，间距 2.4m，排距 2.0m，外露 0.5m；挂 ϕ8@0.2m×0.2m 钢筋网，喷 C25 混凝土厚 0.15m。主洞侧墙间设置有 1500kN、排距 6m 的对穿及端锚锚索
1m 衬砌段 （2 号尾主 0+065.782～ 0+089.782）	顶拱：ϕ32、$L=9.0$m，100kN 预应力锚杆，间排距 1.5m×1.5m；挂 ϕ8@0.2m×0.2m 钢筋网，喷 C25 钢纤维混凝土，厚 0.2m。 侧墙：ϕ32、$L=9.0$m 锚杆与 ϕ28、$L=6.0$m 锚杆相间布置，间距 2.0m，排距 1.5m，外露 0.5m；挂 ϕ8@0.2m×0.2m 钢筋网，喷 C25 混凝土厚 0.15m。主洞侧墙间设置有 1500kN、排距 6m 的对穿及端锚锚索
2m 衬砌段	顶拱：顶拱预应力（100kN）锚杆 ϕ32、$L=9$m，间距 1.5m，排距 2m，外露 0.12m；喷 C25 钢纤维混凝土，厚 0.2m；1500kN、排距 6m 的对穿及端锚锚索。 侧墙及底板：锚杆 ϕ32、$L=9$m 与 ϕ28、$L=6$m 相间布置，间距 2m，外露 0.5m；侧墙喷 C25 混凝土，厚 0.15m；主洞侧墙间设置有 1500kN、排距 6m 的对穿及端锚锚索；顶拱及侧墙均挂 ϕ8@0.2m×0.2m 钢筋网

　　注：施工过程中，根据开挖揭露出的岩石条件，局部还增加了喷钢纤维混凝土、锚索、预应力锚杆、随机锚杆等加强加固措施。

4.2　主要技术问题

4.2.1　尾水扩散段特殊开挖方法

投标方案中尾水扩散段分为 3 层开挖：Ⅰ层在尾水主洞Ⅰ层开挖之后，从尾水主洞内下卧道路开挖尾水支洞，由尾水支洞进入尾水扩散段Ⅰ层；Ⅱ、Ⅲ层开挖则利用下部的 4 号施工支洞作为通道进行开挖。但实际施工过程中，由于受征地、移民等综合因素影响，洞室边坡、施工支洞等辅助工程进度滞后，用于开挖尾水主洞Ⅰ层的 6 号施工支洞形成时间较晚，使得尾水主洞Ⅰ层较合同工期滞后约 10 个月挖完，若尾扩Ⅰ层的开挖仍从尾水主洞进入，不但其自身的进度不能满足要求，还将影响地下电站主厂房关键线路施工（主厂房底部开挖通道为：主厂房→尾扩→4 号支洞→渣场，尾扩开挖时将影响这一通道）。

因此，尾扩的开挖通道只能全部依靠 4 号支洞。从图 4.1-1（尾水系统的纵剖面图）可知，尾扩顶部与 4 号支洞存在最大约 24m 的高差，顶部的三角体开挖存在较大施工难度，必须采取措施消除高差的影响。

4.2.2　尾水岔洞开挖和混凝土浇筑质量控制

尾水支洞与尾水主洞相交的洞段称为尾水岔洞，见图 4.2-1~图 4.2-3。两条洞断面

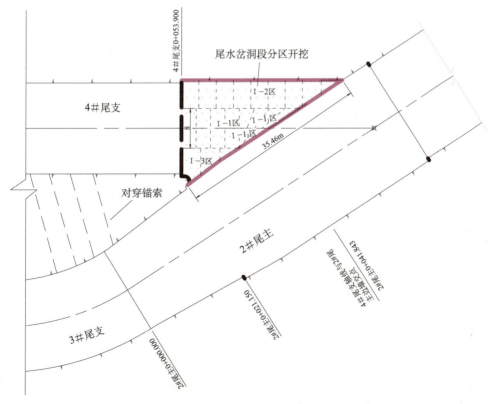

图 4.2-1　尾水岔洞平面布置

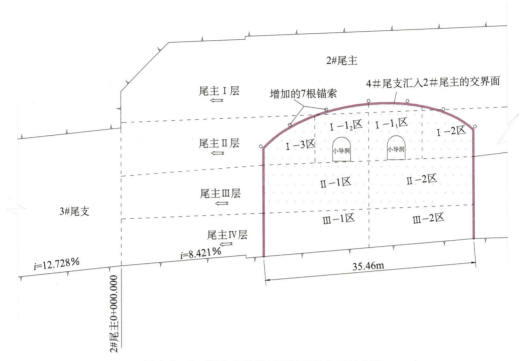

图 4.2-2　尾水岔洞纵剖面及开挖分区示意图

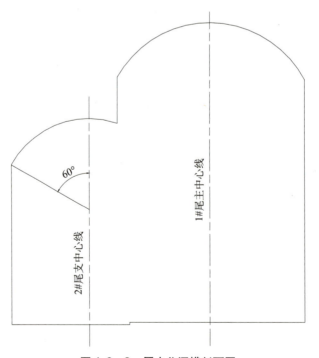

图 4.2-3　尾水岔洞横剖面图

较大，再加上两洞斜交，相交面的跨度达 35.46m，洞室安全稳定问题突出；两洞交叉形成的三角岩体应力集中现象严重，对围岩稳定不利，对爆破开挖要求高；开挖过程中夹层、层面、节理裂隙与开挖临空面的组合切割易形成潜在的不稳定块体，存在一定施工安全风险。

尾水岔洞的混凝土衬砌为渐变的异型结构，体型复杂，过流面质量标准高，对钢筋安装、模板设计和施工提出了较高要求。

4.2.3　尾水主洞开挖与挂顶混凝土

尾水主洞最大开挖断面达 24.3m×38.15m（宽×高），为世界同类洞室之首，开挖工程量大；尾水出口埋深浅、地质条件复杂，洞室围岩安全稳定问题较为突出。开挖施工应结合其结构特点、施工通道布置和开挖支护设备的性能等因素来制定开挖方案。

对于洞室衬砌施工，常规做法是在洞室全断面开挖完成后，自下而上分层浇筑或全断面一次浇筑。然而尾水主洞断面巨大，若全断面开挖完成后再浇筑衬砌，巨大的高差将形成施工难度和安全风险。

4.2.4　混凝土温控

尾水系统衬砌工程量大，最大厚度达 2m，不利于混凝土散热。作为过流隧洞，对混凝土裂缝控制要求较高，因此应针对尾水系统各个洞室的具体结构特点，采取适当的混凝土温控措施。

4.3　施工方案

尾水系统主要施工内容为洞室开挖、锚杆、锚索、喷混凝土、钢筋混凝土衬砌以及衬砌回填灌浆、围岩固结灌浆。总体程序为，开挖支护→衬砌浇筑→回填、固结灌浆。其中尾水主洞工程量最大，工期最长，并为尾水支洞、尾水扩散段等洞室施工提供通道，是尾水系统施工的关键线路。

（1）开挖支护：总体上按照自上而下、分层开挖的方案，根据实际情况，运用光面爆破、预裂爆破、梯段爆破等技术手段进行开挖。其中尾水主洞因断面巨大采用了"先挂顶、后下挖"的方案，尾水扩散段因通道问题采用了较为特殊的开挖方案。

（2）衬砌浇筑：尾水主洞相对较长，且衬砌多为标准断面，因此顶拱和边墙均采用钢模台车浇筑；其余洞室长度较短，且多为渐变断面，因此采用搭设排架、拼装模板浇筑衬砌。

（3）灌浆：大部分洞室是在衬砌之后，利用浇筑搭设的排架进行回填灌浆、固结灌浆；同时，经论证，部分洞室在衬砌之前进行了无衬砌混凝土盖重的固结灌浆，衬砌之后再对顶拱做回填灌浆。

4.3.1　尾支尾扩

4.3.1.1　开挖

为解决尾支、尾扩开挖问题，进行了多方案比选，根据地下电站"两机合一洞"、洞室设计断面大等特点，决定采用以下开挖方案：

在尾扩、尾支设计开挖线以内，以导洞的形式，从 4 号支洞经 2 号尾支先往下游再折回上游，两次爬坡后分别进入 1 号、2 号尾扩、尾支的顶层（见图 4.1 - 2 中 TD1 ~ TD4），进行逐层开挖，3 号、4 号尾扩、尾支同样处理（见图 4.1 - 2 中 TD5 ~ TD8）；与此同时，从 4 号支洞往上游开挖，形成主厂房底部施工通道（见图 4.1 - 2 中 TD9 ~ TD12）。按照图 4.1 - 1 中 Ⅰ→Ⅱ→Ⅲ→Ⅳ 的顺序对尾扩和部分尾支进行分层开挖，各层均采用中部拉槽爆破、两侧保护层水平光面爆破的开挖方法。

该方案类似于折线型楼梯，通过来回拐弯爬坡的方式，在有限的空间内，尽量延伸水平距离，减小坡度，最大坡度 14%，最小转弯半径 15.4m，基本可以满足机械设备通行要求。且导洞 TD1 ~ TD12 均在有效开挖区之内，不额外增加开挖和混凝土回填工程量。但由于方案的特殊性，应特别注意以下问题，并采取配套措施。

（1）保证洞室之间围岩预留足够厚度。在较小的空间内，洞室立体交错，洞室之间围岩厚度必须预留一倍洞径以上，保证洞室安全稳定。在导洞开挖过程中，必须精确测量导向，避免洞轴线偏差；控制爆破装药，控制超挖，减小对围岩的损伤。

（2）提前锁口，重视支护。由于洞室密集，围岩挖空率高达 50% 以上，应力集中问题比较突出。对洞室交叉口，开洞之前须在洞室周圈施打 1 ~ 2 排锁口锚杆，有利于交叉口开挖成型和稳定。强调足量支护和及时支护，即使是未开挖至永久结构面的导洞，也应视地质条件给予足够的临时支护，保证施工期间的安全；一旦具备条件，系统支护及时跟进，特别是地质条件差和应力集中的洞段，应做到一炮一支护。本工程利用尾扩上部的母线洞提前进行对穿锚索造孔，开挖出露后立即下索支护；上一层支护完成后方可开挖下一层。

（3）加强施工期安全监测。重点在上下洞室交错的部位布设监测断面，严密监控围岩变形发展，建立预警机制。

4.3.1.2　混凝土浇筑

尾水扩散段和尾水支洞的衬砌混凝土施工，按照先底板，再边墙，最后顶拱的顺序进行。

底板分为左右半幅浇筑，罐车运输混凝土，泵送入仓，人工振捣、抹面。

边墙和顶拱均搭设脚手架，采用散装模板立模，罐车运输混凝土，泵送入仓，人工振捣。

4.3.2　尾水岔洞

4.3.2.1　开挖

尾水岔洞以尾水主洞为施工通道，在尾水主洞边墙上开洞进行开挖。尾水岔洞分为 3 层开挖，分层分区开挖程序见图 4.2 - 12，并随着尾水主洞逐层下挖而下挖。其中 Ⅰ 层开洞是关键，程序为中部小导洞→中部扩挖→一侧扩挖→另一侧扩挖，应做到"短进尺、弱爆破、勤支护"，每区支护完成以后方可进行下一区的开挖。只要 Ⅰ 层安全开洞并支护到位，Ⅱ、Ⅲ 层按照常规方法开挖即可。

尾水岔洞高约 24m，跨度达 35.46m，必须遵循稳扎稳打、逐步扩大、及时支护的原则，为此采取了以下保障措施：

（1）加强支护。两条尾水支洞之间的三角岩体原设计有 1 排对穿锚索，后经研究又增加了 3 排对穿锚索，并在岔洞顶拱增加 7 根朝上的端头锚索（见图 4.2 - 2）；将岔口洞段的系统锚杆调整为预应力锚杆，防止围岩变形过大而失稳；挂网喷混凝土调整为喷钢纤维混凝土，以快速封闭，防止掉块；尾岔开洞时径向施打间距 1m、$\phi32$、$L = 9.0m$ 的锁口锚杆。

（2）施工期安全监测。为及时掌握洞室结构安全状态，保证开挖期间的施工安全，在永久安全监测的基础上，有针对性地开展了施工期监测。例如，开展爆破振动监测，确定合理的爆破参数，控制爆破振速，保证洞室自身、相邻洞室及已浇混凝土的安全；在地质条件较差和交叉口的洞段，安装位移计或收敛监测断面，若围岩变形速率超过 2mm/d 即预警，人员设备撤退或视情况及时加强支护。

4.3.2.2　混凝土浇筑

尾水岔洞衬砌混凝土采取自下而上分层浇筑的方式，首先浇筑底板，再搭设排架，采用散装模板浇筑边墙和顶拱。混凝土采用罐车运输，泵送入仓，人工振捣。

4.3.3　尾水主洞

4.3.3.1　开挖

尾水主洞最大开挖断面达 24.3m×38.15m（宽×高），为世界同类洞室之首。结合其结构特点、施工通道布置和开挖支护设备的性能等因素，自上而下分为 4 层开挖，分层示意图见图 4.3 - 1，各层施工方法见表 4.3 - 1。

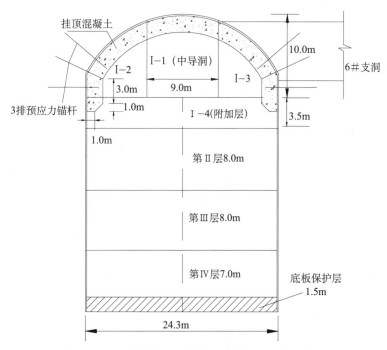

图 4.3 - 1　尾水主洞开挖分层及挂顶混凝土示意图

表 4.3-1　尾水主洞分层开挖施工方法

部位	施工程序	施工方法	施工通道	备注
Ⅰ层	中导洞→左右两侧交替扩挖→底部附加层（Ⅰ-4层）开挖	YT28气腿钻水平钻孔，光面爆破，循环进尺2~3m。 锚杆采用BOOMER353E三臂台车造孔、麦斯特注浆机注浆；采用麦斯特喷射台车喷混凝土；锚索采用YG80锚固钻机造孔	从布置于顶部的6号支洞进入	为保证Ⅱ层开挖爆破与已浇挂顶混凝土有一定距离，在挂顶之前开挖了3.5m高的附加层
Ⅱ、Ⅲ、Ⅳ层	结构线预裂爆破→分左右两半洞爆破开挖	结构预裂采用100Y潜孔钻造孔，YT28气腿钻水平钻孔，进行左右两半洞的交替开挖。 支护方法同Ⅰ层	Ⅱ层从6号支洞下卧进入；Ⅲ、Ⅳ层从尾水出口进入，与尾水出口同步下挖	为减小Ⅱ层开挖爆破对已浇挂顶混凝土的振动，Ⅱ层结构线预裂在挂顶之前完成
底板保护层	分左右两半洞爆破开挖	采用气腿钻水平钻孔，两侧边墙和底部结构线水平光面爆破。 支护方法同Ⅰ层	从尾水出口进入	

在尾水主洞开挖过程中，充分利用安全监测仪器指导施工。当发现监测数据异常时，及时分析研究，采取加强支护等措施，确保施工安全顺利进行。监测数据表明，尾水主洞围岩应力应变已趋于稳定，工程处于安全稳定的状态；围岩变形的实测数据与数值计算结果相符，说明洞室支护参数合理，施工质量满足设计要求。

4.3.3.2　混凝土浇筑（含温控）

1. 施工方案

洞室衬砌的常规做法是在洞室全断面开挖完成后，自下而上分层浇筑或全断面一次浇筑，向家坝尾水系统的尾水扩散段、尾水支洞等洞室均按此施工。然而尾水主洞断面巨大，洞室衬砌难以采用常规施工程序，因此根据实际情况，采取了顶拱层开挖后浇筑挂顶混凝土衬砌，然后再开挖中下部，最后浇筑底板和边墙的方案，主要基于以下考虑。

（1）洞室高度大，顶拱部分浇筑难度大。尾水主洞最大开挖高度38m，若全断面开挖完成后再衬砌，将存在如下问题：顶拱部分浇筑立模必须依靠承重结构，该结构相当于13层楼高，设计制造和运行都非常困难，钢筋安装和混凝土输送也有一定难度。而在顶拱层开挖后就浇筑挂顶混凝土，高度减小为13m，剩下的边墙虽仍有25m高度，但边墙浇筑立模不需承重结构，极大地减小了施工难度和工程投资。

（2）地质条件复杂，开挖工期长，不可预见因素多。向家坝为缓倾角岩层，围岩中不稳定或稳定性较差的块体主要在顶拱，容易发生塌方、掉块，而且洞室处于河床水位以下，地下水丰富。尾水主洞工程量大，受施工通道限制，开挖历经3年时间，虽然初期的喷锚支护可基本保证围岩稳定，但长时间的暴露风化，加之裂隙水的淘蚀，可能发生局部掉块、塌方，并有可能进一步引发大面积塌方，危及工程安全。先浇筑挂顶混凝土则可以较早地封闭和支撑顶部围岩，通过锚杆将混凝土拱和围岩连成整体，形成联合受力结构，避免掉块、塌方，有利于施工期洞室结构安全。

尾水主洞挂顶混凝土和边墙混凝土均采用轮轨式钢模台车浇筑，台车由专业厂家设计制造，2 条尾水主洞共用 1 套浇筑设备，可快速、高质量地浇筑混凝土。施工及浇筑效果见图 4.3－2～图 4.3－4。

图 4.3－2　钢模台车浇筑挂顶混凝土现场施工图

图 4.3－3　挂顶混凝土施工效果图

先挂顶再下挖的施工方案较为特殊，应注意以下问题：

1）挂顶混凝土本身的稳定问题

挂顶混凝土自身重力依靠系统锚杆（锚杆外露 1.5m 浇入挂顶混凝土）的抗拉力、抗剪力，以及岩石拱和混凝土拱之间的摩擦力、黏聚力来承受。系统锚杆的抗力计算较为简单，根据设计参数计算，锚杆锚固力足以承受挂顶混凝土的重力，因此受力分析时锚杆锚固力以外的抵抗力均作为安全储备；岩石拱与混凝土拱之间的摩擦力、黏聚力也是相当大的抵抗力，但力学系数难以选取，不易准确计算。为增强挂顶混凝土的稳定性，通常有两种方法：一是在拱脚部位开挖形成一个岩台，作为挂顶混凝土的支座；二是将挂顶混凝土体型延伸至

图 4.3 - 4　尾水主洞中下部开挖现场

直墙一定范围内，以增加混凝土与围岩的摩擦力和黏聚力。前者对围岩稳定存在一定影响，也增加了开挖难度，同时尾水洞出口段地质条件较差，难以开挖成型。本工程参照彭水电站尾水隧洞的做法，将起拱线以下的 3m 直墙段与顶拱一起浇筑。

2）下部开挖对挂顶混凝土的影响

（1）开挖爆破的影响：爆破振动将在混凝土内部产生动应力，根据经验公式 $\sigma = \rho C_p V$（式中：ρ 为介质密度，kg/m^3；C_p 为介质的纵波声速，m/s；V 为爆破峰值质点振动速度，m/s），衬砌密度约为 $2500kg/m^3$，纵波声速 $4000 \sim 5000m/s$，当爆破峰值质点振动速度为 $10cm/s$ 时，将在衬砌内产生 $1.0 \sim 1.25MPa$ 的动应力，接近 C25 混凝土的设计抗拉强度，因此工程上通常要求将爆破质点振动速度控制在 $10cm/s$ 以内，此处进一步按 $6 \sim 8cm/s$ 控制。为此，采取了下述措施：一是适当加大 I 层的分层高度，开挖了 3.5m 高附加层，加大挂顶混凝土与 II 层开挖的距离。二是在挂顶之前提前完成 II 层的结构线预裂爆破，利用预裂缝面大幅消减爆破振动波。三是开展爆破试验，动态调整和优化爆破设计。此外，还通过在爆破区铺钢丝网、压砂袋，在挂顶混凝土底部挂竹条板等手段，避免爆破飞石损坏混凝土面。

（2）围岩变形的影响：在洞室下部开挖过程中，顶拱围岩仍然会发生一定变形，从而对挂顶混凝土应力应变和安全稳定产生影响。为此，利用 ABAQUS 有限元软件对挂顶混凝土浇筑后至全断面开挖完成的不同工况进行了仿真模拟计算，计算步骤见图 4.3 - 5。

经计算，部分工况下挂顶混凝土的应力分布见图 4.3 - 6。由图可知，在挂顶混凝土浇筑期间和后期开挖过程中，挂顶混凝土未出现较大应力分布，最大拉应力 1.52MPa 出现在挂顶混凝土边墙底部，最大压应力 - 12.14MPa 出现在顶拱的底部，挂顶混凝土本身的强度及稳定均满足设计要求，但在挂顶混凝土施工期间，由于自重作用，在挂顶混凝土与围岩的接触面会产生一定的拉应力（最大径向拉应力 0.215MPa，发生在顶部位置），尽管计算结果表明能够保证挂顶混凝土安全稳定，但衬砌与围岩的接触面可能由于实际施工过程中的不确定因素而成为薄弱环节，因此最终采取了加强措施，即在拱座处设置 3 排 100kN 的预应力

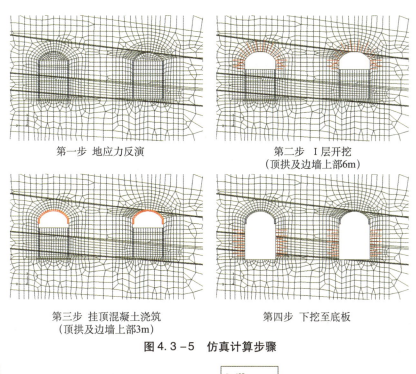

第一步　地应力反演

第二步　Ⅰ层开挖
（顶拱及边墙上部6m）

第三步　挂顶混凝土浇筑
（顶拱及边墙上部3m）

第四步　下挖至底板

图4.3-5　仿真计算步骤

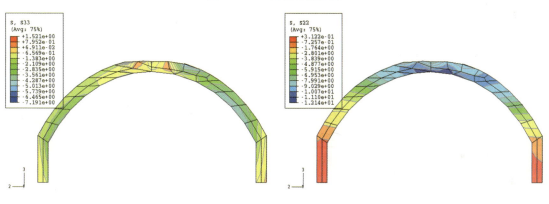

（a）开挖至底部铅直向应力分布

（b）开挖至底部垂直水流水平向应力分布

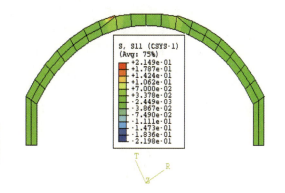

（c）开挖至底部顺水流向应力分布

（d）挂顶混凝土施工期径向应力分布

图4.3-6　部分工况挂顶混凝土应力分布图

锚杆，增强挂顶混凝土结构与围岩接触面的稳定性。另外还在下挖施工中及时支护开挖面，限制围岩变形，减小对挂顶混凝土的影响。经现场查勘，未见挂顶混凝土出现应力性裂缝。

此外，下部开挖产生的围岩变形与挂顶混凝土之间的作用是相互的，挂顶混凝土在承受围岩变形荷载的同时，也在协助围岩承受底部开挖荷载，进而限制了围岩变形，这也是采用"先挂顶、后下挖"方案的一大优势。监测数据可与之印证：顶拱围岩应力应变主要发生在顶拱开挖期间，中下部开挖对顶拱围岩影响较小，呈现出平稳、小量级的增长；大多数仪器测得边墙围岩变形小于1mm，最大2.15mm，且发展已趋于稳定。

3）新老混凝土结合面的处理

先浇筑上部的挂顶混凝土，后期再浇筑下部的边墙，存在新老混凝土结合的问题。为此将挂顶混凝土底部的结合面设计为斜面，并利用尾水主洞顺水流方向设计4%纵坡的有利条件，将边墙顶部的50cm采用流动性好的自密实混凝土，使其受重力作用能沿两个方向流动，浇筑时观察到最高处有混凝土溢出，说明已将结合面浇筑密实。其次是在下挖之前将挂顶混凝土结合面凿毛，避免下挖后高差大难以实施。另外，将挂顶混凝土跨结合面外露的钢筋涂抹锌粉，避免长期暴露而腐蚀。

2. 温控措施

尾水主洞衬砌厚度分为1m、1.5m、2m三种型式。为利于混凝土散热，控制温度裂缝的产生，针对不同厚度断面采取了不同的温控措施：

对1m厚度的衬砌，在高温季节浇筑预冷混凝土，出机口温度按14℃控制；低温季节可浇筑常温混凝土。对1.5m厚度的衬砌，在高温季节浇筑预冷混凝土，出机口温度按14℃控制；低温季节可浇筑常温混凝土；在衬砌厚度的中部预埋一层水管通水降温，水管间距1.0m。对2m厚度的衬砌，在高温季节浇筑预冷混凝土，出机口温度按14℃控制；低温季节可浇筑常温混凝土；在衬砌厚度方向预埋2层水管通水降温，水管间距1.5m。进水温度≤12℃，出水温度≤16℃，进出水温差≤3~4℃，通水流量25~35L/min，混凝土最高温度出现后按15~20L/min控制。混凝土温度与通水温度差值不超过25℃，水流方向应每24h调换1次，以保证冷却效果均匀，降温幅度不超过1℃/天。

4.4 小结

向家坝地下电站尾水系统工程规模巨大，工程地质条件复杂，超大断面洞室群的设计布置和开挖、衬砌存在很大难度。参建各方团结协作，突破传统理念，通过多方位的分析论证，制定了"无调压室变顶高尾水洞""两机合一洞"等较为先进的设计方案；从工程实际出发，采取"先挂顶，再下挖""洞内开洞"等较为特殊的施工程序和方法，体现了地下工程"平面多工序、立体多层次"的重要思想；在施工过程中发挥安全监测的指导作用，不因节省投资和工期而盲目优化设计支护，强调稳中求胜，确保工程安全；监测数据表明，开挖结束后围岩变形趋于稳定，施工期顶拱实测最大变形13.25mm，与理论值15.72mm较为接近，说明开挖支护的设计参数合理，施工程序和方法达到了预定目的。

尾水系统整个施工过程较为顺利，工程质量、安全、进度全面受控；电站投产两年多洞室运行安全平稳，两次例行检查未发现异常情况。尾水系统的顺利实施，充分体现出在复杂边界条件下设计、施工方案的合理性和先进性，其经验可供类似工程参考。

第5章　帷幕排水系统

向家坝右岸地下电站属于库内式厂房，与水库距离较短，加之厂区内水文地质条件复杂，地下厂房中下部和边坡浅部卸荷带岩体的渗透性好，地下水位与江水相关性较为密切，为满足施工期和永久运行阻水防渗要求，在主厂房和主变洞的周圈布置了帷幕和排水系统，形成"前堵后排"的防渗体系。

向家坝地下电站帷幕排水系统主要由3层帷幕灌浆廊道开挖支护及帷幕灌浆，4层排水廊道开挖支护及排水孔组成，主要工程量包括石方洞挖 13.67 万 m^3，帷幕灌浆 18.52 万 m，排水孔 2.95 万 m。

5.1　工程设计

向家坝地下引水发电系统所在地层分布有上下两层基岩裂隙水，下层地下水水位低，与江水关系较密切。边坡浅部卸荷岩体透水性较强，地下厂房区岩体渗透性具有明显的非均质性，主要渗透通道为节理密集带、断层破碎带等透水性较强的岩体（带）。裂隙水水质类型主要为 $HCO_3^- - SO_4^{2-} - Ca^{2+} - K^+ + Na^+$ 和 $SO_4^{2-} - HCO_3^- - Ca^{2+} - K^+ + Na^+$。可见该地层水文地质结构较为复杂，防渗设计尤为关键，事关施工期和运行期的安全。

5.1.1　总体布置

在水平方向，右岸地下电站主厂房和主变洞的周圈，设计布置有帷幕灌浆廊道和排水廊道，见图 5.1-1；在不同的高程，灌浆廊道布置 3 层（原设计为 4 层），其间通过帷幕灌浆上下相接；排水廊道有 4 层，其间通过钻排水孔上下相通，由此形成"前堵后排"的地下电站防渗体系，见图 5.1-2。

灌浆廊道全长约 3684m，原设计典型断面为 4.0m（宽）×4.6m（高）的城门洞形。其中第 3 层灌浆廊道的部分洞段作为主厂房混凝土施工的环形通道，将其断面调整为 5.1m（宽）×5.45m（高），一次开挖成型。根据不同的地质条件，灌浆廊道布置有系统锚杆或随机锚杆（典型的锚杆参数为 $\phi 20$，$L=3m$），并进行喷混凝土支护、浇筑混凝土衬砌，衬砌厚度 0.3m。

排水廊道分四层，共计约 3089m，断面分 2.1m×2.75m、3.0m×3.7m、3.6m×4.1m 三种，均为城门洞形。从上至下廊道高程分别为第一层排水廊道（高程 336.32m）、第二层排水廊道（高程 320.00m）、第三层排水廊道（高程 274.74m）和第四层排水廊道（高程

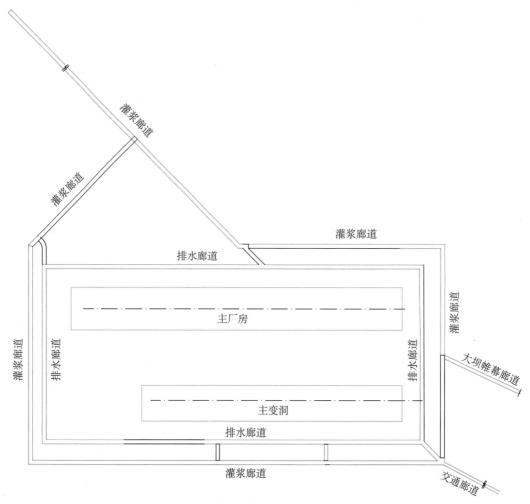

图 5.1-1　灌浆廊道和排水廊道平面布置图

233.00m，下游局部高程为 260.00m）。第一层排水廊道沿主厂房纵轴线方向布置，长度为 275.00m，总长 818.86m，其中主厂房顶拱排水廊道高程为 336.32m，位于顶拱上方 30m 处，主变洞顶拱廊道高程为 317.74m，位于主变洞顶拱上方 20m 处，在主厂房和主变洞之间布置一条顶层排水廊道，高程为 320.00m。第二、三、四层排水廊道位于洞室群边墙（端墙）与防渗帷幕之间，与边墙和防渗帷幕的距离均为 15m。根据不同的地质条件布置有系统锚杆或随机锚杆。对于喷混凝土布置，最初设计考虑到灌排廊道是辅助工程，运行期利用很少，从节省工程量出发，在保证施工期安全的前提下，部分地质条件较好的洞段未设计喷混凝土；后来从永久运行安全考虑，排水廊道所有洞段都进行了系统的喷混凝土，防止围岩长期裸露风化而发生塌方掉块。

5.1.2　帷幕主要参数

按原设计方案，在不同高程沿主厂房和主变洞周圈布置 4 层灌浆廊道，高程分别为 384m、324m、274m、234m。在各层灌浆廊道内施工帷幕，上下 4 层帷幕相互搭接，形成防

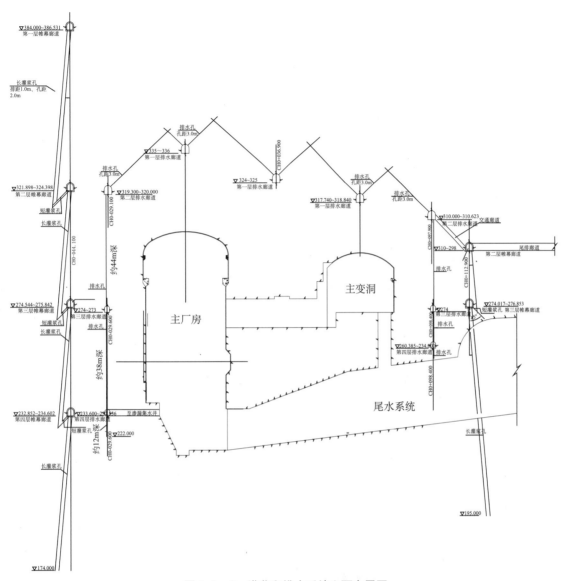

图 5.1-2 灌浆和排水系统立面布置图

渗幕墙。其中上游侧帷幕（以大坝帷幕为界）幕顶高程 382m，幕底高程 174m，设计合格标准为灌后透水率不大于 1Lu；下游侧帷幕幕顶高程 296m，幕底高程 196m，设计合格标准为灌后透水率不大于 3Lu。单层帷幕孔深 50~80m，孔间距 1.5~2.0m，除右侧靠山体帷幕（编号为"右交"）为单排外，其余部位均为双排，排距 1.50m。采用孔口封闭法，分排、分序、自上而下孔内循环分段灌浆，根据不同部位的运行工况和地质条件，各序、各段的设计灌浆压力按表 5.1-1 控制。

由于向家坝地层中的裂隙水对普通硅酸盐水泥中的硫酸盐类成分具有弱~强腐蚀性，因此设计要求帷幕灌浆采用高抗硫酸盐水泥。

表 5.1 - 1　帷幕灌浆设计压力

孔段编号（自上而下）		第 1 段	第 2 段	第 3 段	第 4 段	第 5 段及以下各段
设计压力（MPa）　段长（m）　项目		2.0	2.0	3.0	5.0	5.0
厂房两端、下游帷幕	Ⅰ序	0.6	1.5	2.5	3.0	3.0
	Ⅱ、Ⅲ序	1.0	2.0	3.0	3.0	3.0
上游第一层帷幕	Ⅰ序	0.6	1.5	2.5	3.0	3.5
	Ⅱ、Ⅲ序	1.0	2.0	3.5	3.5	3.5
上游第二、三层帷幕	Ⅰ序	0.8	1.5	3.5	4.0	4.0
	Ⅱ、Ⅲ序	1.0	2.0	3.5	4.5	4.5

5.1.3　帷幕永临结合设计

向家坝地下厂房属于库内式，与水库距离较短，而且地下厂房中下部和边坡浅部卸荷带岩层的渗透性好，下层地下水位与江水相关性较为密切，主厂房中下部、尾水管等部位处于河床水位和地下水位以下。按下层地下水与一期围堰挡水标准 20 年一遇洪水位 289.13m 持平考虑，尾水管底板高程约 220m，开挖期间地下水水头将近 70m，可能发生较大涌水，影响正常开挖并危及施工安全，因此设计要求采取必要的临时防渗措施，在临时帷幕的保护下再进行开挖施工。

为了将施工期临时帷幕与永久帷幕相结合，最大程度地减少工程量，所采取的设计方案是：将第三层帷幕临河侧和部分上游侧的先序排帷幕作为临时的施工期帷幕先行施工（施工期帷幕范围见图 5.1 - 3），保证主厂房、尾水管等主体洞室群中下部开挖的安全；而该部位的后序排帷幕则待洞室开挖爆破结束后再施工，对先序排帷幕起到补强作用，同时满足永久运行的防渗要求。

5.1.4　帷幕方案调整

按地下引水发电系统总体施工进度安排，应在 2008 年汛前完成第三层临时帷幕，以满足主厂房关键施工进度。但在实际施工过程中，由于工程前期受到征地、移民等多方面影响，灌浆廊道和排水廊道开挖进度严重滞后，无法在第三层临时帷幕施工之前完成第四层廊道的开挖，如果先施工第三层帷幕，再开挖第四层廊道，两者之间距离仅有 1.6 ~ 3m，第四层廊道开挖爆破对已施工帷幕的损伤难以避免。

因此，根据灌浆廊道和排水廊道开挖的实际进度，既要保证帷幕质量，又要保证地下厂房开挖期间的安全，满足总进度的要求，经研究对帷幕布置方案进行了优化调整：取消第四层灌浆廊道，将第三、四层帷幕合并，从第三层灌浆廊道钻孔灌浆至原帷幕的底高程。则单层帷幕最大孔深达到 102m，帷幕排数、排距、孔距、压力等参数基本仍按原设计执行。

该方案的优化调整虽然大大增加了第三层帷幕的深度，增加了一些施工难度，但解决了地下厂房关键线路的进度问题，保证了施工期安全，同时使临时帷幕不受到损伤，与永久帷幕得到较好的结合。此外由于取消第四层灌浆廊道，减少洞室开挖 10 267m^3，

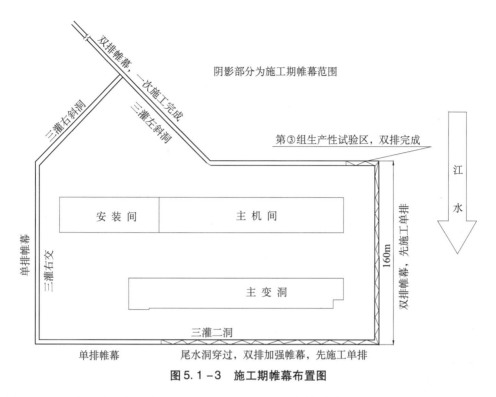

图 5.1-3　施工期帷幕布置图

喷混凝土 $1105m^3$，减少第三、四帷幕之间的搭接帷幕灌浆 $19648m$，节省工程投资约 2100 万元。

5.2　主要技术问题

（1）向家坝地下电站为库内式厂房，由于地下水与江水连通性较好，开挖期间可能发生较大涌水，影响正常开挖并危及施工安全，因此须先形成施工期封闭帷幕。施工期帷幕工期十分紧张，要求生产组织高效运作，同时作为永久帷幕的一部分，灌浆施工质量要求高，并强调开挖爆破不得对施工期帷幕造成影响。

（2）第三、四层帷幕合并后，单排帷幕深达 $102m$，要求精确控制灌浆孔孔斜，钻孔灌浆施工难度大。

5.3　施工方案

5.3.1　廊道开挖支护

灌浆廊道和排水廊道属于地下引水发电系统的辅助工程，肩负着为主厂房、主变洞、尾水洞等主体工程提供施工通道，埋设安全监测仪器，提前进行施工期帷幕灌浆，保证主体洞室群施工安全等作用，因此灌浆廊道和排水廊道应在主体洞室群之前施工，地下引水发电系统总体施工规划和分标规划也是如此，先辅标，后主标。

灌浆廊道和排水廊道断面较小，进行全断面开挖，采用手风钻水平钻孔，光面爆破，小型装载机或扒渣机装车，农用车运输出渣。典型的爆破设计见图5.3－1。

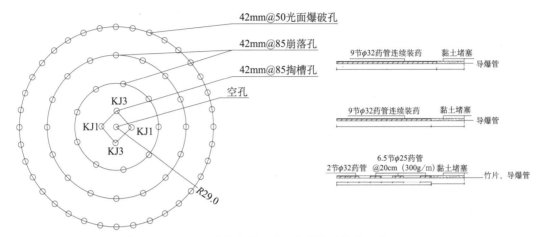

图5.3－1　灌浆廊道和排水廊道典型爆破设计图

灌浆廊道和排水廊道断面较小，锚杆采用手风钻造孔，小型喷射机喷射混凝土。根据地质条件确定支护与开挖面的距离，尽量做到开挖后尽快完成支护。

5.3.2　帷幕灌浆

5.3.2.1　灌浆材料

1. 水泥

帷幕灌浆水泥采用高抗硫酸盐水泥，强度等级不低于42.5MPa，其细度要求通过80μm方孔筛的筛余量不大于5%。水泥质量应符合现行国家规范的标准。水泥应按品种、标号、出厂日期分批堆放，防止受潮和污染。凡结块、落地回收水泥和牌号不明、性能不稳定的水泥不得用做灌浆水泥。水泥存放不应过久，出厂期超过3个月的水泥不予使用。

水泥在灌浆使用之前，必须进行抽样检查，新到水泥每批抽样一次（一批水泥超过200t时，按200t抽样一次），库存水泥每月抽样1次、每100t抽样一个，试验成果及时报送有关单位。

2. 水

钻孔、洗孔、制浆、压水等施工用水应满足DL/T 5144—2001《水工混凝土施工规范》中5.5节的规定，不得使用基坑集水和其他污水。若用热水制浆，水温不得高于40℃。

3. 外加剂

根据需要，可以在水泥浆液中掺入速凝剂、减水剂、稳定剂以及监理工程师指示或批准的其他外加剂。外加剂的质量应符合DL/T 5148—2001《水工建筑物水泥灌浆施工技术规范》5.1.7条规定，其掺量应通过试验确定，试验成果应报监理工程师审批。所有外加剂凡能溶于水的宜以水溶液状态加入。

5.3.2.2　施工设备

1. 钻孔设备

本工程帷幕灌浆造孔均采用回转式地质钻机配相应规格的金刚石钻头、岩芯管进行钻进，主要采用 XY-2 型地质回转钻机，见图 5.3-2，其参数见表 5.3-1。

表 5.3-1　XY-2 型地质回转钻机技术参数表

钻孔深度（m）	$\phi50$ 钻杆	380
	$\phi42$ 钻杆	530
立轴转速（r/min）	正转	65；114；180；248；310；538；849；1172
	反转	51；242
立轴最大扭矩（N·m）		2760
钻孔倾角（°）		0~90
立轴最大起拔力（kN）		60
立轴行程（mm）		600
卷扬单绳最大提升力（kN）		30
立轴通孔直径（mm）		76
油泵（双联齿轮油泵）		SCB32/12
配备动力	电动机	Y180L-4，22kW
外形尺寸（长×宽×高）（mm×mm×mm）		2150×900×1690
钻机重量（kg）		950

图 5.3-2　XY-2 型地质回转钻机

2. 高压灌浆泵

选用的 3SNS 型高压灌浆泵为三缸往复式柱塞泵，压力平稳，最大工作压力 12MPa，最大排量 207L/min，主要技术参数见表 5.3 – 2，实物见图 5.3 – 3。完全满足本工程最大灌浆压力 5MPa 的要求。

表 5.3 – 2　3SNS 型高压灌浆泵主要技术参数

类型		卧式三缸单作用往复式柱塞泵
缸数		3
活塞材质		金属柱塞
主传动轴转速（r/min）		$n_1 = 91$；$n_2 = 245$
工作压力（MPa）	$n_1 = 91$	12
		10
	$n_2 = 245$	4
		3.7
排量（L/min）	$n_1 = 91$	76
	$n_2 = 245$	207
输送介质		水泥浆/砂浆
介质比（重量比）		水:灰:砂 = 1:2:3
吸水口直径		64
排水口直径		32
功率（kW）		18.5
泵重量（含电动机）（kg）		930
外形尺寸（长×宽×高）（mm×mm×mm）		1800×945×705

图 5.3 – 3　3SNS 型高压灌浆泵

3. 高速制浆机

选用的 ZJ – 400 型高速制浆机搅拌容量 400L，搅拌转速 1450r/min，满足 ≥1200 r/min 要求，技术参数见表 5.3 – 3，实物见图 5.3 – 4。

表 5.3 – 3　ZJ – 400 型制浆机主要技术参数

型号	ZJ – 400
搅拌容量（L）	400
搅拌时间（水灰比 0.5:1）（min）	3
额定功率（kW）	5.5
搅拌转速（r/min）	1450
许用水灰比	0.6:1
重量（kg）	360
生产厂	杭州钻探机械厂

图 5.3 – 4　ZJ – 400 型制浆机

4. 配浆搅拌机

选用的 JJS – 2B 型配浆搅拌机容量 200L，技术参数见表 5.3 – 4，实物见图 5.3 – 5。

表 5.3 – 4　JJS – 2B 型配浆搅拌机主要技术参数

公称容积（L）	200
搅拌轴转速（r/min）	33.5
筒体直径（mm）	740
出浆口直径（mm）	64
减速器型号	XLD – 1.5 – 4 – 1/43
电动机功率（kW）	3
外形尺寸（mm）	1000 × 850 × 2000
重量（kg）	360

图 5.3 – 5　JJS – 2B 型搅拌机

5. 灌浆自动记录仪

灌浆自动记录仪选用北京中大华瑞科技有限公司生产的 HT – Ⅱ型灌浆自动记录仪，该型号记录仪可测记灌浆压力、注入率和水灰比等施工参数。HT – Ⅱ型灌浆自动记录仪工作原理见图 5.3 – 6。

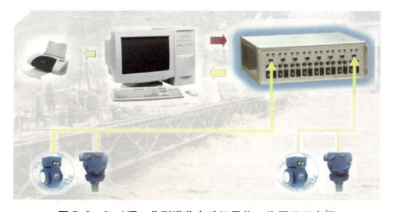

图 5.3 – 6　HT – Ⅱ型灌浆自动记录仪工作原理示意图

5.3.2.3 技术措施

1. 工艺流程

帷幕灌浆工艺流程见图5.3-7。

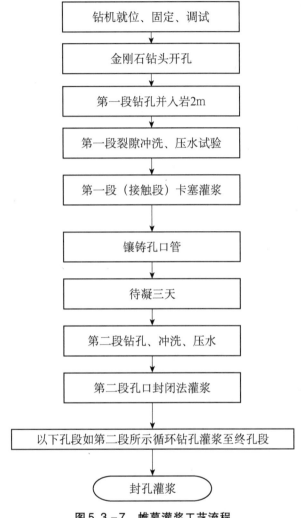

钻机就位、固定、调试

↓

金刚石钻头开孔

↓

第一段钻孔并入岩2m

↓

第一段裂隙冲洗、压水试验

↓

第一段（接触段）卡塞灌浆

↓

镶铸孔口管

↓

待凝三天

↓

第二段钻孔、冲洗、压水

↓

第二段孔口封闭法灌浆

↓

以下孔段如第二段所示循环钻孔灌浆至终孔段

↓

封孔灌浆

图5.3-7 帷幕灌浆工艺流程

2. 抬动观测装置施工

抬动观测孔具体位置由监理工程师现场指定。钻孔孔径ϕ76mm，深入基岩8m（或监理工程师现场指定深度），抬动观测孔施工方法见图5.3-8。本工程抬动变形最大允许值为150μm。设有抬动变形观测装置的部位，对观测孔周边10m范围内的灌浆孔段在裂隙冲洗、压水及灌浆过程中均应指派专人进行抬动变形观测和记录。单元工程灌浆工作结束后，抬动变形观测孔应清洗后采用灌浆封孔法进行封孔处理。

3. 孔口管段施工

孔口管段系指盖重混凝土与基岩接触段，也是帷幕灌浆孔的第1段，孔口管段均采用金刚石钻头钻进。施工程序为：钻孔→裂隙冲洗→压水试验（简易压水）→灌浆→镶铸孔口管→待凝。

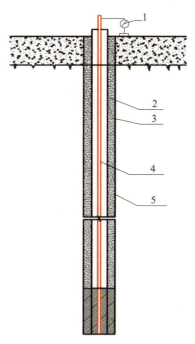

图 5.3 - 8 抬动观测孔施工方法示意图

1—千分表；2—外管（钢管）；3—细砂；4—保护套管（塑料管）；5—钻孔；6—内管（钢管）

先导孔孔口管段钻孔孔径 $\phi110mm$，深入基岩 2m，孔内阻塞法（阻浆塞置于混凝土内）进行裂隙冲洗、压水试验后，立即进行灌浆，然后镶铸 $\phi89mm$ 的孔口管。

其余灌浆孔的孔口管段钻孔孔径 $\phi91mm$，深入基岩 2m，孔内阻塞法（阻浆塞置于混凝土内）进行裂隙冲洗、压水试验（简易压水）后，立即进行灌浆，然后镶铸 $\phi73mm$ 的孔口管。

4. 先导孔施工

先导孔孔口管以下孔段采用 $\phi76mm$ 金刚石钻头分段取芯钻进直至设计孔深，各段采用孔口封闭法自上而下分段进行单点法压水试验和灌浆，即每段灌浆在该孔段压水试验完毕后立即进行。

5. 钻孔

1）钻孔工艺

所有钻孔均采用地质钻机配金刚石钻进工艺成孔，根据不同的孔径要求选择不同口径的金刚石钻头。

2）钻孔孔位

钻孔应按设计图纸统一编号、放样，开孔孔位与设计孔位的偏差不得大于 10cm；实际孔位、孔深、孔口高程和廊道底板高程应予以测量、记录。

3）钻孔孔径

帷幕灌浆孔孔口管以下各段孔径为 $\phi56mm$，先导孔孔径为 $\phi76mm$，质量检查孔孔径为 $\phi91mm$。

4）钻孔孔深

钻孔孔深应满足下列要求：

（1）达到设计图纸、文件规定的深度，钻孔的实际孔深与设计深度偏差不得大于20cm。

（2）第三层上游帷幕终孔达到设计深度后基岩透水率 q 大于3Lu时和下游帷幕孔达到设计深度后基岩透水率 q 大于5Lu时均应报监理、设计、业主等有关单位研究处理措施。

5）钻孔次序

钻孔次序必须与灌浆次序一致，不允许一次成孔和任意开孔。一个单元内同排同序灌浆孔可同时镶铸孔口管。

6）钻孔分段

钻孔长度与灌浆孔分段长度一致，第一段（接触段）为2m（入岩深度），第二段为2m，第三段为3m，以下各段为5m，每段长度允许误差不超过0.2m，且在下一段应消除差数，终孔段可不受上述段长限制，但最长不得大于7m；地质缺陷部位经监理工程师批准可适当缩短。

7）钻孔孔斜控制

钻孔均应采取可靠的防斜措施，保证孔向的准确，孔斜值应控制在允许范围内。如发现钻孔偏斜超过规定时，应及时纠偏，或采取经监理工程师批准的其他补救措施处理。纠偏无效时，应按监理工程师的指示报废原孔，重新钻孔。

垂直或顶角小于5°的钻孔，其孔底偏差值不得大于设计规定的数值。

8）钻孔取芯

（1）先导孔、质量检查孔以及设计文件中规定和监理工程师指示的有取芯要求的钻孔应采取岩芯。

（2）取芯钻孔的岩芯获得率要求：先导孔应达90%以上，质量检查孔应达95%以上。钻进应能保证最大程度地取得芯样，无论芯样有多长，一旦发现芯样卡钻或被磨损，应立即取出，除监理工程师另有指示外。对于1m或大于1m的钻进循环，若芯样获得率小于80%，则下一次应减少循环深度50%，以后依次减少50%，直至50cm为止；所有岩芯均应统一编号，填牌装箱，进行岩芯描述，绘制钻孔柱状图。

9）钻孔冲洗

每段钻孔结束后，立即通过钻杆用大流量水流从孔底向孔外进行钻孔冲洗，将孔内岩粉沉淀冲出，直至回水澄清10min后结束，并测量、记录冲洗后钻孔孔深，钻孔冲洗后孔底沉积厚度不得超过20cm。

10）钻孔记录

钻孔时，应对孔内各种情况进行详细记录（如混凝土厚度、钢筋、涌水、漏水、断层、破碎影响带、掉块塌孔等），作为分析钻孔情况的依据并及时通知监理工程师。钻孔穿越松软地层，或遇有塌孔掉块时，应酌情减小灌浆段长，以不塌孔为原则。如发现集中漏水，立即停钻，查明漏水部位原因，处理后再钻进。

6. 灌浆

孔口管以下孔段采用孔口封闭灌浆法进行灌浆施工。各灌浆孔段不论透水率大小均应按要求进行灌浆。灌浆时，射浆管距离孔底不大于0.5m。

1）灌浆孔分段

灌浆孔分段与钻孔分段一致。

2）裂隙冲洗和压水试验

（1）裂隙冲洗。灌浆孔除第一段在钻孔冲洗后应进行裂隙冲洗外，一般不进行专门的裂隙冲洗。冲洗压力可为灌浆压力的 80% ，并不大于 1MPa。

（2）先导孔压水。先导孔压水试验采用单点法进行，压水试验压力为灌浆压力的 80% ，该值若大于 1MPa 时，采用 1MPa。

（3）灌浆孔压水。一般灌浆孔的各灌浆段的压水试验采用简易压水，压水试验压力为灌浆压力的 80% ，该值若大于 1MPa 时，采用 1MPa。

3）灌浆压力

（1）各灌浆孔段的灌浆压力严格按照设计值执行。

（2）设计灌浆压力均以回浆管上的压力表指针摆动的中值为准，摆动范围应作记录，并指派专人看守压力表，不得超压。

（3）灌浆应尽快达到设计压力，但灌浆过程中必须注意控制使灌浆压力与注入率相适应，见表 5.3－5。灌浆过程中，当注入率大于 30L/min 或易于抬动的部位应按限流与分级升压的要求进行灌浆。在确保不发生抬动的情况下，最终按设计压力结束灌浆。

表 5.3－5　灌浆压力与注入率关系

压力（MPa）	1～2	2～3	3～4	>4
注入率（L/min）	30	30～20	20～10	<10

4）浆液水灰比

（1）帷幕灌浆浆液使用原则：本工程所有帷幕孔均采用高抗硫酸盐水泥浆液灌注。

（2）灌浆使用浆液的浓度，应遵循由稀到浓的原则，逐级改变。采用普通水泥灌浆时，水灰比采用 5 个比级（3∶1、2∶1、1∶1、0.8∶1、0.5∶1）。

5）浆液变换

（1）灌浆浆液应由稀到浓逐级变换。

（2）当灌浆压力保持不变而注入率持续减少时，或当注入率保持不变而灌浆压力持续升高时，不得改变水灰比；当某一比级浆液注入量已达 300L 以上，而灌浆压力和注入率均无显著改变时，应换浓一级水灰比浆液灌注；当注入率大于 30L/min（或漏浆）时，根据施工具体情况，可越级变浓。

（3）当改变浆液水灰比后，如灌浆压力突增或吸浆量突减，应立即查明原因，进行处理。

6）结束条件

（1）在同时满足下述规定下，可结束灌浆作业：

①在该灌浆段最大设计压力下，该段注入率小于 1L/min，持续时间不小于 60min 时，可结束灌浆，立即进行下一段灌注。

②灌浆全过程中，在设计压力下的灌浆时间不少于 90min。

（2）当长期达不到结束标准时，应报请监理工程师共同研究处理。

（3）每段结束后一般不待凝，但遇性状较差的断层破碎带及注入率大于 30L/min 且以最浓级浆液结束灌浆的孔段应考虑待凝，待凝时间不少于 4h。

7）灌浆记录

在施工过程中，必须如实、准确地做好各项原始记录。对施工中出现的事故、揭露的地质问题及损坏、影响监测设施的正常工作状况等特殊情况，均应详细记录并及时通知工程监理、设计等单位共同协商解决。

使用灌浆自动记录仪进行帷幕灌浆的全程记录，在过程中若记录仪出现异常情况可采用手工记录作为补充，现场记录与资料整理应及时、准确、真实、齐全、整洁，以便分析指导后序工作的顺利进行，并为验收工作做好准备；单元工程结束后，应及时进行质量检查和验收。

7. 封孔

（1）灌浆孔经验收合格且全孔灌浆结束后立即进行封孔。

（2）帷幕灌浆封孔应采用全孔灌浆封孔法。

8. 特殊情况处理

1）灌浆中断

（1）因机械、管路、仪表、停水、停电等故障而造成灌浆中断时，应尽快排除故障，立即恢复灌浆。一般间歇时间不超过30min，否则应冲洗钻孔，重新灌浆。当无法冲洗或冲洗无效时，应扫孔后复灌。

（2）恢复灌浆时，应尽快使用开灌比级的水泥浆灌注。如注入率与中断前相近（注入率达中断前注入率90%以上），即可采用中断前水泥浆的比级继续灌注；如注入率较中断前减少较多（注入率为中断前注入率70%～90%），应逐级加浓浆液继续灌注；如注入率较中断前减少很多（注入率为中断前注入率70%以下），且在短时间内停止吸浆，应采取补救措施。

2）串浆

（1）当被串孔正在钻进时，应立即起钻停止钻进，并对串浆孔进行堵塞，待灌浆孔灌浆完毕后，再对被串孔进行扫孔、冲洗，而后继续钻进。

（2）如被串孔具备灌浆条件，且串浆量不大，可在灌浆的同时，在被串孔内通入水流，使水泥浆液不致充填孔内；串浆量大时，可对被串孔同时进行灌浆，灌浆时应一泵灌一孔，并加强抬动变形观测，防止混凝土与岩层抬动。

3）冒浆

（1）当混凝土底板、边墙及排水沟冒浆很小时，可让其自行凝固封闭。

（2）当冒浆较大时，可暂停灌浆，用棉纱嵌缝堵塞或用水玻璃砂浆表面封堵，再采用低压、浓浆、限流、限量、间歇、待凝等方法进行处理。结束灌浆时仍应达到设计压力标准。

4）注入量大灌段处理

当采用最浓一级浆液灌浆时，吸浆量很大且一直升不起压力的灌段，耗灰量大于1t时，则可采用限流灌注，流量控制在10～15L/min灌注，该段限流灌注耗灰量超过3t而吸浆量仍很大者，采用间歇灌浆，间歇时间20～30min，每次间歇耗灰量限为2t，间歇2次灌注（总耗灰量8～9t）后仍无明显效果即停灌待凝，待凝时间不小于12h后扫孔复灌，复灌耗灰量按照上述标准减半控制。经多次复灌仍不起压或吸浆量减少不明显的，经监理批准后，可改灌水泥砂浆和膏状浆液（0.34:1左右，加膨润土），或经监理工程师批准后采取其他措施。

5）孔口涌水

遇有涌水孔段，灌浆前测记涌水压力和涌水量；灌浆结束屏浆1.5h，闭浆24h；待凝48h；必要时可在浆液中掺加速凝剂。若在第三层帷幕灌浆施工中涌水孔段较多时，上报监理、设计、业主共同研究解决方案。

6）回浆变浓

灌浆过程中如出现回浆变浓现象，则换用相同水灰比的新浆灌注，若回浆再次变浓，继续灌注 30min，即可结束灌注，灌浆段不再进行复灌。

7）浆液回流

在岩层较破碎、吸浆量较大的孔段灌浆结束后发现浆液回流时，需延长屏浆时间（再屏浆 60min）。

Ⅲ序灌浆孔若终孔段采用最浓一级浆液而单位注入水泥量大于 50kg/m 时，需加深 1 段（5m）；若大于 100kg/m 时，需加深 2 段；若加深仍超过此标准，则再加深 1 段，但最多加深不超过 3 段。

8）空洞

灌浆孔遇到较大的空溶洞、宽缝时，采用最浓级水泥浆液灌浆，灌段耗灰量大于 5t，吃浆仍很大，且不起压，同时大量灌浆后空洞高度未减小者，则该孔段应停止灌浆，改为扩大原孔孔径到 ϕ130mm，然后回填 C15 的 1 级配流态混凝土填满空间，待凝 7d 后再恢复灌浆工作。

9）抬动变形处理

灌浆过程中，若观测到较大变形现象，立即降低灌浆压力，在不抬动的条件下进行灌注；若经过降压、加浓浆液和较长时间的灌注后仍无法实现升压的目的，就在不抬动的条件下灌至不吸浆后待凝，检查确定发生变形部位周围无安全隐患和其他特殊情况，待凝 24h 后扫孔复灌，若有特殊情况上报监理、设计、业主研究解决方案。

9. 灌浆质量检查

（1）帷幕灌浆质量以检查孔压水试验成果为主，结合灌浆施工资料分析进行综合评定。检查孔的数量应不小于灌浆孔总数的 10%，一个灌浆单元工程内至少应布置一个检查孔，检查孔孔深应比其邻近帷幕孔深浅 1.0m。

（2）帷幕灌浆结束后 7d 或监理工程师指示的时间内，将灌浆成果资料及时报送监理工程师，然后按照监理工程师布置的检查孔，在各单元灌浆结束 14d 后进行质量检查。

（3）检查孔按 5m 分段卡塞进行压水试验，压水试验按 DL/T 5148—2001《水工建筑物水泥灌浆施工技术规范》中的附录 A 条文执行。关键部位的压水试验压力按监理工程师指示适当提高。

（4）帷幕灌浆压水试验合格标准：上游帷幕灌浆压水试验透水率的合格标准为 $q \leqslant 1Lu$。检查孔的第 1～3 段（基岩孔深 0～7m 范围内）的合格率为 100%；其余各段的合格率应为 90% 以上；不合格段的透水率值不超过 2Lu，且不集中，则灌浆质量可认为合格。下游和厂房两端帷幕灌浆压水试验透水率的合格标准为 $q \leqslant 3Lu$。检查孔的第 1～3 段（基岩孔深 0～7m 范围内）的合格率为 100%；其余各段的合格率应为 90% 以上；不合格段的透水率值不超过 5Lu，且不集中，则灌浆质量可认为合格。否则，应按监理工程师的指示或批准的措施进行处理。

（5）检查孔应采取岩芯，绘制钻孔柱状图。

（6）检查孔检查工作结束后，应自下而上分段进行灌浆和按全孔灌浆封孔法要求封孔。

施工现场见图5.3 - 9。

图5.3 - 9　施工现场

5.4　帷幕质量检查成果

对于向家坝水电站右岸地下电站帷幕灌浆的技术难点，施工时重点从以下几个方面控制：

（1）钻孔孔位：钻孔应按设计图纸统一编号、放样，开孔孔位与设计孔位的偏差不得大于10cm；实际孔位、孔深、孔口高程和廊道底板高程应予以测量、记录。

（2）钻孔孔斜控制：钻孔均应采取可靠的防斜措施，保证孔向的准确，孔斜值应控制在允许范围内。采用测斜仪严密监控孔斜，如发现钻孔偏斜超过规定时，应及时纠偏，纠偏无效时，应按监理工程师的指示报废原孔，重新钻孔。

在对钻孔控制的基础上，侧重过程分析及检查。

5.4.1　耗灰量及灌前透水率统计

由于耗灰量及灌前透水率检查数据较多，本书仅列举第三层帷幕相关数据，并通过柱状图反映其规律。统计数据见表5.4 - 1、表5.4 - 2，柱状图见图5.4 - 1、图5.4 - 2。各层帷幕统计数据分析如下。

（1）第一层帷幕灌浆：分先序排和后序排，均按Ⅰ序、Ⅱ序、Ⅲ序孔施工。单位注入量分别为：612.88kg/m、370.58kg/m、180.85kg/m、163.55kg/m、82.84kg/m、43.08kg/m，随着序次的变化单位耗灰量逐序递减明显，符合帷幕灌浆逐序递减一般规律。灌前透水率分别为9.47Lu、4.86Lu、2.92Lu、3.32Lu、1.99Lu、0.89Lu，随着序次的变化灌前透水率逐序递减明显，符合帷幕灌浆逐序递减一般规律。

（2）第二层帷幕灌浆：分先序排和后序排，均按Ⅰ序、Ⅱ序、Ⅲ序孔施工。单位注入量分别为159.95kg/m、67.77kg/m、24.91kg/m、32.35kg/m、18.07kg/m、9.82kg/m，其中先序排Ⅲ序孔与后序排Ⅰ序孔单位注入量没有体现递减规律，原因是第二层帷幕灌浆穿过各施工支洞，在施工支洞内的加强帷幕灌浆只有先序排，没有后序排，加强帷幕Ⅱ序、

表 5.4-1 第三层帷幕灌浆单位注入量成果统计表

排别	灌浆次序	孔数	钻孔长度 (m)	灌浆长度 (m)	水泥用量 注入量 (kg)	水泥用量 损耗 (kg)	水泥用量 总耗量 (kg)	单位注入量 (kg/m)	总段数	单位注入量 (kg/m) <10 段数	<10 频率 (%)	10~50 段数	10~50 频率 (%)	50~200 段数	50~200 频率 (%)	200~500 段数	200~500 频率 (%)	500~1000 段数	500~1000 频率 (%)	>1000 段数	>1000 频率 (%)
先序排	I	1411	29 288.13	28 420.93	5 214 779.55	341 921.46	5 565 457.26	183.48	7696	2871	37.31	2892	37.58	904	11.75	418	5.43	321	4.17	290	3.77
	II	1392	27 761.61	26 900.55	1 578 371.02	290 351.39	1 890 082.76	58.67	7446	3993	53.63	2599	34.90	538	7.23	157	2.11	96	1.29	60	0.81
	III	666	29 924.51	29 543.68	877 657.24	309 389.15	1 194 053.21	29.71	6891	3894	56.51	2722	39.50	132	1.92	61	0.89	59	0.86	23	0.33
后序排	I	394	13 036.67	12 911.02	542 063.37	177 312.53	719 991.90	41.98	3207	1227	38.26	1556	48.52	301	9.39	90	2.81	24	0.75	9	0.28
	II	406	12 989.85	12 864.39	272 689.64	170 722.78	456 447.35	21.20	3206	1802	56.21	1264	39.43	80	2.50	56	1.75	3	0.09	1	0.03
	III	246	17 324.14	17 200.14	195 139.60	194 827.87	409 311.72	11.35	3882	3073	79.16	718	18.50	69	1.78	17	0.44	1	0.03	4	0.10
合计	I	1805	42 324.80	41 331.95	5 756 842.92	519 233.99	6 285 449.16	139.28	10 903	4098	37.59	4448	40.80	1205	11.05	508	4.66	345	3.16	299	2.74
	II	1798	40 751.46	39 764.94	1 851 060.66	461 074.18	2 346 530.10	46.55	10 652	5795	54.40	3863	36.27	618	5.80	213	2.00	99	0.93	61	0.57
	III	912	47 248.66	46 743.83	1 072 796.84	504 217.02	1 603 364.94	22.95	10 773	6967	64.67	3440	31.93	201	1.87	78	0.72	60	0.56	27	0.25

表5.4-2　第三层帷幕灌浆灌前透水率成果统计表

单元	排别	灌浆次序	孔数	钻孔长度(m)	灌浆长度(m)	平均透水率(Lu)	总段数	透水率(Lu) <1		1~5		5~10		10~50		50~100		>100		备注
---	---	---	---	---	---	---	---	段数	频率(%)	段数	频率(%)	段数	频率(%)	段数	频率(%)	段数	频率(%)	段数	频率(%)	
第三层帷幕灌浆成果小计	先序排	I	1411	29 288.13	28 420.93	5.54	6375	1815	28.47	3580	56.16	578	9.07	331	5.19	25	0.39	46	0.72	
		II	1392	27 761.61	26 900.55	1.56	6111	2879	47.11	2901	47.47	256	4.19	70	1.15	3	0.05	2	0.03	
		III	666	29 924.51	29 543.68	0.64	6799	5534	81.39	1208	17.77	49	0.72	8	0.12	0	0.00	0	0.00	
	后序排	I	394	13 036.67	12 911.02	1.11	3207	1937	60.40	1194	37.23	64	2.00	12	0.37	0	0.00	0	0.00	
		II	406	12 989.85	12 864.39	0.72	3206	2515	78.45	668	20.84	22	0.69	1	0.03	0	0.00	0	0.00	
		III	246	17 324.14	17 200.14	0.33	3882	3590	92.48	246	6.34	9	0.23	1	0.03	0	0.00	0	0.00	
	合计	I	1805	42 324.80	41 331.95	4.06	9582	3752	39.16	4774	49.82	642	6.70	343	3.58	25	0.26	46	0.48	
		II	1798	40 751.46	39 764.94	1.27	9317	5394	57.89	3569	38.31	278	2.98	71	0.76	3	0.03	2	0.02	
		III	912	47 248.66	46 743.83	0.52	10 681	9124	85.42	1454	13.61	58	0.54	9	0.08	0	0.00	0	0.00	

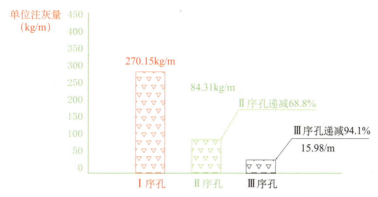

图 5.4 - 1　三灌帷幕下游侧先序孔各次序孔单孔注入量递减规律图

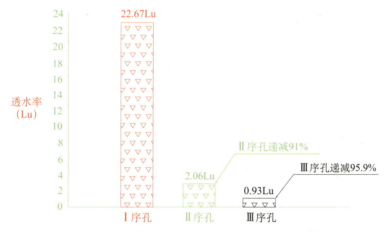

图 5.4 - 2　三灌帷幕上游侧先序孔各次序孔透水率递减规律图

Ⅲ序孔的单位注入量较小，导致统计中先序排Ⅲ序孔单位注入量偏小。整体而言，第二层帷幕灌浆随着序次的变化单位耗灰量逐序递减明显，符合帷幕灌浆逐序递减一般规律。灌前透水率分别为 5.23Lu、2.26Lu、0.96Lu、2.15Lu、0.91Lu、0.45Lu，其中，先序排Ⅲ序孔与后序排Ⅰ序孔灌前透水率没有体现出递减规律，原因同上述。

（3）第三层帷幕灌浆：分先序排和后序排，均按Ⅰ序、Ⅱ序、Ⅲ序孔施工。单位注入量分别为 183.48kg/m、58.67kg/m、29.71kg/m、41.98kg/m、21.20kg/m、11.35kg/m，其中先序排Ⅲ序孔与后序排Ⅰ序孔单位注入量没有体现递减规律，原因与第二层帷幕灌浆情况一致。灌前透水率分别为 5.54Lu、1.56Lu、0.64Lu、1.11Lu、0.72Lu、0.33Lu，其中，先序排Ⅲ序孔与后序排Ⅰ序孔灌前透水率没有体现出递减规律，原因同上述。

数据表明，帷幕灌浆施工情况整体良好，单位注入量与灌前透水率随着序次的变化逐序递减明显，符合帷幕灌浆逐序递减一般规律，满足设计要求。

5.4.2　检查孔成果统计

帷幕灌浆检查孔结果统计见表 5.4 - 3。

表 5.4-3　帷幕灌浆检查孔成果统计表

部位	检查孔数	压水试验段数	透水率（Lu）								设计标准
			<1		1~3		3~5		>5		
			段数	频率（%）	段数	频率（%）	段数	频率（%）	段数	频率（%）	
第一层	65	747	745	99.732	2	0.2677	0	0	0	0	1.0
第二层	164	1081	1080	99.907	1	0.0925	0	0	0	0	1.0
	41	268	263	98.134	5	1.8657	0	0	0	0	3.0
第三层	216	1825	1820	99.726	5	0.274	0	0	0	0	1.0
	218	1348	1344	99.703	4	0.2967	0	0	0	0	3.0

第一层帷幕灌浆廊道：防渗标准均为 1Lu，完成检查孔 65 个，压水 747 段。压水透水率最大值为 1.37Lu。其中，一灌左斜交 C-11-05-14006 单元，检查孔 1W06-J2 第 8 段压水试验透水率为 1.37。符合"不合格段的透水率值不超过 2Lu，且不集中"的要求，灌浆质量可认为合格。

第二层帷幕灌浆廊道：防渗标准 1Lu，完成检查孔 164 个，压水 1081 段。压水透水率最大值为 1.6Lu。其中，二灌一洞 C-11-05-24024 单元，检查孔 2W24-J1 第 12 段压水试验透水率为 1.60，其余所有孔段压水均符合防渗标准。符合"不合格段的透水率值不超过 2Lu，且不集中"的要求，灌浆质量可认为合格。防渗标准 3Lu，完成检查孔 41 个，压水 268 段，均符合设计防渗要求。

第三层帷幕灌浆廊道：防渗标准 1Lu，完成检查孔 216 个，压水 1825 段。其中大于 1Lu 的压水孔段均为第三组帷幕灌浆试验的检查孔孔段。防渗标准 3Lu，完成检查孔 218 个，压水 1344 段，孔段均符合设计防渗要求。

5.4.3　封孔质量检查

为保证灌浆孔的封孔质量，在封孔过程中重点监控封孔灌浆的结束压力、流量及封孔时间。封孔完成后，经监理工程师现场检查，孔口饱满度好、密实度好、无渗水现象的为质量合格。此外，还专门布置了一些封孔质量检查孔，通过钻孔取芯，检查封孔的质量情况，取芯实物见图 5.4-3。经检查，封孔质量全部合格。

5.4.4　帷幕防渗直观效果

（1）临时帷幕保证了施工期安全。地下厂房区域地下水与江水的连通性较好。2008 年 1 月江水位仅 268.5m 左右，但尾水管开挖面渗流量达 250m³/h，曾一度因开挖遇集中渗水点而停工。随着临时帷幕逐步形成，渗流量随之减小，2008 年 8 月 10 日实测当年最高江水位 282.1m 时，渗流量不足 100m³/h，可见临时帷幕施工前后渗流量变化明显。主厂房、尾水管等低部位开挖基本处于干地施工，未发现涌水甚至大的渗水。临时帷幕为地下厂房开挖、浇筑提供了良好条件，保证了顺利施工。

（2）运行期防渗效果较好。电站投运两年多来，定期巡检未发现大的渗漏点，主厂房、主变洞等帷幕保护区具有良好的运行环境。排水廊道总排水量为 68L/min，排水量不大，说明帷幕灌浆质量较好。

图 5.4 - 3　岩芯（裂隙充填）实物

5.5　小结

（1）实际运行效果表明，向家坝地下电站帷幕排水系统的设计布置和结构型式合理，所用的施工工艺、灌浆参数可以达到设计防渗标准。永久防渗系统与施工期临时防渗需求相结合的方案，保证了施工安全，节省了工程投资。

（2）根据现场情况对第三、四层帷幕的合并优化设计取得了成效，在保证防渗质量的情况下，解脱了施工期帷幕对地下洞室中下部开挖的制约，保证了工程总进度，节省了工程造价。事实证明，通过精细化的施工组织，超过 100m 的深孔帷幕质量可以得到保证。

（3）灌浆廊道原设计断面 3.6m（宽）×4.1m（高），小断面洞室开挖不利于机械作业，进度缓慢，容易影响后续的帷幕施工。而且相应高程的灌浆廊道在地下厂房混凝土浇筑阶段一般都还兼做重要的混凝土运输通道，需保证混凝土罐车通行。借鉴龙滩、瀑布沟等工程经验，向家坝也将部分第三层灌浆廊道断面调整为 5.1m（宽）×5.45m（高）。建议类似工程设计时灌浆廊道断面适当加大，既有利于开挖进度，又有利于后期施工。

第6章 金属结构

向家坝右岸布置有引水发电、排沙和灌溉取水三大系统，均安装有金结（即金属结构）设备。其中引水发电系统金结设备较多，包括24台套拦污栅及埋件、1套清污门机、1扇进水口检修闸门及4套门槽埋件、1台检修闸门门机、4扇进水口事故闸门及4套门槽埋件、4台事故闸门液压启闭机、4套压力钢管、4套机组埋件（包括蜗壳、基础环、座环、尾水管等）、2扇尾水管检修门及4套门槽埋件、1套尾水管检修门启闭台车、4扇尾水出口检修闸门及4套门槽埋件、4套尾水出口闸门固定卷扬式启闭机等。排沙系统金结设备较少，包括2扇进水口检修闸门及门槽埋件、2扇进水口事故闸门及门槽埋件、2套进水口事故闸门液压启闭机、1扇出口弧形工作门及门槽埋件、1套工作门液压启闭机等。灌溉取水系统因暂不具备安装条件，仅安装了1扇拦污栅及埋件和1扇检修闸门及埋件。

本章主要对引水压力钢管、排沙钢管、闸门及启闭机、机组埋件等具有典型代表的设备进行重点介绍，包括设备的设计布置、主要技术问题、安装方案和安装管理过程中的经验教训等。

6.1 工程设计及布置

6.1.1 引水压力钢管

向家坝右岸电站引水系统共4条引水隧洞，相邻隧洞中心间距36m，洞型为圆形，分别由上平段、上弯段、斜井段、下弯段和下平段组成。5～8号机组引水隧洞长度分别为270.816m、235.371m、199.678m、164.238m。5号和6号机组引水隧洞的洞径为13.4m，从厂房前15m开始，洞径渐变为11.47m，与蜗壳进口等径。7号和8号机组引水隧洞的洞径为14.4m，从厂房前25m开始，洞径渐变为11.47m，与蜗壳进口等径。引水隧洞在下弯段以前采用钢筋混凝土衬砌，衬砌厚度为1.0m，下弯段（5号机组含部分下弯段）以后采用钢衬，钢衬段下游布置有厂房的防渗帷幕和排水洞，防止地下水渗入厂房。

压力钢管分布在引水隧洞末端下平段，5～8号机组压力钢管长度分别为36.448m、36m、56m、36m。钢管分为直管、弯管及锥管，内径为 $\phi14\ 400\sim11\ 600$mm，管体材质为07MnCrMoVR；管壁厚度分为40mm、42mm和48mm三种规格，4条引水隧洞共88节钢管。钢管的最大外形尺寸为 $\phi15\ 184\times2000$mm，单节最大吊装重量约为46t。引水洞及钢衬布置见图6.1-1。

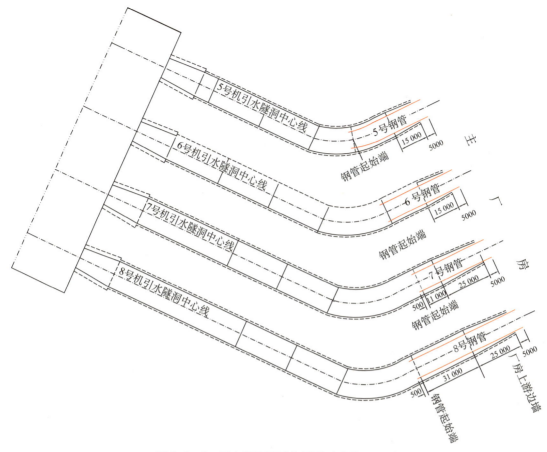

图 6.1-1　引水洞及钢衬布置图 (单位: mm)

6.1.2　排沙钢管

右岸地下厂房进水口布置有 2 个排沙洞,以避免进水口淤积。排沙洞洞径为 5m,进口底板高程为 316.50m,单个排沙洞设计泄流量 200m³/s。两个排沙洞进口均布置有检修闸门和事故闸门,过进水塔后,两洞合二为一,在中部帷幕及以下设置排沙钢衬,直到出口的工作弧门。排沙洞出口布置在尾水平台附近,为明槽段,并设有消力池。排沙洞布置见图 6.1-2。

钢管始于排沙洞中部,末端接弧形工作门,管线总长度为 174.469m。钢管分为直管、弯管、渐变管及方管,单节长度主要以 3000mm 为主。直管段及弯管段内径为 φ5000mm,渐变段进口端内径为 5000mm,出口端 (即方管进口端) 为矩形断面 (4255mm×4000mm),方管的出口端为矩形断面 (4122mm×4000mm)。管体材质为 Q345R,加劲环材质为 Q345C;管壁厚度分为 18mm、20mm 和 32mm (渐变段及方管段用) 三种规格。钢管共 62 节,单节最大重量约为 19t,总重量约 533t (含附件),其中圆管 50 节,渐变段 12 节。

6.1.3　闸门及启闭机

6.1.3.1　进水口拦污栅及其埋件和启闭机

1. 拦污栅及其埋件

拦污栅为活动式,共分 20 节制造,节与节之间在边梁处用销轴和连接板连接成一体;

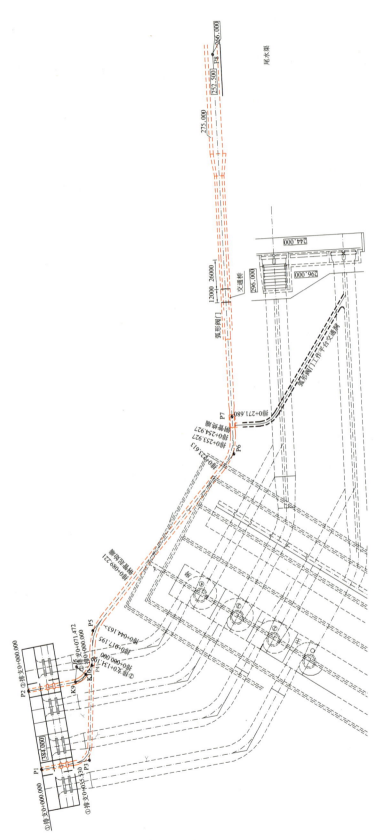

图6.1-2 排沙洞布置图

拦污栅主支承及反向支承均采用高分子复合材料滑块，侧导向采用悬臂圆柱销。埋件按 2 道栅槽整体设计，并采用一期混凝土埋设，第 1 道栅槽为清污导槽，每道栅槽顶部两侧均设置独立的翻板锁定装置和锁定支承埋件，每节栅体两侧边柱腹板开长方形孔形成锁定座与翻板锁定梁配合。

2. 拦污栅启闭机

在进水口塔顶高程 384m 设 1 台清污双向门机，门架跨内设有 1 台小车，启闭容量为 1000kN，分别通过平衡吊梁与拦污栅相连。拦污栅前污物由小车主钩连接液压清污抓斗进行清污。

6.1.3.2　进水口检修闸门及其埋件和启闭机

1. 检修闸门及其埋件

检修闸门采用平面滑动闸门，分为上、下两大节，每大节又根据运输尺寸分节制造，在工地将各制造单元拼焊成两节门体，两大节门体间通过连接板与轴连接成整扇门；闸门主支承采用钢基铜塑滑道，反向支承采用铰式弹性滑块，侧导向为简支轮；门叶为下游面板、下游止水；门体顶部设置压盖式充水阀。

2. 检修闸门启闭机

进水口塔顶高程 384m 设有门机，门架跨内设有 1 台小车，启闭容量为 3200kN，通过自动抓梁与进水口检修闸门连接，主钩还用于快速闸门、液压启闭机等设备的安装、检修。

6.1.3.3　进水口快速闸门及其埋件和启闭机

1. 快速闸门及其埋件

快速闸门采用平面滑动闸门，闸门分为上、下两大节，每节门体又根据运输尺寸分节制造，在工地将各制造单元拼焊成两大节，两大节门体间通过连接板与轴连接成整扇闸门；闸门主支承采用钢基铜塑滑道，反向支承采用铰式弹性滑块 + 高分子复合材料固定滑块，侧导向为简支轮；门叶面板设在上游，底止水设在上游，顶、侧止水设在下游，利用水柱下门；门体上部设置压盖式充水阀，充水阀体上设置锁定座。

2. 快速闸门启闭机

进水口快速闸门启闭机采用单缸单作用液压启闭机，每扇闸门配置 1 套液压启闭机，启闭容量为 8500kN/4000kN（持住力/启门力）。油缸支承座布置在门槽顶部高程 381.00m，支承座支承在缸体尾部，缸体支承采用球面与支承座锥面垂直支承形式，满足缸体微量摆动要求；活塞杆吊头与充水阀体连接。每套泵站设两套油泵电动机组互为热备用。启闭机的控制方式采用现地与远控相结合的方式。当水轮发电机组出现飞逸事故时，液压启闭机可以在 3min 内将闸门关闭，以保护机组。

6.1.3.4　尾水管检修闸门及其埋件和启闭机

1. 尾水管检修闸门及其埋件

检修闸门采用平面叠梁滑动闸门，每节叠梁门高度按运输尺寸确定，主梁采用变截面；闸门主支承采用钢基铜塑滑道，反向支承采用弹性复合材料滑块 + 固定复合材料滑块，侧导向为简支轮；除第一节门叶设有充水阀外，其余各节门叶结构尺寸相同；闸门面板和止水均布置在厂房侧。

由于下游水位高于廊道底板高程，因此检修闸门槽井顶部设置密封盖板，机组正常发电运行时，密封盖板封住闸门槽井孔口。

2. 尾水管检修闸门启闭机

在尾水管廊道内高程 288.50m 设有 1 台台车式启闭机，启吊容量为 2×800kN，通过自动抓梁操作尾水检修闸门。

6.1.3.5 尾水洞出口检修闸门及其埋件和启闭机

1. 尾水洞出口检修闸门及其埋件

检修闸门为平面滑动门，共分为 3 节，第 1 节门叶高约 2.5m，第 2 节门叶高约 12.6m，第 3 节门叶高约 18.9m。第 2、3 节门叶根据运输尺寸（约 3.15m）分节制造，在工地拼焊成整体，3 节门体通过销轴连接，满足节间充水行程要求。闸门主支承采用钢基铜塑滑道，反向支承采用铰式弹性滑块＋固定高分子复合材料滑块，侧导向采用高分子复合材料滑块；弹性滑块在闸门封闭孔口时起到弹性预压作用，固定滑块在闸门处于锁定状态时承受地震荷载作用。为避免泥沙淤积在闸门梁格内，闸门面板、底止水、节间止水布置在下游侧，顶、侧止水布置在上游侧。

闸门设二挡节间充水：当下游水位在 276.50m 以上时，提起第 1 节门叶 150mm 进行节间充水；当下游水位在 276.500m 以下时，提起第 1 节和第 2 节门叶进行节间充水。

2. 尾水洞出口检修闸门启闭机

每扇尾水洞出口检修闸门配置一台固定卷扬式启闭机，启闭机布置在门槽顶部混凝土排架高程 324.00m 平台上，启闭容量 2×2500kN。启闭机双吊点同步采用机械同步轴的方式。

6.1.4 机组埋件

向家坝右岸地下电站装设 4 台 800MW 的竖轴混流式水轮机，水轮机主要埋设部件有基础环、座环、蜗壳、机坑里衬等。

基础环采用 Q235C 钢板焊接制成，下端通过不锈钢段凑合节与尾水管里衬的顶端焊接，上端与座环焊接。基础环作为底环的支承平面，与底环用螺栓连接。

座环采用固定导叶不穿过上下环板的结构，环板材料为 S355J2G3－Z35，固定导叶材料为 E500TR，固定导叶有 28 块。受运输条件限制，座环分 4 瓣，总重量 334t。各分瓣部件用预应力螺栓连接后进行立面封焊和环板焊接。

蜗壳采用钢板焊接结构，材料为 B610CF 高强度钢板，最大板厚约 74mm，以管节交货，管节共 28 节，总重量 726.3t，蜗壳设 2 个凑合节。另外，蜗壳与压力钢管的连接部位也设有凑合节，分为 4 块，留有 200mm 的工地切割余量。

机坑里衬采用钢板焊接，材质为 Q235，里衬从座环延伸到发电机下风洞盖板下面，并采用焊接方式固定到座环上，里衬钢板的最小厚度不小于 20mm。

6.2　主要技术问题

6.2.1　压力钢管安装方案比选

在可研阶段比选了四个安装运输方案，并推荐从进水口经引水隧洞下放至下平段的安装方案。但是实际安装时，经综合分析比较后，仍采用了可研报告中放弃的从进场交通洞转运到安装间倒装的方案。其差别究竟在哪里？两个方案各有哪些优缺点呢？

6.2.2　排沙钢管洞内转运

排沙钢管单节重量较轻，尺寸相对也不大，但排沙洞内结构复杂，仅在 1 号施工支洞和排沙洞的交叉口场地稍大，可用做吊装和翻身场地，但该部位吊装手段有限，吊装高程不匹配，需增设吊装天锚。另外排沙洞与钢管之间的间隙小，洞室长且有弯管段、方管段等，钢管洞内运输条件复杂，如何确保钢管吊装安全，洞内运输可靠，需认真研究。

6.2.3　闸门槽内安装

根据安装场地和吊装手段的不同，闸门一般在门槽顶部或者坝面采用立式组装方式，立式组装与闸门的运行工况一致，能取得较好的安装质量；另外，闸门在门槽顶部或坝面安装，组装场地大，测量验收方便。

因场地、闸门重量和吊装手段等多方面的原因，尾水出口闸门采用在门槽内组装焊接，且采用了二次安装、焊接，并结合使用永久固定卷扬式启闭机作为起吊手段的综合安装方案。闸门在门槽内组装有一定的质量风险；二次安装焊接，有一定的安全风险；使用永久设备作为起吊手段，安装流程复杂，安装时间跨度大，也存在一定的风险。如何解决上述矛盾，需从技术方案、质量管理、安全管理等方面综合研究。

6.2.4　塔顶门机大件吊装

进水塔为离岸式结构，通过垂直于进水塔的交通桥连接，进水塔布置有大量水工设备，坝面布置有油泵房、变配电站等建筑，安装场地狭小。

塔顶门机为起吊容量 3200kN 的大型吊装设备，其起吊容量大，扬程高，导致门机支腿、主梁和小车架等均为超大、超重件，需用 300t 履带吊吊装，设备翻身时还需 50t 汽车吊配合，但因场地狭小，如何布置吊装设备与安装设备之间的位置，为安装方案研究的重点。

6.2.5　蜗壳混凝土变形监测

尾水管、基础环、座环和蜗壳安装、焊接形成整体后，需进行混凝土浇筑。该部位混凝土仓面大，浇筑量大，加上该部位结构复杂，阴角部位多，特别是蜗壳与混凝土接触面积大，混凝土浇筑时容易导致座环和蜗壳变形、移位，造成质量事故。为确保浇筑时座环和蜗壳不变形、不移位，除合理的浇筑方案外，还需成立变形监测小组，制定详细的变形监测方案。确保设备埋设质量为方案研究的重点。

6.3　安装方案

6.3.1　压力钢管安装

6.3.1.1　方案比选

1. 可研推荐方案（进水口组圆方案）

1）方案简介

引水钢管在进水口组圆平台组圆，最大吊装单元约43t，外形尺寸 $\phi15.182 \times 2.0m$。采用50t汽车吊配合MQ1260B/60t门机翻身，将钢管吊至进水口平台引水洞入口的轨道上，水平运输至洞内上平段，在上弯段转向到洞内斜直段，经过斜直段后在下弯段再次转向到下平段，最后将其滑移就位进行安装，洞内的轨道运输用卷扬机及滑车组为主要导向和吊装器具，局部用10t手拉葫芦短距离辅助。在下弯段进行适量的扩挖，使钢管沿着斜直段直接行走到下水平段的延长线上，拐弯处用吊装天锚、导向滑车组和卷扬机配合钢管转向运行。

2）优缺点

在洞外组装焊接，施工场地大，施工环境较好，但需搭设防雨、防风设施。在进水口组装，有专用的吊装手段，不受其他施工干扰的影响。洞内运输距离最大310m，钢管重心高度7.5m，钢管最大外形尺寸为15.182m，加运输支撑后重量63t，在上下弯段运输时，需6台卷扬机同时协调配合运行，多台卷扬机协调配合运行的指挥、控制操作难度大，但只要准备充分、精心组织，困难是可以克服的。下弯段为空间转弯，转弯半径和转弯角度均比较小，有一定的安全风险。钢管运输安装占用5~8号机组引水洞混凝土浇筑的直线工期，斜井段和上平段混凝土浇筑受钢管运输安装制约，每条洞的钢管运输安装完成后，才能开始相应的斜坡混凝土浇筑。

2. 实施方案（厂房组圆方案）

1）方案简介

单节钢管分四个瓦块，在加工厂制造组圆，焊接两条焊缝形成两个半圆，防腐后，采用汽车经进场交通洞运输到地下厂房进行二次组圆。在安装间布置两个组圆工位：在②③机坑之间布置一个组圆工位，在③④机坑之间布置一个组圆工位。在各个组圆工位进行组圆、焊接、内支撑安装、检验后，利用1200t桥机或50t施工桥机进行翻身吊装到钢管安装平台轨道上，通过卷扬机牵引到钢管安装位置进行安装焊接。

2）优缺点

投资较小。洞内运输距离短，且均为水平运输，安全风险小。场地小，地下厂房安Ⅰ只能布置一个组圆平台、一个内支撑组焊平台，另外在机组之间的部分平台可以布置平台，但施工通道狭窄。起吊手段很难保证，在钢管安装期间，将同时进行尾水管的吊装、厂房混凝土浇筑吊装、机电埋件的吊装等，厂房内虽有50t施工桥机和厂房永久桥机，但两台桥机共轨，使用效率有限，除了大件吊装外，桥机还要承担钢管瓦块的卸车、瓦块的组圆、内支撑的安装等小件的吊装任务。厂房内的安全文明及卫生很难保证。对厂房一线关键线路的土建施工干扰很大。

3. 方案对比

经对比两个方案，进水口组圆方案投资大、安全风险大，优点不明显；而厂房组圆方案投资小、安全风险小，其缺点完全可以通过加强协调解决，优势明显，故选择了厂房组圆方案。

6.3.1.2 总体方案

1. 钢管厂半圆制作

钢管分两瓣在钢管厂完成下料、坡口制备、卷板、预组装、除纵缝侧500mm以外的加劲环组焊、内支撑安装（半圆）、防腐、检验等工序后将半圆储存在厂内堆放场。

2. 二次组圆

通过载重汽车将半圆钢管运输至地下厂房，利用50/20t桥机卸车并直接将半圆钢管吊装到相应的组装平台［安Ⅰ平台（以下简称1号组焊平台），②③机坑之间、③④机坑之间的高程241.000m组装平台（以下简称2号、3号组焊平台）］进行管节组圆、剩余纵缝焊接、探伤检验、加劲环组焊、调圆、焊缝防腐、内支撑对接、附件安装、检查验收等工作。

3. 钢管安装

钢管组焊完成并验收合格后，利用50/20t桥机对管节进行翻身，再用桥机将管节吊入钢管引水隧洞末端延长的运输轨道上；然后使用运输铁鞋及卷扬机经下平段就位；最后进行钢管调整、加固、环缝焊接、环缝探伤、外壁防腐、内支撑拆除、内壁防腐、验收移交等工作。

6.3.1.3 钢管安装

1. 安装准备

1）支墩埋设及桁架安装

采用连续混凝土支墩，支墩顶埋设钢板（300mm×200mm×20mm）和纵向插筋（ϕ25mm），支墩中心跨距9m。轨道安装布置见图6.3-1。

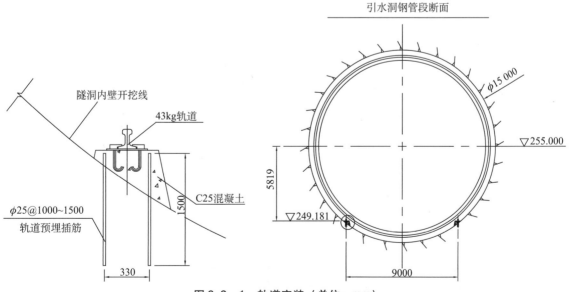

图6.3-1 轨道安装（单位：mm）

2）轨道安装

在混凝土支墩上要敷设43kg级轨道，5～8号引水洞钢管运输轨道安装长度分别为41.2m、40.7m、40.7m、60.7m。

3）加固件埋设

为防止混凝土浇筑过程中钢管移位和变形，在每节钢管两侧的混凝土墙上埋设锚筋，在首装节钢管下游管口附近埋设两根或三根工字钢。在每台机组段241.000m高程钢支撑桁架安装位置处预埋基础板。

4）卷扬机布置

在6～8号机引水洞与⑤施工支洞交汇处设置1台10t卷扬机用于钢管洞内运输的主牵引动力，5号机引水洞与⑤施工支洞交汇处设置2台5t卷扬机和1台10t卷扬机。另外，在7、8号机之间的⑤施工洞设置1台5t卷扬机并通过地锚导向用于钢管运输的牵引动力及防倾翻辅助力。

5）测量控制点设置

每节管或管段的上游管口下中心和左、右中心部位均应设置控制点，左、右中心处为高程控制点，下中心设置中心、里程结合控制点。

6）施工平台

使用安Ⅰ平台，5～6号机坑、6～7号机坑、7～8号机坑之间的241.000m高程平台作为钢管现场组装的工位，共4个组圆平台。

2. 钢管二次组圆焊接

将制造厂已成型检验合格的半圆钢管转运到地下厂房组装现场，利用地下厂房桥机卸车并吊到组装工位进行管节的组装焊接工作，其施工流程见图6.3-2。

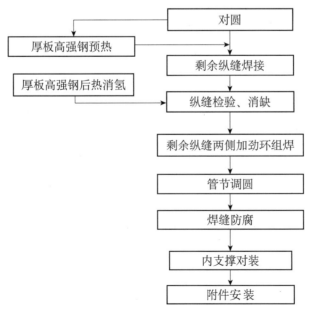

图6.3-2　钢管加工流程

3. 钢管安装

1）安装总体顺序

先进行7、8号机钢管安装，然后进行5、6号机钢管安装。以引水洞钢管段起始端钢管为定位节依次从向上游端往下游侧进行安装，中间不设凑合节。

2）钢管安装流程

钢管安装工艺流程见图6.3-3。

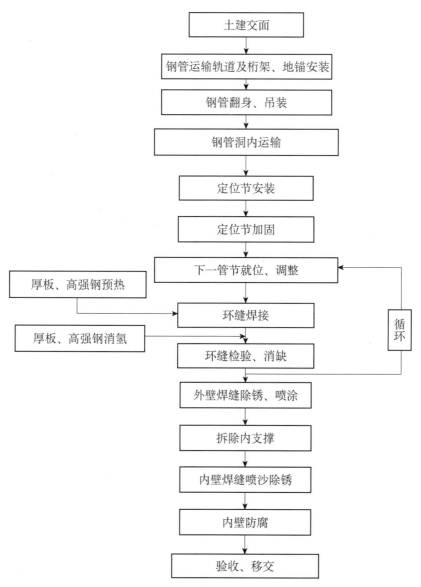

图6.3-3 钢管安装工艺流程

除定位节、钢管锥管段起始点均设置测量控制点外，其余部位每间隔10m在引水洞底板上设置一组测量控制点，即钢管安装中心、里程点和高程点以及钢管左右中心在隧洞底板上的投影点，并做好标记，注意保护。

3）钢管吊运翻身

利用施工桥机或永久大桥机吊至地下厂房机坑之间的组装平台进行钢管翻身，翻身时采用桥机进行单钩翻身，并在钢管底部加设弧形保护垫块。

4）平段钢管的吊装运输

根据钢管直径大的特点，采用组合单元方式进行运输，对下平段钢管，采用三节作为一个洞内运输单元，并增设辅助牵引绳和辅助安全支架，防止钢管倾翻，主要操作步骤如下。

（1）第一节钢管吊装至钢支撑桁架后，利用倒链将钢管缓慢向洞内滑移 2m，滑移时在基坑 EL241m 平台增加辅助溜放钢丝绳 + 倒链，防止钢管向后倾翻。

（2）第二节钢管吊装至钢支撑桁架后与第一节钢管的加劲环沿圆周采用型钢连接 6 处形成整体，然后利用卷扬机将 2 节钢管向洞内滑移 2m，滑移前在钢管上游增加辅助安全支架防止钢管的向前倾翻，同时增加辅助牵引的卷扬机防止其向后倾翻。

（3）第三节钢管吊装至钢支撑桁架后与第二节钢管的加劲环沿圆周采用型钢连接 6 处形成整体，运输时使用 10t 卷扬机作为主牵引动力拖动钢管，并辅以辅助绳同步保证运输的稳定性，同时加装安全装置，保证运输的安全。钢管洞内运输示意图见图 6.3 – 4。

5）下弯管节的吊装运输

5 号机组定位节在弯管段，因此先将第一、二节组装成大节（总重量约为 50t），然后进行运输安装，在水平段运输方式相同。运输到上弯段起始点后，采用三点牵引就位，顶部采用一台卷扬机和滑轮组进行牵引，下部采用一台卷扬机和滑轮组挂两点同时进行牵引，拖运就位。

6）管节组装和调整

先调中心：用千斤顶调整钢管，使其下中心对正底中心，对正后再用 4 台千斤顶将钢管均衡地调整到设计高程。高程通过在墙上设置高程控制点进行拉线检查，合格后焊上临时活动支腿，撤去千斤顶，重新检查中心、高程、里程和倾斜度，不合格再调，反复数次调整使首装节管口上下游几何中心误差小于 ±5mm，管口垂直度偏差小于 ±3mm。调整合适后可以用型钢固定，焊于预埋工字钢和锚筋上。

7）弯管的测量控制

弯管安装要控制上游管口下中心和管口倾斜度，将其下游口下中心对正首装节管口下中心，并检测上游口下中心偏差。如有偏移在相邻管口各焊一块挡板，在挡板间用压机顶转钢管使中心对正。然后再用压机、拉紧器调整两相邻管口的间隙，同时检测上管口倾斜度。

弯管的上下中心和水平段挂垂线进行检测。测得的实际偏差值与理论值进行比较，可知弯管的倾斜度误差，少量的误差可以用千斤顶或拉紧器调整，也可以调整上下中心部位间隙。弯管安装 2~3 节后，应检查调整以免造成误差积累。钢管安装位置偏差见表 6.3 – 1。

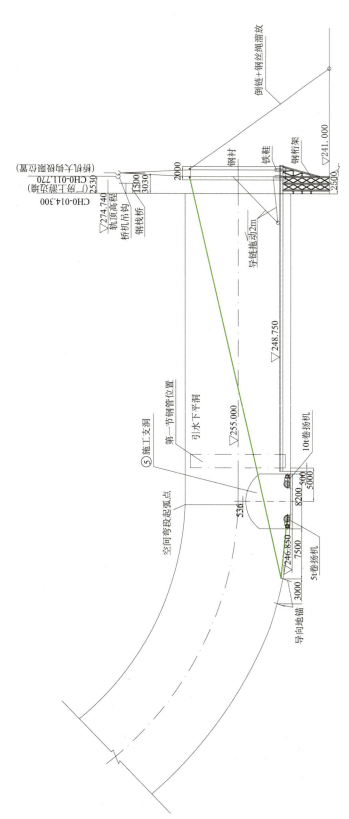

图6.3-4 钢管洞内运输示意图（单位：高程m；其他mm）

表 6.3 - 1　钢管安装位置偏差表

序号	项目	极限偏差（mm）				检测工具
		始装节	与蜗壳连接的管节	弯管起点节	其他部位管节	
1	管口中心	5	12	25	25	全站仪
2	管口里程	±5	—	±10	—	全站仪
3	垂直度（直管）	±3	—	—	—	粉线、吊坠、钢直尺
4	钢管圆度	≤40，至少测四对直径				钢盘尺
5	环缝对口错位	10%δ（δ 为板厚）				检验尺

为防止加固焊时，因焊接收缩造成钢管移位，加固型钢的一端焊缝应为搭接，且应最后焊接。加固完后再复测中心、高程、里程、倾斜度，做出安装记录。

8）管节加固

钢管调整合格后，利用型钢与预埋插筋对钢管进行加固焊接。首装节钢管用［18 槽钢加固，其余管节用∠50×5 角钢加固，加固材料不能焊接在钢管管壁上，只能焊在加劲环或阻水环上，并且在钢管两侧用［18 槽钢加斜支撑，定位节钢管的两端管口均要加固牢靠。

6.3.1.4　钢管焊接

1. 焊接要求

（1）安装焊缝均采用手工焊进行焊接，按 12 个焊工对称分段倒退施焊的原则进行，焊接顺序见图 6.3 - 5。

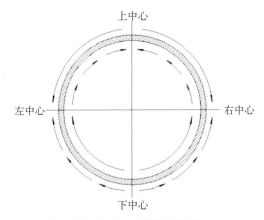

图 6.3 - 5　钢管焊接顺序

（2）焊接前用远红外加热装置对焊缝两侧进行均匀预热，预热温度 120～150℃，用红外线测量焊缝两侧温度。

（3）高强钢焊缝内用碳弧气刨清根的部位，应用砂轮机清除渗碳层。

（4）每条焊缝一次连续焊完，当因故中断焊接时，应采取防裂措施（加保温棚布）。在重新焊接前，将表面清理干净，确认无裂纹后，方可按原工艺继续施焊。

（5）焊接完毕，焊工进行自检。自检合格后在焊缝附近用钢印打上钢号，并做好记录；

高强钢上不打钢印，但要进行编号和做出记录，并由焊工在记录上签字。

2. 定位焊

定位焊位置距焊缝端部30mm以上，其长度在50mm以上，间距为400～800mm，厚度不宜超过正式焊缝高度的1/2，最厚不宜超过8mm。

3. 环缝焊接

环缝焊接全部以手工电弧焊进行。焊缝在施焊前用远红外温控加热仪进行加热，将加热片均布于钢管外侧的焊缝两侧。温度满足要求后，即可进行钢管内、外侧焊缝的焊接。焊接完毕进行后热消氢。

4. 焊接线能量控制

线能量一般控制在20～40kJ。依据焊接工艺试验对焊条规格、焊接规范、焊接速度、每根焊条焊接焊缝的长度范围均做出相应规定，用于指导焊接生产。

5. 层间温度的控制

层间温度最高不高于200℃。所有焊缝应尽量保证一次性连续施焊完毕，若因不可避免的因素确需中断焊接，在重新焊接前，必须再次预热，预热温度不得低于前次预热的温度。

6. 焊后处理

（1）经无损检测发现的焊缝内部不合格缺陷应用碳弧气刨机清除，并用砂轮修磨成便于焊接的凹槽。焊补前要认真检查，如缺陷为裂纹，则用磁粉探伤确认裂纹已经消除后方可进行焊补。

（2）返修后的焊缝按规定进行复验，同一部位的返修次数不宜超过两次，超过两次须制定可行的技术措施并报监理人批准。

7. 环缝检验

探伤应在焊接完成24h以后进行，采用UT、TOFD＋MT进行检验。

6.3.1.5　加固及验收

1. 加固

每安装焊接完成约12m后交面进行混凝土浇筑，钢管外支撑加固见图6.3－6。

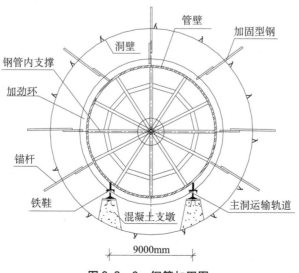

图6.3－6　钢管加固图

2. 内壁防腐

在钢管内支撑拆除后，对焊缝内壁进行二次除锈后补漆，焊缝区的除锈采用手工除锈，合格后手工进行涂漆。手工涂装厚浆型无溶剂超强耐磨环氧重防蚀涂料，涂层厚度不小于800μm。

3. 安装验收

经联合验收后向土建交面进行混凝土浇筑，验收时，重点关注钢管外壁焊缝外观、钢管母材表面外观和钢管加固等质量问题。

6.3.2 排沙钢管安装

6.3.2.1 方案概述

排沙洞钢管在向家坝金属结构厂内进行单节制造，然后将制造完成的整节钢管采用60t门机装车，以20t东风汽车运输至右岸①施工支洞与排沙洞交汇处，并通过预埋的天锚进行卸车、翻身，然后使用卷扬机及导向地锚等将钢管缓慢托至轨道位，同时装焊铁鞋，再利用卷扬机及导向地锚将钢管沿轨道拖运至安装位置就位。其中，①施工支洞上游侧及交叉处的钢管预先运输至上游侧存放，待①施工支洞下游侧钢管安装后再将其反向拖运到安装位置。就位后，进行钢管的调整、加固、环缝焊接、环缝探伤、外壁防腐、内支撑拆除、内壁防腐、验收移交等工作。

6.3.2.2 现场施工布置

根据现场实际情况，在排沙洞钢管段布置运输轨道（包括混凝土支墩、插筋及预埋结构件等）及卷扬机，在①施工支洞与排沙洞交汇处顶部设置天锚。轨道及天锚布置见图6.3-7。

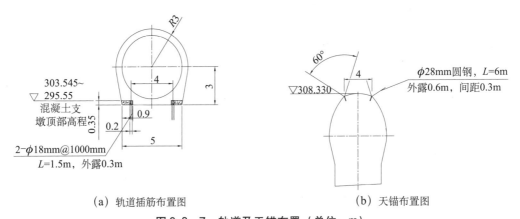

（a）轨道插筋布置图　　　　　　（b）天锚布置图

图6.3-7　轨道及天锚布置（单位：m）

1. 轨道布置

从排沙洞钢管段起始端至末端（除①施工支洞与排沙洞交汇处上游端部延长10m，下游端部延长2m之外）布置运输轨道，轨道跨距4m，排沙洞钢管运输轨道的安装总长度约为360m。

2. 天锚、地锚及卷扬机布置

根据排沙洞与①施工支洞的结构型式，拟在排沙主洞与①施工支洞交汇处顶部设置2

套 16t 天锚。在排沙洞钢管段距起始端及下游侧钢管段中部各设置 2 组地锚，在排沙主洞与①施工支洞交汇处设置 2 组 5t 卷扬机和 2 组 3t 卷扬机，在弧形工作室靠下游侧设置 1 组 5t 卷扬机，分别用于钢管的卸车、翻身及①施工支洞上游侧及下游侧钢管拖运。钢管吊装示意图见图 6.3 – 8。

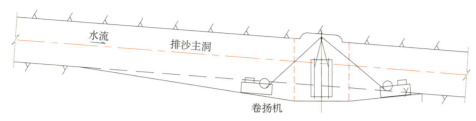

图 6.3 – 8　钢管吊装示意图

6.3.2.3　排沙洞钢管安装

1. 钢管安装工艺流程

钢管安装工艺流程见图 6.3 – 9。

2. 钢管安装顺序

以靠下游侧钢管倒数第 5 节（即与方圆渐变管相接的直管节）为定位节分别向上游侧及弧形闸门室进行安装，①施工支洞靠上游侧钢管事先全部拖运至上游侧后再分别往下游侧进行安装。其中，渐变段和方管段预先运输至洞内。

3. 排沙洞钢管安装控制点布置

根据测量中心的控制点，在排沙洞钢管段定位节起始点均设置测量测量控制点，并在其余部位每间隔约 12m 处的引水洞底板上设置一组测量控制点，即钢管安装中心、里程点和高程点以及钢管左右中心在隧洞底板上的投影点，并做好标记、注意保护。

4. 钢管吊装、运输

（1）钢管吊装

排沙洞钢管运输至①施工支洞与排沙洞交汇处后，利用天锚将钢管吊起，然后退出拖车。利用卷扬机与天锚配合将钢管缓慢吊放于距轨道顶部约 400mm，然后进行铁鞋的装焊，装焊牢固后，缓慢将钢管放置在轨道上并往定位节方向拖运一定距离（根据下节钢管的节长确定）。采用同样的方式将下一节钢管吊装至轨道上，并将两节钢管的环缝位置采用板条进行焊接（6 点），且焊接牢靠。

（2）钢管洞内运输

①施工支洞上游侧排沙钢管运输：同步运行①施工支洞旁的 2 台 3t 卷扬机并通过上游侧地锚转向作为牵引动力，匀速缓慢拖运排沙钢管至安装位置。

①施工支洞下游侧排沙钢管运输：以弧门工作室的 1 台 5t 卷扬机作为牵引动力，为防止钢管因排沙洞自然坡度造成下滑，同时运行①施工支洞的 3t 卷扬机作为溜放使用，匀速缓慢拖运排沙钢管至安装位置。

5. 钢管调整及加固

1）定位节安装

钢管就位后，利用导链、千斤顶和楔子板等工具将钢管管节中心、高程、水平调整至规

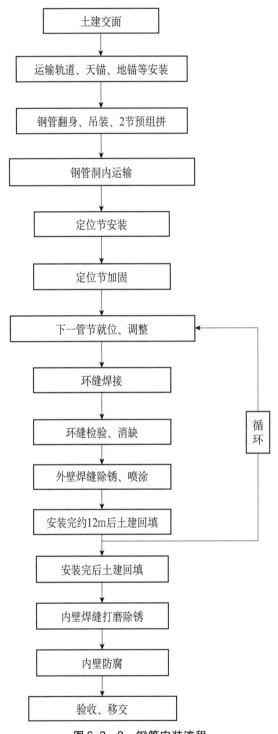

图 6.3-9　钢管安装流程

范要求的形位尺寸范围内。检查符合要求后，先将加劲环下的楔子板进行点焊固定，再利用槽钢通过预埋的插筋和钢板对钢管加劲环进行充分的加固，另外在钢管的上游（或下游）侧与轨道接触位置增加刚性连接点，防止钢管下滑。焊接时先焊对接接头，待焊缝冷却后再焊搭接接头。

2）其他管节安装调整

安装前先复测前一节管口的中心、里程以及管口垂直度，符合要求后，将待安装的管节用卷扬机及滑车组牵引至安装位置，利用拉紧器、压缝器、楔子板等调整压缝，控制焊缝间隙的均匀性及管壁错牙情况，符合要求后，进行钢管四周的加固和定位焊接，钢管加固采用对称搭接焊的方式进行，防止变形或位移。定位焊安排双数个焊工对称进行施焊。钢管外支撑加固示意图见图 6.3 - 10。

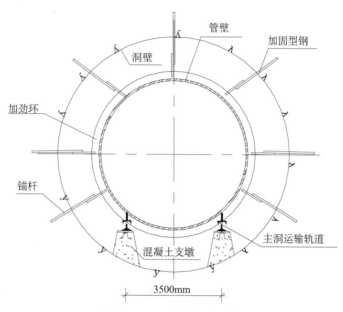

图 6.3 - 10 钢管加固示意图

3）钢管安装极限偏差见表 6.3 - 2。

表 6.3 - 2 钢管安装极限偏差

序号	项目	极限偏差（mm）			检测工具
		始装节	弯管起点的管口	其他部位管节	
1	管口中心	5	12	25	全站仪
2	管口里程	±5	±10	—	全站仪
3	垂直度（直管）	±3	—	—	吊锤、钢直尺
4	钢管圆度	≤25，至少测两对直径			钢盘尺
5	环缝对口错位	10%δ（δ 为板厚）			检验尺

6.3.2.4 排沙钢管焊接

1. 焊接要求

（1）安装焊缝均采用手工焊焊接，6 名焊工对称分段倒退施焊，先焊管内再焊管外。

（2）背缝气刨清根后需用砂轮机磨除渗碳层。

（3）环缝焊接除图样有规定者之外，逐条焊接，不跳越，不强行组装。

（4）焊接完毕，焊工进行自检。焊缝自检合格后在焊缝附近用钢印打上钢号，并做好记录。

2. 定位焊

定位焊位置距焊缝端部 30mm 以上，其长度在 50mm 以上，间距为 400 ~ 800mm，厚度不宜超过正式焊缝高度的 1/2，最厚不宜超过 8mm。

3. 焊接线能量控制

线能量一般控制在 20 ~ 40kJ。依据焊接工艺试验对焊条规格、焊接规范、焊接速度、每根焊条焊接焊缝的长度范围均做出相应规定，用于指导焊接生产。

4. 层间温度的控制

层间温度最高不超过 230℃，所有焊缝应尽量保证一次性连续施焊完毕。

5. 焊后处理

焊接完成后应对焊缝缺陷进行处理及表面清理等。

6. 环缝检验

焊缝内部探伤在焊接完成 24h 以后进行，采用超声波探伤、TOFD 探伤结合磁粉探伤进行焊缝的探伤检验。

6.3.2.5　防腐及移交

1. 涂装

钢管安装焊接并检验合格后对焊缝内、外壁及其余涂料破损部位进行二次除锈后补漆，除锈采用电动工具进行。外壁手工涂无机改性水泥砂浆，涂层厚度不小于 400μm；内壁底漆涂无机富锌漆，涂层厚度不小于 100μm，面漆涂超厚浆型环氧沥青防锈漆，涂层厚度不小于 350μm。

2. 验收及回填

经联合验收后，交土建施工单位进行混凝土浇筑。

6.3.3　闸门安装

地下电站闸门均为平面滑动闸门，结构类似，数尾水出口检修闸门最大，安装难度大，特点明显，因此，本文仅以该门为例进行安装工艺总结。

6.3.3.1　概述

尾水洞出口检修闸门为平面滑动钢闸门，4 台机组共 2 条尾水主洞，各尾水主洞设置 2 套检修闸门，共 4 套。尾水出口检修闸门均由 3 大节共计 11 小节组成，小节之间采用连接板焊接和对接缝焊接止水，大节间采用轴连接水封止水，闸门的启闭利用布置于尾水塔顶部的固定式启闭机进行。单套闸门重量为 359.071t，四套闸门总重量为 1436.284t。

6.3.3.2　总体方案

使用 220t 汽车吊装车，由平板拖车运到施工现场，现场由 300t 履带吊进行吊装作业。门叶节间连接焊接采用现场手工电弧焊方式，焊接时严格按照焊接工艺执行。尾水闸门安装主要工序流程为：设备到货检查→施工准备→运输→吊装→门槽内安装（主滑块等附件先安装）→门槽内焊接→启闭机排架浇筑→启闭机安装→整体提升→焊接剩余焊缝→水封等附件安装→验收→下闸挡水。

因闸门整体组装后无可靠的吊装手段，必须采用永久的固定卷扬式启闭机进行整体提升，因此闸门分两个阶段安装。

第一阶段：尾水塔浇筑到 EL296.0m，门槽安装回填完成。采用 300t 履带吊，将 11 个制造单元节逐节入槽，在门槽内安装。本阶段闸门安装主要包括闸门运输、吊装、槽内组装、槽内焊接等。

第二阶段：启闭机排架柱浇筑完成，固定卷扬式启闭机安装调试完成，具备运行条件后，开始进行第二阶段闸门安装。本阶段闸门安装主要包括闸门整体提升，剩余焊缝焊接，水封安装等。

6.3.3.3　安装方案

闸门采用立式拼装方式，1 号、4 号孔考虑直接将闸门放入门槽底部；2 号、3 号孔根据土建交通运输的需要，在底部预留一个 4.5m 高通道，故在门槽内两侧各增加一个钢支撑平台，最下节闸门门叶放在钢支撑平台上。闸门门叶按从下到上的顺序运输至安装槽孔适当位置后，利用 300t 履带吊卸车，再翻身竖立吊入孔口内，按出厂定位装置进行拼装，在止水座板处挂线，测水封座板面垂直度。合格后进行定位焊接。依次进行各节的吊装工作。门叶安装完成后用固定卷扬式启闭机进行整体提升，将节间剩余焊缝焊接完成，安装反向滑块、侧轮、底水封、侧水封、顶水封。

1. 安装流程

设备安装前的检验→吊装设施准备→闸门运输→主滑块安装→最下节闸门门叶吊装、调整→按各节门叶从下到上顺序依次吊装、调整→过程中大节间水封安装、小节间连接缝焊接、探伤检查→门叶安装完成后整体提升→剩余节间连接焊缝焊接、探伤检查→反向滑块、侧轮、水封安装→闸门清扫、补漆→待启闭机安装完成后，进行闸门启闭试验→施工期运行、维护→验收移交。

2. 安装措施

（1）闸门门叶按从下到上的顺序运输至 EL296m 尾水出口平台适当位置后，利用 300t 履带吊卸车，再翻身竖立吊装。

（2）将最底节闸门门叶吊入门槽底部，再按从下到上的顺序依次吊装调整，按出厂定位装置进行拼装，挂线找正，检验合格后进行定位焊接。检查项目主要有：门叶高度、水封中心距离的检查；侧轮安装完成后检查侧轮装置的跨距；检查门叶的垂直度、平面度、倾斜度、扭曲、正向滑块与水封座板间距、节间错牙、节间拼装间隙、水封座板平面度、侧轮直线度；门叶全部拼装完成后进行顶底水封尺寸的检查。

（3）橡胶水封按水封制造厂粘接工艺进行粘接，再与水封压板一起配钻螺栓孔。螺栓孔采用专用钻头使用旋转法加工，而且孔径应比螺栓直径小 1mm。

（4）利用启闭机将闸门放入槽孔底部，对底水封与底坎、左右水封与主轨接触面、顶水封与门楣的接触情况进行透光检查，保证门叶封水严密。然后再对闸门进行无水试验，无水试验采用自来水喷淋止水面进行润滑。

6.3.3.4　闸门焊接

1. 焊接顺序

焊接热输入不均会导致焊接残余变形增大。因此在施焊过程中尽量对称焊接，采用"先中间，后两边"原则。细化为：施工准备→焊缝定位加固焊接→面板节间连接板焊接（从中间往两边施焊）和闸门背面支撑板焊接同时进行→边梁翼板焊接→超声波检查→闸门整体提升后，边梁腹板节间连接板焊接→边梁腹板焊接→焊缝修整打磨→超声波检查→工序终检。

2. 焊接要求

（1）线能量控制：在焊接过程中控制线能量指标的最直接方法是控制焊接速度和电流，并尽量减少焊条的横向摆动幅度，使焊条摆动幅度不大于 2~3 倍焊条直径。

（2）层间温度控制：层间温度不得高于200℃。

（3）采用手工碳弧气刨清根，直至焊缝露出金属光泽。

（4）施焊过程中严格执行分段、多层、多道的焊接工艺。

3. 焊接检验

（1）闸门施焊过程中，在单个焊接部位完成后，对闸门水封的尺寸及闸门平面度和倾斜度进行检测。

（2）焊接结束后，焊工必须清除干净焊渣、飞溅，并进行自检。检查焊脚尺寸和焊缝外观质量，发现不允许存在的外观缺陷时应及时进行补焊处理。

（3）焊缝内部质量检测见表6.3-3。

表6.3-3　焊缝内部质量检查要求

钢种	碳素钢			
焊缝类别	一类		二类	
板厚（mm）	≥32	<32	≥32	<32
超声波探伤（%）	100	50	50	30

4. 缺陷返修

外观检查和无损检测发现的不允许缺陷都必须按原焊接工艺进行返修处理至合格。焊接人员焊完后必须进行外观质量自检，自检发现的气孔、咬边等应及时补焊处理。对于无损检测发现的内部缺陷采用碳弧气刨或砂轮磨片将缺陷清除并刨成便于焊接的凹槽，不得使用电焊和气割的方法清除。

6.3.3.5　闸门防腐

闸门安装焊缝部位的涂装工艺应与厂家提供的涂装工艺一致。涂装前，将涂装部位的铁锈、氧化皮、油污、焊渣、灰尘、水分等污物清除干净。经预处理合格的钢材表面应尽快涂装底漆，涂装时严格按批准的涂装材料和工艺进行涂装作业，涂装的层数、每层厚度、逐层涂装的间隔时间和涂装材料的配方等，均应满足施工图纸和涂料制造厂使用说明书的要求。

涂装后涂层表面应光滑、颜色均匀一致，无皱皮、起泡、流挂等缺陷，涂层厚度应基本一致，不起粉状。涂装完成后进行漆膜的厚度及外观检查。

6.3.3.6　闸门验收

无水情况下做全行程启闭试验。试验过程检查滑道的运行无卡阻现象，在闸门全关位置，水封橡皮无损伤，透光检查合格且水封预压量符合图纸要求，止水严密。在试验的全过程中，必须对水封橡皮与不锈钢水封座板的接触面采用清水冲淋润滑，以防损坏水封橡皮。

6.3.4　门机安装

6.3.4.1　概述

向家坝右岸地下厂房进水口 3200kN 塔顶双向门机（以下简称塔顶门机）布置于右岸进水塔高程 EL384.0m 平台上，用于启闭和吊运右岸地下厂房进水口检修门、排沙洞进口检修门、右岸灌溉孔进口检修门、右岸灌溉孔进口事故闸门，并用于地下厂房进水口快速事故闸门及液压启闭机和右岸排沙洞进口事故闸门及液压启闭机的安装、检修和吊运。门机大车沿左、右方向走行，其轨距为 15.0m，走行距离约为 160.0m；小车在门机跨内沿上、下游方向走行，走行距离约为 10.0m。门机轨道装置重量为 57.107t，门机重量为 400.55t。

6.3.4.2　构件吊装方案

因进水塔安装场地狭小，塔顶门机主要构件门腿、主梁和小车架为超大超重件，为确保吊装安全，编制了详细的吊装方案。

1. 塔顶门机主要构件

塔顶门机主要构件重量及尺寸见表 6.3-4。

表 6.3-4　塔顶门机主要构件重量及尺寸

部件名称	数量（套）	单重（t）	总重（t）	长（m）	宽（m）	高（m）
门腿	4	28.16	112.64	24.241	3	1.6
主梁	2	31.18	62.36	22.5	1.7	3.05
小车架	1	19.64	19.64	9.35	8.1	1.7

2. 门腿吊装

（1）门腿卸车及吊装均采用 300t 履带吊实施。履带吊首先占位于 4 号塔顶左侧门机安装部位。

（2）门腿共 4 件，单重为 28.16t，长度为 23.925m，宽度为 3m，高度为 1.6m。采用 40t 拖车单件装运，首先在平板拖车上垫方木，然后吊装门腿摆放于拖车上，门腿上部（与主梁连接端）朝向拖头，利用钢丝绳结合手拉葫芦封车，将门腿固定牢固可靠，运输至 EL384m 平台，在拌和系统平台调头，采用倒车的方式通过交通桥将拖车厢板倒车到 4 号塔牛腿一侧。门腿装车示意图见图 6.3-11。

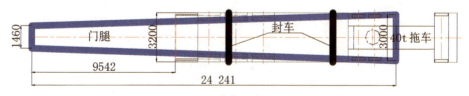

图 6.3-11　门腿装车示意图（单位：mm）

（3）指挥拖车倒车使门腿外露 10m 点与塔顶中心引 0+22.5 重合，此时门腿上游侧悬空约 1.5m，吊车吊点中心位于该中心上。卸车时吊车回转半径为 10m，吊车最小吊重负荷为 140t，满足卸车要求。拆除封车装置，将门腿吊起，开走拖车，安放钢支墩，调整位置在门腿长度方向均布，将门腿暂放于钢支墩上，在交通桥一侧门腿端面以下 800mm 位置焊接型钢支撑，用以搭设平台，该端四周均焊接支撑。门腿卸车示意图见图 6.3-12。

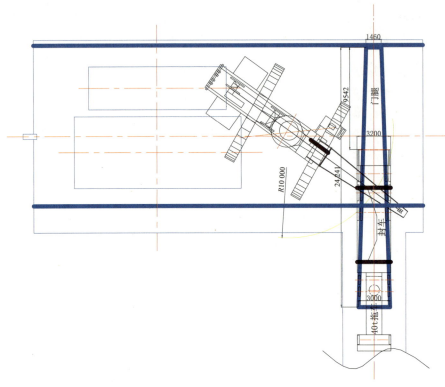

图 6.3 - 12　门腿卸车示意图（单位：mm）

（4）门腿吊装前，为便于中横梁和主梁的安装，需分别在距中横梁牛腿部位和门腿顶部以下约 1200mm 部位焊接临时施工平台型钢支架，采用角钢焊接，用于中横梁的施工平台焊接为 3 个方向，即牛腿底部及其相邻两侧门腿；用于主梁的施工平台应在门腿周围均焊接临时施工平台钢支架。在焊接的钢支架上搭设马道板，并绑扎牢固、可靠，保证安全。待竖起门腿后平台处于水平状态时，则在平台周围焊接由型钢和圆钢组成的围栏，保证施工人员安全。

（5）吊装半径小于 24m，臂长 60m，额定吊重 43t。采用两点吊装，钢丝绳选取 φ40mm（6×37，1770MPa），用 2 根 8m 长钢丝绳。门腿吊装示意图见图 6.3 - 13。

（6）门腿起吊为稍带倾斜的"竖直"状态吊装，在牛腿下部及门腿顶部吊点处挂装钢丝绳，在牛腿钢丝绳下部加挂一手拉葫芦，用以调整门腿角度。

（7）门腿吊装时采用棕绳捆绑其下部，用人力辅助配合吊车保证吊装过程的平稳可靠，便于下横梁和门腿的组装。

（8）单根门腿吊装初步调整到正确位置后，连接其与下横梁的螺栓并初步拧紧，采用从门腿顶部吊垂线测量门腿上下断面水平距离差的方式调整门腿左右方向的倾斜度，使之符合要

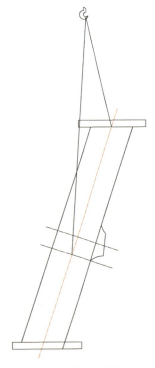

图 6.3 - 13　门腿吊装示意图

求，利用钢丝绳和型钢作为临时风绳和支撑，加固门腿，使其牢固、可靠。

（9）门腿左、右方向的加固采用型钢焊接拉紧器的形式进行加固，其上端与门腿焊接，下端与埋设的地锚或门机轨道锚筋焊接。焊接应牢固可靠。

（10）同样方式吊装其余 3 根门腿，并调整相应尺寸，连接下横梁，用风绳和型钢配合加固可靠。

（11）门腿加固示意图见图 6.3－14。

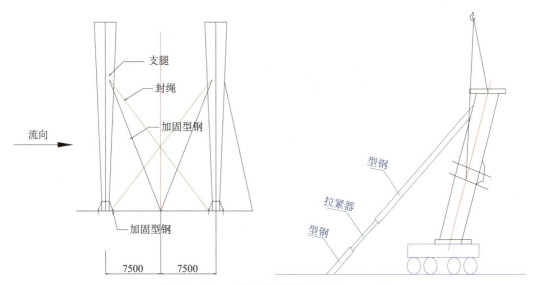

图 6.3－14　门腿加固示意图（单位：mm）

3. 主梁吊装

（1）吊装主梁前检查门腿顶部施工平台搭设是否符合安全要求，马道板捆绑牢固，在施工平台四周焊接围栏。吊装主梁前，首先在主梁对准部位四周焊接适当数量的挡板，并将挡板内侧切割出一定斜度，便于主梁对中。当主梁即将吊放到位时，两侧门腿上均需安排 2 名施工人员观察主梁与门腿组装部位情况，将标记的主梁中心对准门腿中心，检查主梁放置平稳可靠后摘除吊具。调整主梁中心和水平符合要求后点焊主梁。

（2）在吊装第二根主梁时，在 4 根门腿上均应有施工人员，在保证第二根主梁中心与单侧门腿对装位置合格的情况下，检查两根主梁跨距（以小车轨道跨距为基准）、对角线、水平等符合要求。

（3）主梁吊装前在主梁两端焊接临时型钢支撑，配合端梁两端的型钢支撑，用以搭设施工平台，进行端梁与主梁连接施工。

（4）主梁共 2 件，单重为 31.18t，长度 22.56m，宽度为 1.7m，高度为 3.05m。

（5）右侧主梁吊装。吊装右侧主梁时履带吊半径 24m，臂长 48m，额定吊重 44t，仰角 60°，满足吊装要求。右侧主梁吊装见图 6.3－15。

（6）左侧主梁吊装。半径 10m，臂长 60m，额定吊重 140t，满足吊装要求。左侧主梁吊装见图 6.3－16。

（7）钢丝绳采用两点法吊装，吊点距离为 8m，钢丝绳选取 ϕ40mm（6×37，1770MPa），用 2 根 8m 长钢丝绳，选取 60°夹角，其单根破断拉力 101t，钢丝绳的安全系数为 5.61，

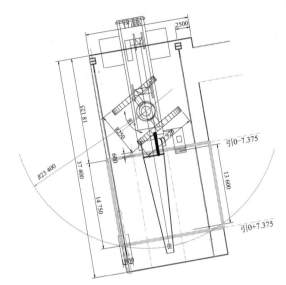

图 6.3 - 15　右侧主梁吊装示意图（单位：桩号 m；其他 mm）

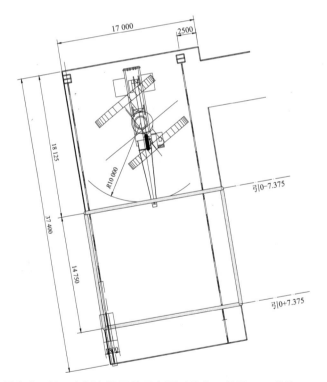

图 6.3 - 16　左侧主梁吊装示意图（单位：桩号 m；其他 mm）

满足安全使用要求。

4. 小车（含行走机构）吊装

（1）小车吊装在主梁与门腿焊接完成后进行。

（2）小车架重量为 19.64t，四件小车行走机构重量为 5.512t，合计总重 25.152t。长度为 9.35m。宽度为 8.1m，高度为 2.525m，采用 4 点整体吊装到位，放置于主梁小车轨道中部。吊点距离为 5.8m × 3.84m，吊装半径为 14.5m，钢丝绳选取 ϕ40mm（6 × 37，1770MPa），采用 4 根 8m 长钢丝绳。

（3）小车吊装高度校核。小车轨道距 EL384m 塔顶高 30.075m，小车行走机构加小车架高 2.025m，吊点布置于小车架顶部，吊装到位后吊点距 EL384m 平台高 32.1m，小车架近边与吊车支臂有超过 5.5m 的距离，吊钩与支臂顶部有约 14m 的距离，选择支臂长 60m 时能够满足设备安全吊装要求。小车架吊装高度及水平方向安全校核示意图见图 6.3 - 17。

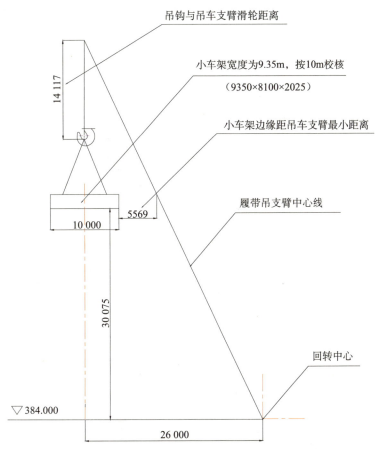

图 6.3 - 17　小车架吊装高度及水平方向安全校核示意图（单位：高程 m；其他 mm）

6.3.4.3　主梁与门腿焊接

1. 焊接要求

（1）门机支腿与主梁组装完成，经检查符合要求后，调整主梁与门腿焊缝错牙和间隙，对焊缝进行定位焊，定位焊的焊缝长度为 50mm 以上，间距为 300 ~ 350mm，焊厚不超过板厚的二分之一，且最厚不超过 8mm。

（2）采用分层分段倒退的焊接方式焊接主梁与门腿焊缝，分段长度为 300 ~ 400mm，且每条焊缝均采用多层多道焊，各层各道焊缝的接头应错开 30mm 以上，以保证段间接头良好过渡。

（3）主梁与门腿焊缝焊接由 4 名焊工同时施焊，首先对称、分段焊接每条焊缝，再进行全部焊缝焊接。

2. 焊缝检验

（1）主梁与门腿之间的焊缝为二类焊缝（门机安装其他焊缝为三类焊缝）。

（2）二类焊缝外观质量检查合格后应进行焊缝无损检测，抽检50%，质量标准按照GB/T 11345—2013《焊缝无损检测 超声检测 技术检测等级和评定》BⅡ级执行。

6.3.4.4 螺栓连接

1. 连接部位

下横梁与行走机构、门腿与下横梁、下横梁与中横梁、主梁与端梁等均采用高强度螺栓连接。

2. 高强度螺栓到货验收

（1）摩擦型大六角高强度螺栓连接副由一个螺栓、一个螺母、两个垫圈组成，并在同批内配套使用。

（2）包装检验。高强度螺栓连接副应按批号配套，以装箱形式到货。包装箱上注明的规格、批号和数量，应与厂家质量证明书相符。

（3）质量保证资料检验。到货的高强度螺栓连接副必须附有质量合格证和质量检验报告书。报告书应包括：规格，数量，性能等级，材料化学成分机械性能试验数据，螺栓材料拉力和冲击试验数据，扭矩系数的平均值及标准偏差。

（4）外观质量检验。

3. 高强度螺栓储存

经检验合格的高强度螺栓连接副应按原样回装，封好包装箱，并按规格、批号分类保管。存放地点应在室内，堆放不宜超过三层，使用前不得随意开箱，以防沾染污物和碰损。

4. 高强螺栓连接头检验

（1）高强度螺栓安装之前应对钢结构连接接头处的钢板平整度、清洁度进行检查，不得存在局部硬弯、焊接飞溅、毛刺和油污。

（2）钢结构连接接头组合拧紧后应检查有无错孔及连接板错位等现象，在确认合格后方可正式安装高强度螺栓。

（3）运到工地的大六角头高强度螺栓连接副、螺母保证载荷、螺母及垫圈硬度、连接副的扭矩系数平均值和标准偏差。螺栓性能参数见表6.3－5。

表6.3－5 螺栓性能参数

1. 螺母保证载荷		
螺母规格D	性能等级	保证载荷（N）
M22	10H	315 000
	8H	251 000
2. 螺母硬度			
性能等级	洛氏硬度		维氏硬度	
	min	max	min	max
10H	98HRB	32HRC	222HV30	304HV30
8H	95HRB	30HRC	206HV30	289HV30
3. 垫圈的硬度为329HV～436HV30（35HRC～45HRC）				

5. 高强度螺栓的发放和安装

（1）安装时按当天需用数量领取和发放高强度螺栓连接副。当天若有剩余应分规格放入工具房内，不得乱扔乱放，以防碰损和沾染污物。

（2）高强度螺栓规格应严格按设计图纸正确使用，不得任意多放或少放垫圈。

（3）高强度螺栓连接副安装时应使垫圈没有倒角的一面贴紧钢板。高强度螺栓的穿入方向应以施工方便为准，但应力求一致。

（4）安装高强度螺栓时，严禁强行打入螺栓，如个别不能自由穿入时，可用铰刀进行修孔，修孔后的最大直径应小于 $1.15d$（d 为设计孔径）。铰孔前应将四周高强度螺栓拧紧后再铰孔，以防铁屑落入板缝中。

（5）安装高强度螺栓接头时，先在连接板四周穿入定位销，再安装其他高强度螺栓，最后取下定位销，换上高强度螺栓。

（6）高强度螺栓应在当天安装完毕并全部拧紧。

（7）高强度螺栓连接摩擦面应保持干燥、整洁，不应有飞边、毛刺、焊接飞溅物、焊疤、氧化铁皮、污垢等，除设计要求外摩擦面不应涂漆。

（8）高强度螺栓应自由穿入螺栓孔。高强度螺栓孔不应采用气割扩孔，扩孔数量应征得设计同意，扩孔后的孔径不应超过 $1.2d$（d 为螺栓直径）。检查数量：被扩螺栓孔全数检查。检验方法：观察检查及用卡尺检查。

6. 高强度螺栓施拧

（1）高强度螺栓拧紧时，只准在螺母上施加扭矩。高强度螺栓施拧采用厂家配套工具扭矩扳手。

（2）高强度螺栓施拧分为初拧、复拧、终拧。一般应在同一工作日内完成。

（3）高强度螺栓初拧、复拧：用定扭矩扳手对整个节点的高强度螺栓进行初拧，所用的扭矩为施工扭矩的 40% ~ 60%，然后再用该扳手进行复拧，复拧扭矩等于初拧扭矩。施拧顺序应由栓群中央逐个向外拧紧。每个螺栓复拧后，用白色油漆在螺母上做出标记。高强度螺栓拧紧顺序见图 6.3 - 18。

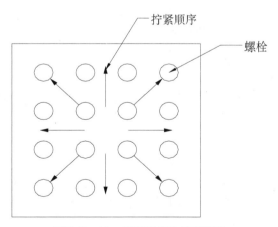

图 6.3 - 18　高强度螺栓拧紧顺序

（4）初拧后的螺栓应及时进行复拧和终拧，并应随时做好防止雨水浸入的措施。高强度螺栓连接部位附近严禁气割电焊。终拧合格后，请监理工程师进行检查，并填写施拧质量检查记录备查。

（5）高强度螺栓终拧施工扭矩 $M_{施}$ 按下式计算：

$$M_{施} = KP_{施}d$$

式中

$M_{施}$——施工扭矩（N·m）。

K——扭矩系数。根据《厂家安装、使用和维护说明书》或《高强度螺栓质量证明书》中提供的高强度螺栓的 K 值确定。

$P_{施}$——高强度螺栓施工预拉力。根据《厂家安装、使用和维护说明书》确定。

d——高强度螺栓的公称直径（mm）。向家坝右岸地下厂房进水口塔顶3200kN门机高强螺栓为两种规格，直径 d 分别为36mm和22mm。

（6）高强度大六角头螺栓连接副终拧完成1h后、48h内应进行终拧扭矩检查，检查数量：按节点数抽查10%，且不应少于10个；每个被抽查节点按螺栓数抽查10%，且不应少于2个。

（7）高强度螺栓连接副施工扭矩检验。

高强度螺栓连接副扭矩检验含初拧、复拧、终拧扭矩的现场无损检验。检验所用的扭矩扳手的扭矩精度误差应不大于3%。

高强度螺栓连接副扭矩检验分为扭矩法检验和转角法检验两种，原则上检验法与施工法应相同。

①扭矩法检验。

检验方法：在螺尾端头和螺母相对位置画线，将螺母退回60°左右，用扭矩扳手测定拧回至原来位置时的扭矩值。该扭矩值与施工扭矩值的偏差在10%以内为合格。

高强度螺栓连接副终拧扭矩值按下式计算：

$$T_C = KP_C d$$

式中

T_C——终拧扭矩值（N·m）。

P_C——施工预拉力值标准值（kN）。M22螺栓8.8级 $P_C = 150$kN，10.9级 $P_C = 210$kN；M36螺栓以厂家说明书提供的标准值为准。

d——螺栓公称直径（mm）。

K——扭矩系数。M22螺栓8.8级预拉力值范围为125~150kN，10.9级预拉力值范围为175~215kN；M36螺栓以厂家说明书提供的标准值为准。

高强度大六角头螺栓连接副初拧扭矩值 T_C 可按 $0.5T_C$ 取值。

②转角法检验。

检验方法：a）检查初拧后在螺母与相对位置所画的终拧起始线和终止线所夹的角度是否达到规定值。b）在螺尾端头和螺母相对位置画线，然后全部卸松螺母，在按规定的初拧扭矩和终拧角度重新拧紧螺栓，观察与原画线是否重合。终拧转角偏差在10°以内为合格。

终拧转角与螺栓的直径、长度等因素有关，应由试验确定。

7. 高强度螺栓连接头防锈处理

高强螺栓安装完成后，按厂家说明书要求与连接面一起及时进行防腐处理，先清除油污及浮锈后，依次涂装环氧富锌底漆、与整机相同颜色的面漆。

6.3.4.5　钢丝绳缠绕

（1）塔顶门机使用 φ38mm 钢丝绳作为主起升绳（以下简称主绳）。

（2）在门机安装完成且空载试运行后才能进行钢丝绳缠绕。钢丝绳缠绕的前提是运行机构、起升机构能够正常运转。

（3）准备一台 5t 卷扬机，卷扬机上缠绕 φ16mm 钢丝绳作为牵引绳。准备 1 套放置钢丝绳卷筒的简易支架。

（4）将钢丝绳运至安装现场，用 50t 汽车吊将到货钢丝绳放在小车定滑轮下方安装现场地面，将钢丝绳卷筒用汽车吊吊起，中间穿入厚壁钢管，放在简易支撑上，使其悬在空中。以人工方式将牵引钢丝绳依次绕过卷筒、定滑轮、平衡滑轮、定滑轮、卷筒等，牵引绳缠绕方法见图 6.3 – 19。

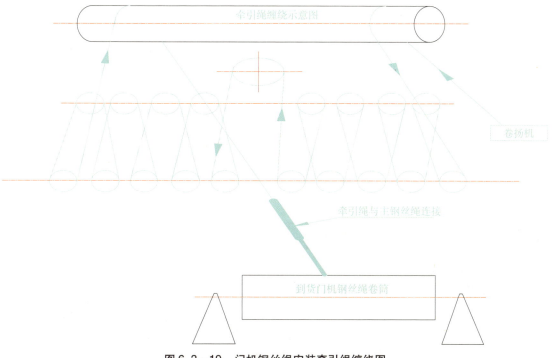

图 6.3 – 19　门机钢丝绳安装牵引绳缠绕图

（5）将牵引绳绳头与主绳连接，并使连接牢固可靠。

（6）启动卷扬机，将主绳按照设计方式缠绕于起升机构上。

（7）当主绳在牵引绳作用下牵引到卷筒上后，利用绳卡将该主绳绳头固定于卷筒一端的绳槽内，绳头固定应牢固可靠，拆除牵引绳。

（8）开动起升机构，使卷筒以低速运行，将全部主绳缠绕于卷筒上，应注意主绳在卷筒上的布置顺序，尽量按照卷筒上的沟槽依次缠绕，此时在保证安全情况下可以较高速度运转起升机构。

（9）当即将缠绕到主绳另一端头时，降低起升机构运转速度，用卷扬机牵引绳连接固定该端绳头。

（10）开动起升机构，使其处于下落的状态运行，将钢丝绳全部放下，仅留绳头于卷筒上，检查该绳头连接是否松动并进行正确压紧，解开钢丝绳另一端绳头拉到卷筒的另一端，利用压板固定该绳头，检查压紧应符合要求。

（11）低速启动起升机构，观察卷筒上两端钢丝绳应同时起升，检查钢丝绳在卷筒上应严格按照卷筒预留沟槽排列。钢丝绳到达卷筒两端头法兰端时应能自动回卷缠绕第二层，并检查缠绕钢丝绳应落于第一层相邻钢丝绳之间范围内。到将动滑轮提起并保持水平为止，所有钢丝绳应按安装设计缠绕方式缠绕于起升机构上，起升机构钢丝绳缠绕全部完成。

6.3.4.6 防腐涂装

对运输和安装过程中损伤的部位进行补涂，补涂应根据门机厂家以书面形式提供的门机涂装材料的生产厂家、牌号、色号及所采用的涂装工艺。门机移交前应喷涂最后一道面漆，保证外观颜色一致。

6.3.5 液压启闭机安装

6.3.5.1 设备布置

向家坝水电站右岸地下厂房进水口共设4扇快速事故闸门，每台事故闸门由一台液压启闭机进行启闭操作。单台液压启闭机设备包括机架、液压缸总成、闸门开度检测装置、液压泵站、管路系统等，单台重量约为82t。

油缸安装在EL382.700m的启闭机闸室内，上端与机架相连，油缸的下端与闸门的充水阀相连，油泵房布置在EL384.000m的泵房室内。进水口事故闸门液压缸总成为立式安装，尾部球面支承，使油缸能够自由摆动，以满足启闭闸门时液压缸的动作要求，同时适应闸门及启闭机的制造和安装误差。

6.3.5.2 工艺流程

液压启闭机安装工艺流程见图6.3-20。

6.3.5.3 安装方案

1. 运输吊装方案

液压启闭机重大件为油缸缸体，油缸部件总长21.38m，宽度为1.4m，单件重量约为66t。液压启闭机存放在金结堆放场和机电仓库，金结堆放场的设备采用50t汽车吊和60t门机进行抬吊装车，机电仓库内的油缸采用220t汽车吊进行装车，采用平板拖车运输至进水塔EL384m平台，在拌和系统平台调头，采用倒车的方式通过与进水口塔体连接的交通桥将拖车厢板倒车至4号塔。

由于油缸长度达21.5m，油缸因无法直接运输到坝顶，只能采用220t汽车吊装卸车，转运到3200kN塔顶门机跨下，然后采用3200kN塔顶双向门机和220t汽车吊同时进行吊装翻身，翻身后利用3200kN塔顶双向门机吊入机架。

3200kN塔顶双向门机吊离EL384m平台面最大距离为24.5m，油缸缸体总长21.28m，满足吊装要求。

2. 机架安装

（1）检查安装现场埋件控制尺寸、数量、高程等是否满足设计要求。

（2）根据机架设计安装高程，先用水平仪测量出基准点，安装基础支座预埋螺栓。机架

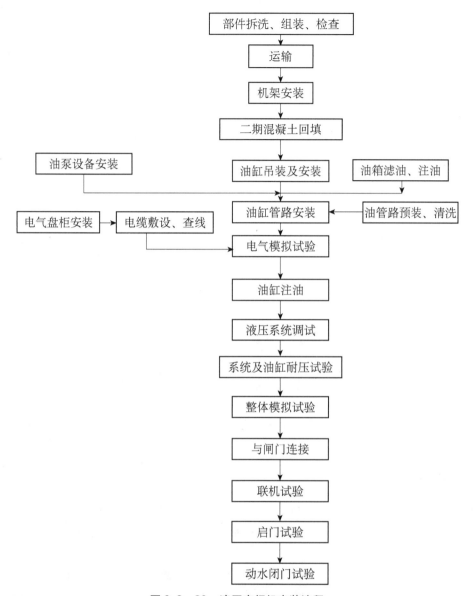

图 6.3 − 20　液压启闭机安装流程

安装应严格按门槽实际中心和高程，机架的横向中心线与起吊中心线的距离不应超过 ±2mm，高程偏差不应超过 ±5mm。

（3）机架与推力支座的组合面不应有大于 0.05mm 的间隙，其局部间隙不应大于 0.1mm，深度不应超过组合面宽度的 1/3，累积长度不超过周长的 20%，推力支座面的水平偏差不应大于 0.2/1000。

（4）机架安装后进行加固，合格后移交土建单位进行二期混凝土回填。

3. 液压缸安装

（1）安装前对液压启闭机各部件进行清扫、检查，检查活塞杆是否变形。

（2）根据启闭机油缸安装和管路布置图，定位液压缸机架和安装支承座并固定。

（3）利用液压缸缸体两侧的吊耳，用门机将液压缸垂直吊装在机架上的支承座上。

4. 液压泵站安装

（1）安装前对液压泵站进行外观检查，并对照制造厂技术说明书的规定时限，确定是否应进行打开清洗。

（2）定位液压泵站并固定，确认泵站出口截止阀处于关闭状态。

5. 管路配置与安装

（1）配管前，油缸总成、液压站及液控系统设备已正确就位，所有的管夹安装完成。

（2）按施工图纸要求进行配管和弯管，管路凑合段长度应根据现场实际情况确定。管路布置应尽量减少阻力，布局应清晰合理、排列整齐。

（3）管材下料应采用锯割方法，不锈钢管对接焊缝应采用氩弧焊，弯管应使用专用弯管机冷弯加工。

（4）对于在工地进行管路切割与弯制以及管子端部焊接坡口，采用砂轮机打磨或其他机械加工。

（5）管端的切割表面必须平整，不得有重皮、裂纹。管端的切屑、毛刺等必须清理干净（包括管子端部焊接坡口）。

（6）管端切口平面与管轴线垂直度误差不大于管子外径的 1%。

（7）管子弯制后的外径椭圆度相对误差不大于 8%，管端中心的偏差量与弯曲长度之比不大于 1.5mm/m。

（8）管子安装前，须对所有管子作外观检查，不得有显著变形，表面不得有凹入、离层、结疤、裂纹等缺陷。

（9）预安装合适后，拆下管路，正式焊接好管接头或法兰，清除管路的氧化皮和焊渣，并对管路进行酸洗、中和、干燥处理。

（10）高压软管的安装应符合施工图纸的要求，其长度、弯曲半径、接头方向和位置均应正确。

（11）管道连接时不得用强力对正、加热、加偏心垫块等方法来消除对接端面的间隙、偏差、错口或不同心等缺陷。不得使污物混入管内，管道安装间歇期间须严格密封各管口。

6. 系统注油

（1）液压管路系统安装完毕后，应使用冲洗泵进行油液循环冲洗。冲洗时间不少于 8h，循环冲洗时将管路系统与液压缸、阀组、泵组隔离（或短接），循环冲洗流速应大于 5m/s。

（2）液压系统用油牌号应符合施工图纸要求。油液在注入系统以前必须经过滤后使其清洁度达到 NAS1638 标准中的 8 级。

7. 其他部件的安装

（1）液压启闭机电气控制及检测设备的安装应符合施工图纸和制造厂技术说明书的规定，电缆安装应排列整齐，全部电气设备应可靠接地。

（2）根据设计图纸，正确安装行程指示及开度装置、限位装置、各种仪表等附件。

6.3.5.4　吊头和闸门的连接

（1）油缸挂装完，进行液压启闭机空载试验、耐压试验后与门叶连接。

（2）打开液压缸和泵站间的连接球阀。

（3）调节液压缸活塞腔的初设压力，使其达到开启平衡阀的最小压力，调节电磁溢流阀，以控制活塞杆下降速度。

（4）做闭门动作，此时液压缸活塞杆应平稳向下伸出，闸门吊耳处应有防护措施，以免吊头下降过快造成事故。

（5）调整吊头方向，使销轴轻松穿入并固定，油缸吊头与闸门连接完成。

6.3.6　机组埋件安装

6.3.6.1　工艺流程

水轮机埋件安装工艺流程见图6.3-21。

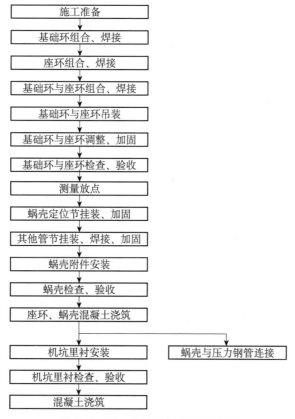

图6.3-21　水轮机埋件安装流程

6.3.6.2　施工准备

（1）准备施工工器具、制作中心测量架、支墩、平台、锲子板等工装。

（2）预留锥管进人门下部一层内支撑，用于搭设尾水平台及放置线坠油盆。

（3）预留锥管上口两层内支撑，搭设中心测量支架。

（4）检查尾水锥管上管口的高程、中心及周长。

（5）依据图纸测量放点，标识出机组X、Y中心线及高程基准点，并复核，焊接座环方位、高程控制线架。

6.3.6.3 基础环安装

（1）分瓣基础环运输至安装间用桥机卸车，在安装间清理检查分瓣面。

（2）将第一瓣基础环吊放在组装钢支墩上，下平面放置调整用锲子板，吊起另一瓣与第一瓣靠拢，调整组合面方位，穿入定位销钉和组合螺栓，检查组合缝错牙满足要求后对称预紧组合螺栓，检查组合缝间隙。

（3）组合缝间隙、错牙满足要求后测量基础环圆度。

（4）采用对称、多层多道、分段退焊法焊接组合焊缝。

（5）焊接后复测基础环圆度。

6.3.6.4 座环安装

1. 座环组装

座环组装与基础环共用一个工位，即基础环组焊完成后吊起放置在地面，在基础环四周布置座环组装支墩（1.2m 高），吊装座环组合、焊接，座环组焊完成后，吊起基础环与座环组焊，然后整体吊入机坑安装。见图 6.3–22。

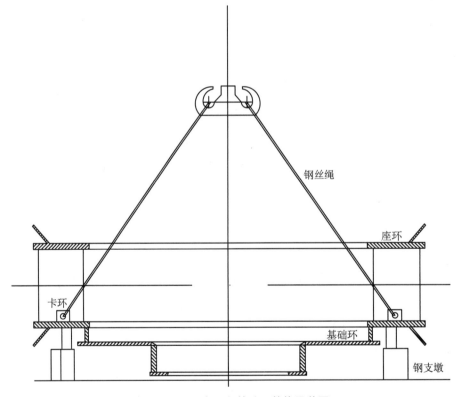

图 6.3–22　座环和基础环整体吊装图

（1）分瓣座环运输至安装间用厂房桥机卸车，清理检查座环所有分瓣部件，去除分瓣组合面的毛刺和高点。

（2）利用桥机将各瓣座环依次吊装到座环组装支墩上，用一根 4m 高的 20 号工字钢支撑在大舌板位置，用来保持第一瓣座环的平衡。

（3）按顺时针方向吊装分瓣座环就位，两瓣间用组合螺栓连接，检查、调整座环上下环的半径、固定导叶的中心高程和组合缝的间隙和错边情况，多次拧紧座环组合螺栓至上下环板组合面没有间隙，使座环成为一个整体，组圆后各尺寸须满足图纸和国标要求。

2. 座环焊接

包括座环上下环板焊接、蜗壳过渡段焊接以及基础环与座环的组合环缝焊接，结构见图 6.3 - 23。

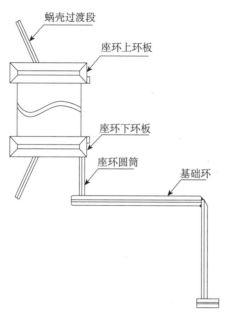

图 6.3 - 23　座环、基础环剖面图

1）焊缝坡口

座环上下环板厚 230mm，座环圆筒厚 60mm，坡口型式见图 6.3 - 24。

图 6.3 - 24　座环坡口型式（单位：mm）

2）材料

设备材质：座环上下环板 S355J2G3 - Z35；蜗壳过渡段 B610CF；基础环 Q235C。焊接材料：座环环板焊接 J507，规格为 $\phi3.2$、$\phi4.0$；蜗壳过渡段焊接 J607，规格为 $\phi3.2$、$\phi4.0$；座环与基础环组焊 J507，规格为 $\phi3.2$、$\phi4.0$。

3）焊接方法

采用手工电弧焊，全位置焊接，采用直流电源，极性 DCEP；焊接时用短弧操作，窄道焊。

4）焊接工艺参数

焊接工艺参数见表 6.3 - 6、表 6.3 - 7。

表6.3-6　J507焊条电弧焊工艺规范参数

焊接层次	焊条直径（mm）	电源种类	焊接电流（A）		电弧电压（V）	焊接线能量（kJ/cm）
			平焊/横焊	仰焊/立焊		
封底层	3.2	DC/-	100~130	85~110	20~24	≤40
填充层	4.0	DC/-	130~180	120~150	20~24	≤40

表6.3-7　J607焊条电弧焊工艺规范参数

焊接层次	焊条直径（mm）	电源种类	焊接电流（A）		电弧电压（V）	焊接线能量（kJ/cm）
			平焊/横焊	仰焊/立焊		
封底层	3.2	DC/-	90~130	85~110	20~24	≤25
填充层	4.0	DC/-	130~180	110~150	20~24	≤25

5）焊接工艺流程

座环焊接工艺流程见图6.3-25。

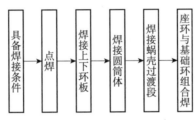

图6.3-25　座环焊接工艺流程

6）座环焊接工艺

（1）点焊。

焊接前坡口表面及两侧50mm范围的邻近区域必须清除干净，保证无铁锈、油脂、油漆或其他杂质。焊接前必须有效保护好机加工面和螺栓孔等。点焊部位包括上下环板平焊焊缝，其他焊缝点焊非过流面一侧或外侧，每条焊缝点焊2~4处，间隔距离200~400mm。点焊长度为50mm，点焊至少2层，每层厚度5mm，点焊必须不中断地在一次操作中完成。点焊焊缝在被清根前可用于焊接变形辅助监测，如出现焊缝裂纹现象，必须增加变形监测，并进行分析，调整焊接工艺。所有点焊焊缝必须在清根时清除，不得在点焊焊缝上覆盖焊接。点焊必须采用与正式焊接相同的焊接工艺和焊工资质。点焊前必须预热。

（2）上下环板焊接。

①焊接顺序。上下环板焊接共8名焊工同时在4个分瓣面对称焊接，焊接顺序见图6.3-26；对接焊缝均采用多层多道、分段退焊焊接。焊接过程中可根据变形监测分析

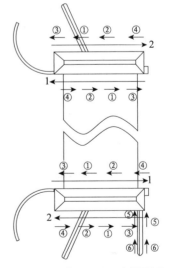

图6.3-26　座环上下环板焊接顺序

调整焊接位置、顺序或方向。

② 打底焊。点焊后先仰焊 3 层打底焊，打底焊厚度不超过 10mm，打底焊过程中可增加变形检测。打底焊使用 φ3.2mm 焊条，打底焊层间不得锤击消除应力。打底焊 3 层后，根据变形情况确定是否调整焊接顺序和焊接方向。座环上下环板焊接顺序见图 6.3 - 26。

③ 后续焊接。打底焊后根据变形检测记录调整焊接顺序和焊接方向，继续仰焊 1 ~ 3 层。层间必须立即锤击消除应力，为了避免锤击产生裂纹，锤击用的锤头部必须是圆的。锤击部位必须在焊道的中间，不得锤击焊趾部位。

④ 清除点焊。3 层打底焊和 1 ~ 3 层仰焊后，用深度尺检测仰焊焊缝厚度不小于 12mm，用碳弧气刨清除点焊焊缝，并用砂轮铲磨渗碳层和淬硬层。

⑤ 交替焊接。清理合格后先平焊 1 层，检测焊接变形，根据变形检测分析调整焊接位置、顺序或方向。每交替平焊、仰焊各 1 层后检测焊接变形，根据变形检测分析调整焊接位置、顺序或方向。焊接完成 50% 后割除合缝法兰。交替焊接至满焊，检测最终焊接变形结果并记录。焊完 1 层后层间必须立即锤击消除应力，满焊后表层盖面不用锤击。上下环板满焊后立即进行后热处理。

⑥ 打磨。过流面和机加工面必须打磨平滑。

（3）蜗壳过渡段的焊接。

座环组合缝焊接完成并符合要求后进行合缝区蜗壳过渡段的组装和焊接。蜗壳过渡段焊接前进行局部预热（合缝两侧各大于 100mm 范围），预热温度为 100℃。焊缝采用多层多道、分段退焊焊接。焊后进行后热 120℃ ×2h。

（4）其他位置焊接。

基础环合缝焊接可参照座环环板焊接工艺流程，其他焊接位置均按先仰焊后平焊、先内侧后外侧的顺序打底并焊满二分之一，反面清根，对称施焊。

7）座环焊接检测

座环焊接检测包含两个项目：一是焊缝质量检测，二是焊接变形检测。

（1）焊缝质量检测。

焊缝质量检测采用三种方法：超声（UT）、磁粉（MT）或渗透（PT）和目视检测（VIS），根据不同的焊接部位，焊缝质量检测的方法和检测百分比例见表 6.3 - 8。

表 6.3 - 8　座环焊缝质量检测要求

焊缝位置	超声（UT）	磁粉（MT）或渗透（PT）	目测（VIS）
上下环板	100%	100%	100%
圆筒	10%	100%	100%
蜗壳过渡段	100%	100%	100%
基础环与座环合缝	10%	100%	100%

（2）焊接变形检测。

① 座环组成整体后可用座环基础斜模调平座环，用水准仪检测座环上环板的机加工面的正方向位置 4 个点高差小于 0.4mm。

② 焊前用水准仪测量座环上环板上 12 个测点，记录原始数据。12 个测点的布置为正方

向线上的 4 点和距离分瓣面 200mm 的 8 点。

③ 焊前在分瓣面上下环板内外点焊测量柱、打样冲点，用游标卡尺测量并记录每组测量柱的原始数据。座环焊接变形测点布置见图 6.3 - 27。

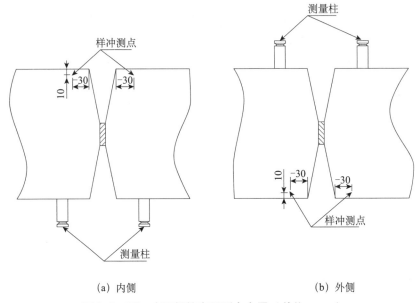

（a）内侧　　　　　　　　　　　　　（b）外侧

图 6.3 - 27　座环焊接变形测点布置（单位：mm）

④ 焊前用内径千分尺检测座环上下环板内径并记录原始数据，上下环板各检测 4 组直径，分别为轴方向及 45°方向直径。

⑤ 打底焊每层焊后进行检测，与原始记录进行比较；清根后平焊前检测并记录，以后每上下各焊一层后检测并记录，分析变形情况及时调整焊接位置、焊接方向和焊接参数。

⑥ 如果水准仪检测数据或测点检测数据变化较大，应增加检测直径并与原始数据比较，分析变形情况及时调整焊接位置、焊接方向和焊接参数。

6.3.6.5　基础环与座环组焊

（1）座环焊接完成并检查合格后，进行基础环与座环组焊。

（2）将座环吊至基础环上方适当位置，并用钢支墩支撑，调整座环水平。

（3）利用桥机和千斤顶缓慢提起基础环与座环接触。

（4）调整基础环与座环方位、同心度，符合要求后用千斤顶、锲子板固定基础环。

（5）采用对称、多层多道、分段退焊法焊接基础环与座环间环缝。

（6）焊接中监测基础环位移，焊接后复测方位及同心度。

6.3.6.6　基础环与座环安装

（1）清理机坑，清扫座环基础板，按图纸位置将调整工具就位，调整其顶部高程一致。

（2）用桥机将组焊好的基础环与座环吊装至已调整好的锲子板上。利用 4 台 100t 油压千斤顶（4 个对称方向）和 50t 螺旋千斤顶（其余支墩上）将座环固定导叶中心调至设计高程，并测量座环上法兰面水平。

（3）以尾水锥管上管口的方位和最优中心为基准，利用 4 根拉紧器调整座环方位和上下环板中心。满足设计要求后打紧座环支墩下的楔形板，复测座环高程、水平、与尾水锥管同心度，正确无误后焊接支墩楔形板，对接触面积达不到 75% 的楔形板进行配磨处理。

（4）组织监理、厂家、施工单位进行阶段性联合验收。

6.3.6.7　尾水锥管凑合节安装

座环安装、加固完成后进行尾水锥管与基础环间的凑合节安装。尾水锥管凑合节为不锈钢材质，分 4 瓣到货。实际测量基础环环板上平面至尾水锥管上管口之间的距离，每块瓦片安装位置测点不少于 8 个，按照相同位置配割不锈钢段下管口，配割量可比测量值多 0 ~ 5mm。在瓦片上管口焊接挡板，在尾水锥管上管口外侧焊接挡板。按照设计位置依次吊入各瓦片，调整各瓦片组合间隙并临时加固。

修磨下管口与锥管间隙，满足设计要求后安装补偿环。

按照制造厂要求焊接不锈钢段与基础环、补偿环之间的环缝。不锈钢段与尾水锥管间的环缝需等基础环、座环外围混凝土浇筑完成，等强后再焊接。在尾水锥管上配割蜗壳、座环排水管孔，并将排水管引至锥管配割、焊接。

6.3.6.8　蜗壳安装

1. 施工准备

（1）在座环上环板及基础环上法兰部位架设钢结构施工平台，布置焊接设备、作业房以及施工工位，以方便施工。

（2）以机电安装的测量控制网点为基准，并与座环的实际中心相比较，确定机组中心控制点。以此为基准点，利用全站仪在混凝土地面上及座环过渡段上测放出蜗壳各主要管节的控制点、线，用闭合测量的方式验证所测放的点、线，直至满足规范要求。

2. 蜗壳的运输与吊装

蜗壳按管口平放位置固定在特制的钢架上进行运输，运输蜗壳的钢架由工字钢焊接而成，钢架下部用挡块，螺栓以及压板与挂车连接固定，钢架上面装焊挡板防止蜗壳滑移，蜗壳与挂车两侧各捆扎四道钢丝绳，用倒链拉紧。蜗壳装车用 50t 汽车吊，用 80t 平板拖车运至安装间后，用厂房桥机进行卸车及吊装工作。

3. 蜗壳安装

1）蜗壳延伸管拼装

蜗壳延伸管分两瓣运输至安装间，在安装间安 II 区用 20 号工字钢制作一个临时拼装平台，用于延伸管拼装。将延伸管其中一瓣吊放在拼装平台上，并在瓦片两条纵缝内侧各点焊两块挡板，吊起另一瓣与其拼装，调整拼装间隙在 2 ~ 4mm，测量管节周长及管口平面度须符合设计要求。调整管口圆度，焊接 K 形内支撑。点焊、支撑焊接均按照正式焊接工艺施焊。按照蜗壳纵缝的焊接工艺流程焊接、检测蜗壳延伸管纵缝。焊后复测各部位尺寸。

2）蜗壳定位节安装

蜗壳安装时先挂装定位节 V27、V13、V20。用主厂房桥机将制作成管节的定位节吊装就位，安装时先在蜗壳管节开口外部焊接两块临时挡块，将蜗壳挂在座环过渡段上，依据测量点线，利用千斤顶、拉紧器等工器具调整定位节的远点半径、管口腰线高程、管口下底高程、管口上顶高程、断面垂直度及角度、管口位置，同时检查并调整蜗壳与座环上下环板的过渡板的连接错位，直至各项控制指标满足符合国家标准，临时加固单节蜗壳，确保其稳定、安全、可靠。

3）蜗壳其他管节挂装

（1）定位节安装完成后，蜗壳其他管节在定位节两侧依次吊装就位，吊装时注意座环各方向受力均匀，根据定位节进行环缝调整、压缝工作，保证上下管口位置、最远点半径、腰线高程满足国家标准，并记录检测结果。

（2）采用旋套拉紧器调整两侧环缝间隙均匀，压缝后环缝坡口间隙按 3mm 控制，环缝间隙不大于 5mm，如需堆焊，将堆焊措施报监理工程师批准。

（3）环缝采用专门制作的压码进行压缝，在管节板厚不一致的情况下均匀分布错牙。蜗壳定位焊所采用的焊条及焊接工艺与正式焊接时一致。

（4）蜗壳一个管节挂装后，再挂装下一个管节时，必须进行支撑和加固，在蜗壳各管节下面支撑千斤顶，调整管节至正确的高程，安装蜗壳底部及侧面钢支墩，并用拉紧螺栓等紧固件对蜗壳管节进行加固，确保蜗壳管节的稳定和保持蜗壳管节水平线的高程。

4）蜗壳凑合节安装

（1）所有普通蜗壳管节环缝焊接完成并检测合格后，安装蜗壳凑合节。

（2）凑合节配割安装，以蜗壳水平中心线为基准贴合凑合节瓦片，沿管口画出切割线，并考虑焊缝的收缩量，按实际尺寸进行配割和修割坡口，凑合节吊装就位后，调整两侧环缝组对间隙均匀，以蜗壳内壁为基准对两条环缝同时对称压缝，定位焊固定。检查高程和水平中心线的水平、环缝及纵缝的位置，并做好记录。

4. 蜗壳焊接

蜗壳工地焊缝主要包括蜗壳与座环过渡段的焊缝，蜗壳普通节之间的环焊缝及普通节与延伸管之间的环焊缝。

1）焊缝结构

蜗壳过渡段板厚 29～74mm，蜗壳管节板厚 25～72mm，焊缝坡口型式见图 6.3-28。

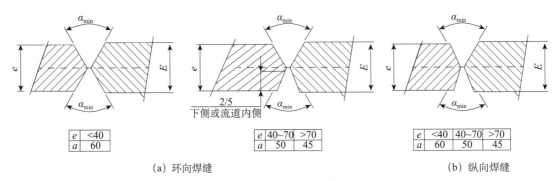

e	<40
a	60

e	40~70	>70
a	50	45

2/5 下侧或流道内侧

e	<40	40~70	>70
a	60	50	45

（a）环向焊缝　　　　　　　　　　　　　　　　　　　　（b）纵向焊缝

图 6.3-28　蜗壳焊缝坡口（单位：mm）

2）材料

设备材质：B610CF。焊接材料：J607，规格为 $\phi3.2$、$\phi4.0$。

3）焊接方法

采用手工电弧焊，直流电源，极性 DCEP；焊接时用短弧操作，窄道焊。

4）焊接工艺参数

焊接工艺参数见表6.3-9。

表6.3-9 J607焊条电弧焊焊接参数表

焊接层次	焊条直径（mm）	电源种类	焊接电流（A）		电弧电压（V）	焊接线能量（kJ/cm）
			平焊/横焊	仰焊/立焊		
封底层	3.2	DC/-	90~130	70~110	20~24	≤25
填充层	4.0	DC/-	130~180	110~170	20~24	≤25

5）焊接工艺流程

蜗壳焊接工艺流程见图6.3-29。

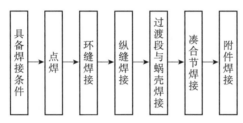

图6.3-29 蜗壳焊接工艺流程

6）蜗壳焊接工艺

（1）点焊。

压缝过程中，间隔20~100mm应点焊1处，点焊前必须预热。点焊长度为50mm，点焊至少2层，每层厚度5mm，点焊必须不中断地在一次操作中完成。点焊焊缝在正式焊接前或清根前必须清除，不得在点焊焊缝上覆盖焊接。点焊必须采用与正式焊接相同的焊接工艺和焊工资质。

（2）普通环缝焊接。

① 焊接方向。

蜗壳各环缝焊接根据其焊缝长度确定焊接人数和分段数，每段由一名电焊工进行焊接，每段长度为1~1.5m。根据每道环缝的分段情况投入的电焊工人数为8~12人，同时施焊，焊接方向见图6.3-30、图6.3-31。

② 焊接工艺。

焊接采用多层、多道、对称、分段、退步焊，每段长度200~400mm。层间接头错开40mm以上。蜗壳环缝焊接应先焊平焊一侧，焊满1/3~1/2坡口深度后反面清根，做MT；清根后满焊清根的一侧并盖面后，再满焊另一侧。蜗壳环缝焊接过程中必须保持焊缝温度不低于预热温度。

③ 凑合节焊接。

蜗壳凑合节的纵缝和第一条环缝焊接方法与蜗壳其他纵缝和环缝焊接要求相同。凑合节第二条环缝为封闭焊接，应力较大，封底焊时宜采用叠焊（见图6.3-32），焊缝焊接应连续完成。

第二条环缝从第二层焊接开始到盖面前最后一层焊接止，应配合锤击消除应力。锤头应磨

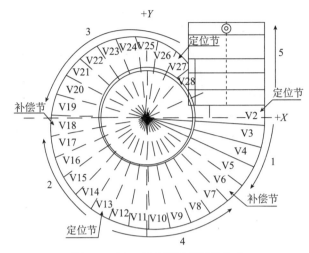

图 6.3 - 30　蜗壳焊缝焊接总顺序

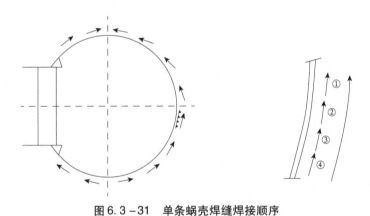

图 6.3 - 31　单条蜗壳焊缝焊接顺序

成圆形，其圆弧半径不应小于 5mm。打击的方向应沿着焊接方向做矩形运动（见图 6.3 - 33），凑合节余量割除后所修的焊接坡口必须打磨并进行磁粉或者色检验（优先采用磁粉检验）。

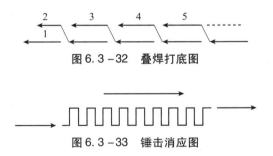

图 6.3 - 32　叠焊打底图

图 6.3 - 33　锤击消应图

④蜗壳过渡段焊接。

过渡段焊缝由多名焊工同时对称分段退焊。焊接时应保持焊接速度一致，先焊接下过渡段，后焊接上过渡段。上下过渡段均先焊外侧，即非过流面，然后在内侧清根，再焊接内侧过渡段。焊接应连续进行直至焊完。过渡段焊接前后应测量座环水平，焊接过程中应加强对座环水平的监视。

7）蜗壳焊接检测

蜗壳焊接检测主要是焊缝质量检测。焊缝外观采用目视检测，还需检查过流面是否平滑，如有必要可用圆度检测样板检测。蜗壳内表面的所有焊缝均打磨到不凸出表面 1.5mm 的高度，并平滑过渡。

按国家标准、厂家图纸及焊接工艺指导书的要求对各管节环缝、凑合节纵缝、凑合节环缝、蝶边焊缝作无损探伤检查。蜗壳所有焊缝均进行双面 100% VT、双面 100% PT（或 MT）和 100% UT 检测。蜗壳环缝检测存在疑问的部位应采用 TOFD 复检，环缝的丁字焊缝两侧各 150cm 范围应进行 TOFD 检测。发现缺陷应进行返工处理，返工部位采用相同方法复检。对复检存在疑问的部位采用 TOFD 复检，对 TOFD 复检不能确认的部位采用 RT 复检。

焊缝同一位置修补次数一般不超过两次，第三次修补必须经技术总负责人和厂家代表、监理批准，并将修补情况记入产品质量档案。

5. 与钢管连接的凑合节环缝焊接

待混凝土浇筑至蜗壳腰线以上 2m 时进行蜗壳与钢管连接的凑合节环缝焊接。焊接在满足其他凑合节焊缝焊接工艺的前提下，还需满足如下规定。

（1）焊接前如果坡口有缺陷，必须进行修复修补后才能施焊。

（2）对由于其他管节焊缝收缩，焊缝局部间隙过大的区域进行镶焊处理，使之达到国家标准。镶焊焊道是焊缝的组成部分，与正规焊缝同等要求。

（3）蜗壳内表面焊缝打磨到不凸出表面 1.5mm 的高度，并平滑过渡，外观检查合格后进行 100% TOFD 检测。

（4）焊缝同一位置修补次数一般不超过两次，第三次修补必须经技术总负责人和厂家代表、监理批准，并将修补情况记入产品质量档案。

（5）组织监理、厂家、施工单位就焊接质量进行联合验收。

6. 座环、蜗壳混凝土浇筑监测

混凝土浇筑时对座环的位移进行监测。采取百分表与水准仪、全站仪相结合的监测方法。从锥管的四个方位引出支架至座环上环板，架设百分表，分别测量座环上下环板四个方位的径向与轴线位移。当百分表出现较大变化或数值可疑时，利用水准仪和全站仪进行校核。在蜗壳直管段进口架设百分表，监测位移。混凝土浇筑时，与土建浇筑队伍紧密配合，根据座环监测情况调整混凝土浇筑方位、速度等，确保座环、蜗壳位移、变形最小。

监测时，座环变化达到 0.2mm 时预警，超过 0.25mm 时，暂停浇筑，查明原因后才能复工；蜗壳变化达到 2mm 时预警，超过 2.5mm 时，暂停浇筑，查明原因后才能复工。

6.3.6.9　机坑里衬安装

（1）机坑里衬吊装前，对座环上环板面（里衬安装部位）进行清理，去除焊疤等高点，划出 X、Y 中心线。

（2）按机组 X、Y 方位将机坑里衬吊入机坑，以机组实际中心为基准调整中心位置，把紧连接螺栓，然后按要求进行焊接，外部用拉紧器进行必要的加固。

（3）在接力器基础板安装前，设置定位中心架、基准高程，挂好测量钢丝。

（4）在机坑里衬上放出接力器基础板的安装基准，用钢板尺测量在基础板两端测量架上的基准线与接力器基础板之间的距离，比较的结果即为基础板与机组坐标线的平行度。

（5）基础板的中心、高程、垂直度以及与机组中心线的倾斜值的要求符合国家标准及行业标准后，按有关施工图纸的要求加固接力器基础板，防止浇筑时影响基础板的安装精度。

6.4 小结

6.4.1 压力钢管

1. 协调管理

钢管改为主厂房组圆方案后，一方面土建要进行厂房内混凝土浇筑，一方面金结要进行尾水管的安装，另外还要进行压力钢管的组圆与安装，给主厂房的施工带来较大的干扰，主要表现在施工场地和吊装手段不足。主厂房一线施工线路为地下电站的关键施工线路，如产生不利影响，将导致机组推迟发电，影响巨大。为了尽量减少干扰，业主组织成立了参建四方的协调小组，每天召开现场协调会，重点协调桥机使用时段和施工场地的分配，另外土建专业也给予了很大的支持，结合永久混凝土，在机组隔墩之间浇筑了多个钢管组圆平台，为钢管组圆提供了很好的条件。

2. 质量管理

钢管采用倒装方案，缩短了洞内运输距离，但因定位节在上游，而最下游与蜗壳连接的钢管节位置尺寸要求高，如何确保钢管安装后的累积误差不影响最下游节钢管的形位尺寸呢？业主组织参建各方编制了压力钢管样板工程执行标准，对钢管各节的安装质量提出了更高的要求，另外，采取了每节测量形位尺寸，并进行数据分析，提前进行预控的方法，收到了很好的效果。2 号机评为样板工程，其余 3 台机达到了优良标准。

6.4.2 排沙钢管

排沙钢管的安装难点主要是洞内吊装、翻身及水平弯段的运输，另外洞内安装坐标点的测量是保证钢管安装精度的必要手段。

1. 钢管洞内吊装

钢管安装前，对排沙洞与 1 号施工支洞的交叉口进行必要的扩挖，确保钢管在此处具备卸车和翻身的空间，另外，天锚布置位置应合理可靠，天锚高度应精确计算，确保其扬程具备卸车和翻身的条件。

2. 钢管安装难点控制

钢管最大外径为 $\phi5240mm$，洞室开挖断面直径为 $\phi6000mm$，理论上外部空间仅 380mm，如有欠挖，可能会导致钢管无法拖运到安装位置，因此钢管进洞前，应对开挖断面进行全面复查，否则可能导致钢管卡在洞内进退两难。另外，因钢管与排沙洞之间的作业空间小，钢管环缝采用 45°坡口，安装时确保环缝间隙为 3mm 左右，采用单面焊双面成型焊接工艺，确保焊接质量；少量背面成型不好的焊缝，克服困难进行背缝清根处理后再焊接。

3. 钢管安装精度控制

钢管共 174.496m、62 节，仅一个安装入口，可将最下游一节作为定位节，从下至上逐节进行安装，因此定位节的安装精度非常重要，应重点检查确认。另外，钢管没有设置凑合节，钢管中间管节安装时，应重点控制其安装中心位置准确无误。为了确保钢管安装位置精度，钢管安装前，在洞内测放安装中心控制点，业主测量中心也重点对控制点进行复核。另外，在安装过程中，测量中心每间隔 3 节复测一次，确保钢管安装过程受控。如发现中心偏差超过 20mm 时，启动警告机制，提醒安装单位注意；超过 25mm 时，进行数据分析，进入纠偏程序，确保钢管安装全过程受控。

6.4.3　闸门

1. 闸门特点

尾水出口闸门为超大型钢闸门，安装场地小，吊装手段有限，不具备整体组装的场地条件，闸门整体焊接后，没有可靠的吊装手段下闸。因此，尾水闸门安装时应采用分阶段安装的方式，在门槽内组装焊接，等启闭机排架柱、启闭机安装完成后，利用永久启闭机将闸门提出孔口，再进行剩余焊缝的焊接施工等。

2. 安装关键点

闸门在门槽内组焊，利用门槽主轨作为安装基准面，将闸门顶向门槽主轨一侧，可保证闸门滑块面的平面度。利用门槽与闸门的间隙，吊线锤可检验闸门水封座面的垂直度和直线度。

因尾水闸门安装后，尾水洞内仍有大量土建施工未完成，为了留出施工通道，闸门安装时，需预制钢板凳，将闸门放在钢板凳上组拼。作为拼装平台，钢板凳预制时，应有足够的强度，且应保持钢板凳顶部平面度不大于 2mm，以保证闸门拼装质量和安全。

3. 经验教训

闸门安装前，检查闸门吊耳焊接空间小，吊耳腹板的组合焊缝不具备焊透条件，经设计同意后，允许 4mm 未焊透。为达到焊接强度，增加角焊缝。

安装水封时，水封表面的聚四氟乙烯易起皱，检查水封抗拉强度不够，更换新水封后，安装质量较好。

闸门下闸后，有部分过焊孔未封堵，导致漏水；另外，反向滑块和弹性滑块的螺栓漏水。针对过焊孔漏焊问题，应在安装前重点检查，发现问题及时补焊。螺栓孔漏水问题比较突出，解决难度较大，一般采取增加橡皮垫、在螺栓上涂密封胶等方法。

6.4.4　门机

1. 吊装场地布置与履带吊参数选择

塔顶门机为向家坝工地扬程最高的门机，其门腿、主梁等均为超大超重件，进水塔 384.0m 高程作为吊装和安装平台，虽然场地平，基础好，但是场地太小。为了确保吊装安全，需要在 CAD 图上模拟各部件、拖车和吊车等设备的摆放位置。另外，还需根据 200t 履带吊的技术参数，模拟各部件安装位置的旋转半径、主臂长度等。

2. 门机整机润滑

向家坝门机均采用集中润滑供油装置，为门机各运行机构自动供油润滑。但是水电站门机使用率低，集中润滑装置一段时间不使用，润滑油变干，油管路容易堵，导致机构润滑不畅，不但不能有效发挥集中润滑系统的优势，反而导致机构润滑不够，出现运行故障，损坏齿轮等部件。建议取消集中润滑装置，改为手动定期保养供油，如确实需要采用该装置，可以定期运行该装置，确保油管路不堵塞。

6.4.5　液压启闭机

1. 安装控制关键点

液压启闭机安装中心控制。油缸的中心位置是由机架决定的，油缸吊耳连接闸门吊耳，闸门在门槽内上下滑动，闸门与门槽需配合，因此机架的中心位置应以门槽的实际中心为基准，而不能用设计的理论中心为基准进行安装。

2. 经验教训

（1）电机和油箱基础处理。由于设计院与厂家沟通不畅，设计院未出具电机和油箱基础埋件布置图，导致电机和油箱安装时加固不方便，只能采用膨胀螺栓进行加固。

（2）油缸顶部设备防雨。在油缸顶部布置有缸旁阀块和少量监控设备，厂家未设计防雨设施。

（3）滤芯选型。液压启闭机运行时，均出现吸油滤油器报警的问题，检查滤芯并未堵塞，为错误报警，建议滤芯选型时，选用大直径的滤芯，但过滤等级不变。

6.4.6　机组埋件

1. 利用地下厂房有利条件，充分发挥厂房桥机效能

在土建施工阶段，用于安装主厂房桥机轨道的岩锚梁浇筑完成后，可尽快安装主厂房大桥机。该桥机可用于压力钢管、尾水管等金结设备的安装，也可用于吊装混凝土，为主机间的混凝土浇筑提供手段。

首台机组土建向机电交面前，优先协调将安装间向机电交面，可保证机电安装承包人在安装间利用厂房大桥机进行基础环、座环等设备总装、焊接，等首台机组土建向机电交面时，基础环和座环已经总装组焊完成，具备整体吊入机坑的条件，缩短关键线路上的直线工期，为首台机组提前发电创造有利条件。

2. 成立监测组织机构，确保座环和蜗壳混凝土浇筑质量

座环和蜗壳浇筑为厂房混凝土施工的关键和难点，其抬动监测为重中之重。为确保座环和蜗壳浇筑时不变形和移位，成立了监测组织机构和监测小组，制定抬动变形预警机制，明确抬动变形的偏差范围。这一系列的管理措施为座环和蜗壳混凝土浇筑质量提供了保障，效果显著。

3. 小型机电埋件与大型机组埋件之间的接口关系协调

小型机组埋件为土建承包人施工，而大型埋件由机电安装承包人施工，两个合同之间的接口关系复杂，特别是涉及小型埋件与大型埋件之间需要连接时，界面不清晰，导致协调困难。如在大型机组埋件上开孔和焊接，大型埋件上的法兰安装等。为保证安装质量，建议由机电安装承包人负责主体设备上的开孔和焊接。

4. 小型机电埋件移交管理

小型机电埋件安装完毕后，需向机电承包人交面。交面时，无压管路需通水试验，有压管路需进行打压试验；电气穿线管路需全部进行穿线试验；基础埋板需测量其水平和高程；接地需检查接地电阻和其有效性；另外所有埋件均应挂牌标识。交面程序复杂，涉及项目多且杂，往往重视程度不够，容易出现问题。应成立专门的小型埋件交面协调小组，编制专门的交面管理制度，确保埋件有序、顺利交面。

第7章 施工支洞封堵

作为地下电站重要的辅助工程，施工支洞肩负着施工期间施工通道和通风散烟的作用，部分支洞还将作为永久工程予以保留。施工支洞的使命完成后，大部分需要进行封堵。施工支洞虽属临时性的辅助工程，但其封堵却是永久建筑物的一部分，作为水库蓄水主要控制条件之一，对电站安全运行有着极其重要的作用。

向家坝地下电站在不同部位总共布置了11条施工支洞，多数需要根据不同的工况进行封堵。本章主要论述施工支洞封堵的总体设计思路和施工方案，并对设计施工中有关问题进行探讨。

7.1 工程设计

7.1.1 施工支洞布置

根据向家坝地下电站永久地下洞室的布置，结合施工总进度的要求和施工需要，现场共布置6条施工支洞，各施工支洞断面均为城门洞形，均按双车道布置。在施工过程中经过修改调整，前后共形成11条施工支洞（见图7.1-1），包括①、②、③、④、⑤、⑥6条施工支洞，以及后期增加的③-1、④-1、④-2、⑤-1及引水上弯段5条施工支洞。施工支洞作为地下厂房系统施工的交通运输和通风通道，在右岸地下厂房系统开挖完成后，根据施工进展及时作回填封堵。

7.1.2 施工支洞封堵

施工支洞堵头承受的基本荷载有水压力、渗透压力、自重、周边围岩压力、地震荷载等，封堵设计的主要任务是选择合适的位置，确定堵头的长度和体型。

1. 封堵位置

水推力对堵头的作用将以摩擦力、凝聚力、正向压力等形式传导至堵头周边围岩，通过围岩受力来保持堵头稳定；堵头还要与围岩连成一体防止渗漏。四川凉山州坪头水电站充水后曾发生引水洞多条施工支洞的堵头出现不同程度的渗水，且渗漏量的大小与堵头所处位置的围岩类别、裂隙发育情况密切相关。因此，为保证良好的受力条件和防渗效果，支洞封堵的位置一般应选在地质条件相对较好的洞段，不宜有大的破碎带和软弱夹层。

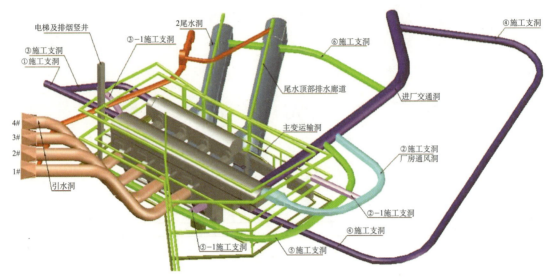

图 7.1-1　地下电站施工支洞三维图

但是支洞封堵的位置通常又受到很多限制，例如，流道两侧的支洞洞段无疑是要封堵的；支洞穿过厂房防渗帷幕的洞段也必须封堵，否则帷幕存在缺口。因此支洞一旦开挖完成，其封堵位置就已基本确定，所以，尽管施工支洞的作用只是临时性的，但在研究其空间布置时，应按永久结构来考虑封堵段对地质条件的要求。单就地质条件这一点来讲，本工程临库堵头位置的选择并不理想，封堵洞段在开挖期间甚至不得不采取型钢拱架来进行围岩支护，但这是受到诸多因素制约的结果：与厂房临库侧山体覆盖较薄，总体地质条件较差有关；与支洞长度较短，封堵位置选择余地有限有关；还受到临河侧灌浆帷幕及排沙钢管布置条件所限。总之，施工支洞的布置需各方面综合研究确定，而此处要强调的是，应提前考虑到选择合适的堵头位置。

2. 堵头长度

堵头长度是堵头设计的核心，直接关系堵头的结构稳定。目前通常根据《水工隧洞设计规范》中作用函数和抗力函数的关系来设计堵头长度，或直接利用经验公式 $L = HD/50$（L 为堵头长度，D 为堵头直径，H 为作用水头）计算，有限元分析法也得到了一定的应用。根据运行工况的不同，向家坝地下电站堵头的设计长度在 $10 \sim 70\text{m}$。

3. 堵头体型

水电工程中堵头常见体型为柱形和上游大、下游小的瓶塞形，少数工程采用齿槽或拱形。经过设计计算，向家坝地下电站的堵头均为柱形，此类体型简单实用，施工方便。但有分析表明，瓶塞形堵头可有效减小混凝土与围岩接触面剪应力的峰值，使剪应力分布更加均匀，减小局部剪切破坏的概率。因此，抗力要求不高的堵头适宜采用柱形，而本工程临库堵头承受高水头作用，一旦发生事故，后果极其严重，为提高安全保证率，宜采用超载能力较强的瓶塞式体型。

7.1.3　设计参数

向家坝地下电站共布置 11 条施工支洞，除②施工支洞兼做永久通风洞不需封堵，其余

10 条支洞均需根据不同的运行工况，按照相应的设计要求进行封堵，主要分为以下 3 类，各支洞参数见表 7.1-1。

表 7.1-1　向家坝地下引水发电系统施工支洞封堵设计参数

编号	位置	是否设灌浆廊道	封堵长度	施工内容	堵头分类
①支洞	进入主厂房、主变室北端墙，连通水库；穿过帷幕	是	46m，分 2 段浇筑	混凝土、回填灌浆、接触灌浆、固结灌浆及廊道二期回填灌浆、接缝灌浆	临库堵头，最重要
③支洞			70m，分 3 段浇筑		
③-1 支洞			50m，均分为 2 段浇筑		
④支洞	串联 4 条尾水支洞；堵头五穿帷幕	否	堵头一~四在流道两侧，长 20m，堵头五 20m，堵头六 10m	混凝土、回填灌浆、接触灌浆、固结灌浆	流道堵头，重要性次之
③-2 支洞	④尾水支洞一侧；帷幕内		46m，分 2 段浇筑		
⑤支洞	串联 4 条引水洞下平段；堵头四、五穿帷幕		堵头一~四在流道两侧，长 25m；堵头五 16m；堵头六 10m		
⑥支洞	串联 2 条尾水主洞；帷幕外		堵头一 44m，将两尾水洞之间填满；堵头二 12m		
引水支洞	串联 4 条引水洞上弯段；帷幕外		长 20~27m		
③-1 支洞	进入主厂房下部；帷幕内	否	共 40m，分 2 段浇筑	混凝土、回填灌浆	其他堵头，无结构和防渗要求
⑤-1 支洞	进入主厂房中部；帷幕内		靠厂房侧的 10m	混凝土、回填灌浆	
②支洞	进入主厂房南端墙；帷幕内	—	不封堵	—	

1. 临库堵头

①、③、③-1 支洞是主厂房、主变室的施工通道，与蓄水后的水库连通，其封堵堵头将直接承受巨大的库水推力，加之距离电站核心区主厂房很近，因此此类堵头设计施工的要求最高（主要表现在堵头相对较长，灌浆要求高）。此类堵头须在水库蓄水前完成封堵。

2. 流道堵头

向家坝地下电站的 4 条流道都有施工支洞将其串通，机组过流前（比水库蓄水稍晚），须完成流道两侧施工支洞的封堵。④和⑤支洞的堵头一~堵头五、④-2 支洞、⑥支洞、引水支洞属于此类。⑤施工支洞与引水隧洞平面关系见图 7.1-2，其封堵剖面图见图 7.1-3。

以上两种堵头既要承担一定的水头荷载，还对防渗有较高的要求，因此，堵头周边和围岩需进行回填灌浆、固结灌浆、接触灌浆。

3. 其他堵头

④和⑤支洞的堵头六、④-1支洞、⑤-1支洞既不挡水，也不过流，对其封堵主要是为了隔离出独立的空间作为库房使用，或是为了美观的需要，一般在堵头浇筑后进行回填灌浆即可（但设计仍对堵头六布置了固结灌浆和接触灌浆）。此类堵头不制约蓄水发电，只要有施工通道，可择机施工。

7.2 主要技术问题

施工支洞封堵的施工难点主要表现在工期压力上，有以下几个原因：

（1）目前水电工程工期安排十分紧凑，蓄水发电目标一般不会轻易调整。因此，作为水库蓄水的制约因素，以及工程末期再无退路的施工项目，支洞封堵的进度压力会集中凸显。

（2）一条施工支洞通常串联布置多个堵头，受单通道限制，各个堵头通常只能从内往外

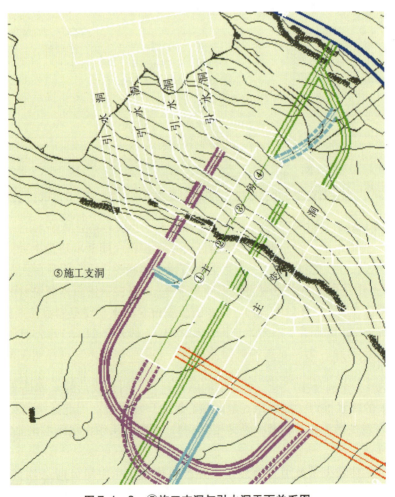

图 7.1-2　⑤施工支洞与引水洞平面关系图

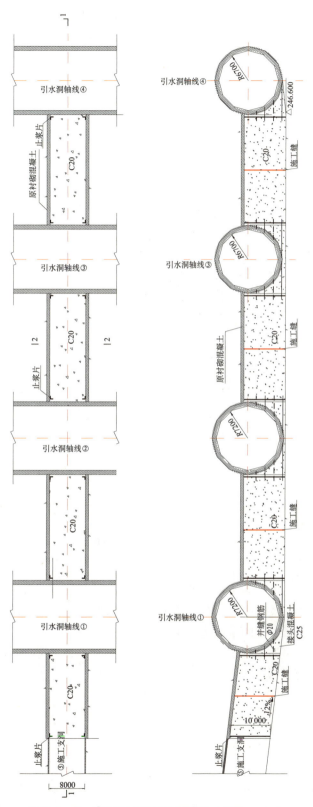

图 7.1-3　⑤施工支洞封堵剖面图（单位：mm）

逐一封堵撤退，每个堵头都将占用直线工期，造成工期紧张。若各机组投产的顺序与堵头封堵顺序相反，这一问题则更为突出。例如本工程的④施工支洞，计划⑧机组最先投产，而⑧机尾水洞两侧的堵头三、堵头四却须待靠内侧的⑦、⑥、⑤机尾水洞两侧的堵头一、堵头二封堵后才能施工。④施工支洞平面布置图见图7.2-1。

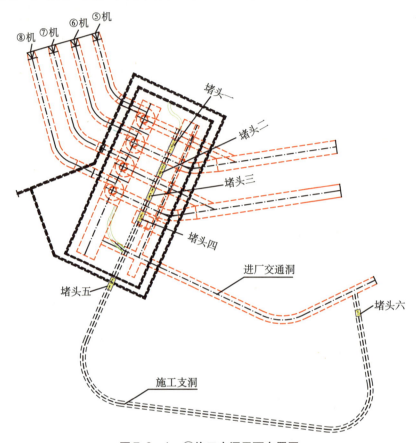

图7.2-1 ④施工支洞平面布置图

说明：1. 机组发电顺序：⑧—⑦—⑥—⑤。2. 堵头封堵顺序：堵头一—堵头二—堵头三—堵头四—堵头五—堵头六。

（3）单个堵头需要较长工期。一是重要堵头浇筑前，通常须将开挖期间施工的喷混凝土层凿除，在岩石面刻槽安装止水片，费工费时；二是需要一段时间的堵头通水降温和混凝土变形收缩，才能具备接触灌浆的条件。

因此，施工支洞封堵的工期一般都很紧张，必须提前谋划、精心布局，严格落实各道工序质量措施，确保施工顺利进行。

7.3 施工方案

7.3.1 混凝土浇筑

7.3.1.1 岩面清理

根据重要性的不同，设计对堵头浇筑前岩面清理提出了不同要求：临库堵头要求凿除所有喷混凝土层及底板混凝土，清除松动岩块；其余两种堵头要求凿除脱落的喷混凝土层，清除松动岩块。以上设计要求是必要和合理的。

受多种客观条件限制，向家坝临库堵头的地质条件并不理想，开挖期间甚至不得不采用钢拱架来支护围岩，在凿除喷混凝土层、拆除钢拱架的过程中，容易塌方掉块，引发安全事故，而且费工费时。③支洞在拆除钢拱架时发生塌方，所幸未造成人员伤亡（见图7.3-1）。

因此值得总结和改进的是，可在支洞开挖时按照封堵的要求提前进行岩面清理，并浇筑一圈厚度30~40cm的衬砌混凝土，既可保证施工期支洞的围岩稳定，又简化了封堵期的施工，对于混凝土面的凿毛既安全又方便，同时在衬砌盖重下进行围岩固结灌浆，效果更佳。此外，如果设计对止水片的安装有岩面刻槽要求，也可在开挖期间一并完成，安装止水片后浇入衬砌混凝土，外露部分做好保护。

图7.3-1　③施工支洞拆除钢拱架塌方现场照片

7.3.1.2　预埋件安装

1. 止水（浆）片

设计布置有洞周环向和拱肩纵向的止水（浆）片（见图7.3-2），一是起到混凝土与围岩接触面止水的作用，二是为了灌浆分区，避免串浆。原设计要求所有的止水片往岩面刻槽形成梯形，深度35cm，将止水片的一部分嵌入岩石，一部分浇入混凝土，见图7.3-3。围岩与堵头混凝土连成整体，保证止水效果。施工单位在③和③-1支洞实施了部分刻槽后，提出施工难度太大，建议取消刻槽，调整为在岩面上浇筑一道细石混凝土小梗，将止水片装入其中。还有一种更为简便的方式，即用砂浆将凹凸不平的岩面找平，然后紧贴岩面安装L形止水片。最终实际施工情况为：临库堵头先是部分采用刻槽，后有部分改为止水梗；④、⑤等支洞，采用L形止水片。

从最终效果看，尽管都达到了堵头防渗的目的，但总结经验，重要的堵头还是应坚持采用刻槽的方式，用"笨办法"来提高保证率；至于刻槽施工难度大、工效低的问题，可通过增配资源的方式加以克服，或是建议在支洞开挖期间一并完成刻槽施工。对于非重要的堵头，采用止水梗或L形止水（见图7.3-3）也是可行的，但前提是要精心施工保证质量。

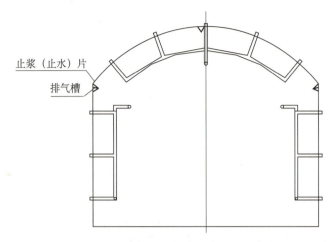

图7.3-2　施工支洞拱肩止水位置示意图

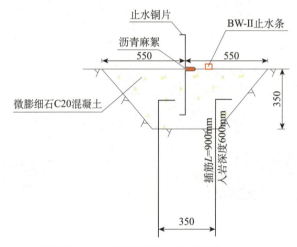

图7.3-3　刻槽埋设止水片（单位：mm）

2. 灌浆管路

原设计要求采用镀锌铁管布设灌浆管路，从主管间隔分出支管出浆，这是传统的布设方式，但有以下缺点：①管路复杂，接头较多，接头处容易脱落，造成混凝土进入而堵塞管路。②刚性铁管难以适应凹凸不平的岩面，出浆点不一定正好伸入岩石凹处，安装较困难。③出浆点有间隔，扩散范围有限。

可重复灌浆管属于较为新型的材料，在向家坝地下电站的蜗壳、压力钢管上已有成功应用，具有管路可靠性好，线性出浆，管路柔性好，可紧贴岩面，安装方便等优点，因此各方研究后，临库堵头也改用可重复灌浆管，实际效果较好。

3. 冷却水管

堵头断面多为8m（宽）×7m（高），长度在10m以上甚至达到25m，属于大体积混凝土，需预埋冷却水管进行混凝土通水降温。按照设计图，以1.8m的水平间距和层间距布置冷却水管，水平方向布置4排，上下布置3层。由于堵头仓号较大，为施工方便，用钢管架搭设操作平台，以便平仓和振捣，冷却水管借此绑扎固定在钢管架之上。

4. 监测仪器

为把握接触灌浆施工时机，由施工单位自行埋设温度计和测缝计，未要求埋设永久监测仪器。

总结认为，堵头是重要的永久建筑物，由专业的监测队伍实施一定的永久监测（同时也可指导施工）是很有必要的。一是因为土建单位埋设的临时监测仪器的精度和安装质量都不及专业队伍；二是因为堵头应力应变、渗流渗压的变化过程要经历相当长的时间，仅仅施工期不能覆盖，在运行期持续观测，有利于掌握堵头安全状态。

7.3.1.3 混凝土浇筑

本工程堵头设计均为 C20W8F100 素混凝土，采用中热水泥拌制。按照设计图，分段浇筑长度为 10~25m，再分上、下两层施工。混凝土罐车运输，泵送入仓。浇筑过程中既要振捣密实，又要避免破坏预埋件，分段分层浇筑时注意牵引和保护灌浆管、冷却水管的进出总管。

7.3.1.4 温控

为防止混凝土温度裂缝，并满足接触灌浆的要求，需采取必要的温控措施，一是浇筑出机口为 14℃ 的预冷混凝土，二是通水冷却降温。为了监控混凝土内部温度变化情况，在某些堵头内埋设了一些温度计。

结合本工程的实施情况有两点建议：

（1）支洞封堵除了顶拱必须泵送入仓以外，中下层采用布料机浇筑常态混凝土是可行的，可减少水泥用量，减轻温控压力。

（2）采用低热水泥对温控有利，可根据试验结果，综合研究加以应用。

本工程在实施过程中也曾出现过一些失误，例如：③支洞分为 3 段浇筑，浇筑第 3 段时将前 2 段预埋的冷却水管掩埋，无法通水。之后采取补救措施，在灌浆廊道内径向钻孔（见图 7.3-4），在实心段水平钻孔，再连接管路进行通水冷却，最终，混凝土温度才得以降至 16℃（设计要求的接触灌浆条件）。但是径向发散造孔使得冷却孔在混凝土表面的间距小，在内部的间距大，内外散热不均匀，产生了几条裂缝。另外在 2012 年 1 月 7 日~14 日，1 号支洞平均降温速度为 1.2℃/天，降温过快，也产生了一条裂缝。以上裂缝通过化学灌浆进行了妥善处理。

图 7.3-4 垂直冷却现场施工图

混凝土通水降温本是常规的施工措施，但由于重视程度不够，过程控制不严，出现以上失误实属不应该。临库堵头封堵的工期本来是比较充裕的，但由于温控的问题，延误工期至少2个月，还部分地错过了冬季施工的最佳时机。在今后的工程中，一定要注重细节，对管路牵引和保护严加控制，安排专人测量水温、流量，并根据混凝土温度变化情况及时调整通水方式。

此外，根据本工程的实际情况，在堵头温控方面有两点建议：

（1）尽量减少混凝土水泥用量，少用泵送混凝土。从现场运输情况看，除了顶拱必须泵送以外，中下层采用布料机浇筑常态混凝土是可行的，可较大减轻温控压力。

（2）考虑采用低热水泥，减少水化热。2011年9月曾按集团公司指示，拟在地下电站非重要堵头试用华新低热水泥，项目部组织研究后做出了安排，但因华新公司未及时提供水泥样品而未能实施。向家坝大坝导流底孔封堵混凝土水泥品种的比选研究结果表明，在低强度标号条件下，使用低热水泥在温控方面并无实质性优势，而导流底孔对封堵体有早强要求，并应尽快完成混凝土收缩变形，最终决定不采用低热水泥。但是，采用低热水泥浇筑堵头，仍不失为一种方案选择，应根据所处工程的边界条件综合考虑。

7.3.2 灌浆

设计在堵头顶拱120°范围布置有回填灌浆，以充填混凝土浇筑无可避免的顶部脱空，回填灌浆压力0.3～0.4MPa，在混凝土达70%强度后进行（约浇筑后15天）。边墙范围布置有接触灌浆，以充填混凝土收缩后的缝隙，接触灌浆压力0.3～0.5MPa，混凝土温度降至16℃后，根据缝面张开情况实施（监测发现，部分缝面并未张开）。全断面布置有固结灌浆，以改善围岩的整体性和力学性能，固结灌浆压力0.5～0.6MPa，入岩6m，实心堵头在浇筑混凝土之前进行无盖重灌浆，空心段在灌浆廊道内施工，一方面加固围岩，另一方面对接触面进行补灌。以上灌浆均按常规方法施工，不再赘述，重点说明以下问题。

7.3.2.1 接触灌浆

接触面上凝聚力提供的抗滑力是决定堵头稳定性的主要因素，也是容易发生渗漏的部位，因此做好接触灌浆非常重要。本工程在灌浆廊道径向造孔穿过接触面，进行压水检查，两孔之间互不串水；取芯检查发现接触面水泥结石充填密实（见图7.3-5），说明接触灌浆质量较好。

图7.3-5 取芯检查接触面发现浆液充填密实

7.3.2.2　支洞与帷幕的关系

施工支洞穿过包围厂房周圈的防渗帷幕形成缺口，须通过封堵和灌浆与帷幕连成整体。洞室开挖和灌浆不能同时施工，按施工顺序分为两类：

（1）先灌浆，后开挖，再补强。在洞室开挖之前，先将帷幕从顶连续钻灌到底，之后再开挖洞室，对于开挖爆破对已灌帷幕的影响，通过在洞内径向钻孔灌浆来进行补强（一般布置 8~13 排灌浆孔，孔深 8m）。见图 7.3-6。

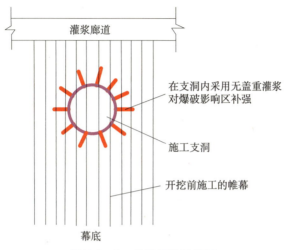

图 7.3-6　先灌后挖示意图

（2）先开挖，后灌浆，再搭接。先进行支洞开挖，再进行帷幕灌浆，由于存在支洞临空面，帷幕不能从顶到底连续钻灌，须在支洞顶部和两侧的一定距离处中断（一般距离支洞 3~5m），然后再在洞内向顶部和两侧钻灌，与之前施工的帷幕相搭接，并往下钻灌至幕底。见图 7.3-7。

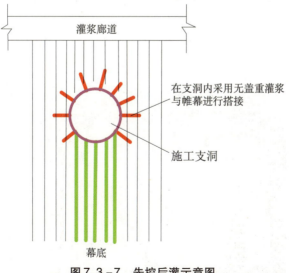

图 7.3-7　先挖后灌示意图

上述两种方法取决于支洞与帷幕形成时间的早晚，重点是要保证帷幕的补强和搭接不出现缺口，然后在施工支洞穿过帷幕的洞段浇筑堵头（如④支洞堵头五和⑤支洞堵头四、五），并通过接触灌浆将堵头与帷幕连成整体。

7.3.2.3 补强灌浆

上述两种方法都存在一个问题：支洞内施工的周圈补强灌浆或搭接灌浆，都是在没有盖重的保护下进行的，通常难以采用较大的灌浆压力，加之开挖爆破影响的孔口段因灌浆卡塞占压，不能得到灌浆加固，所以无盖重灌浆的效果不及有盖重灌浆，围岩的整体性和防渗性能可能存在一定薄弱环节。为此，本工程在原设计灌浆质量已经合格的情况下，为提高安全保证系数，在施工支洞完成封堵之后，在帷幕灌浆廊道内布置一排灌浆孔，往下钻孔穿过堵头，对堵头周边围岩（约10m范围）和接触面进行一次补强灌浆，有效地消除了无盖重灌浆的薄弱环节，见图7.3-8。为避免堵头混凝土发生劈裂，最大灌浆压力控制在1.5MPa，混凝土段不灌浆。

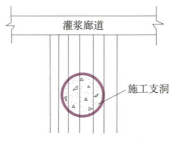

灌浆廊道

施工支洞

图7.3-8　补强灌浆示意图

7.4　小结

通过一系列的设计施工措施，向家坝地下引水发电系统施工支洞封堵满足了水库蓄水和机组过流的进度要求。2012年10月蓄水发电以来，对临库堵头进行定期巡检，运行状况良好，见图7.4-1；流道堵头现已无法检查，但在机组逐一过流时，检查相邻流道均未见异常，说明封堵质量较好。

图7.4-1　临库③施工支洞封堵效果

总结经验教训，有以下几点体会：

（1）施工支洞封堵是水电工程中极其重要的施工项目，必须高标准、严要求地对待；同时应充分认识到封堵工期的紧迫性，提前谋划，尽早启动。

（2）开挖期间应提前考虑封堵时设计、施工的有关要求。综合研究支洞空间布置，合理选择封堵位置；对于后期封堵时有刻槽要求及较高清基要求的，应在开挖期统筹考虑，合理安排施工。

（3）对承受高水头、抗力要求高的堵头，宜采用保证率较高的瓶塞式体型。

（4）需高度重视灌浆管路、冷却水管的保护，抓好施工细节质量。

（5）施工条件允许的情况下，尽可能采用布料机等入仓方式浇筑常态混凝土，减少水化热。

（6）支洞封堵后可考虑进行补强灌浆，消除无盖重灌浆的薄弱环节，确保封堵质量。

（7）除满足施工需要以外，宜埋设永久监测仪器，了解堵头全过程的安全状态。

（8）有的工程堵头灌浆廊道不作二期封堵（需设计核算稳定性，因为堵头的重量决定了与围岩的摩擦抗力），或在低水位运行期暂不封堵，待结构稳定和防渗平稳后，再进行封堵。在此之前，若发生漏水等状况，还可在灌浆廊道内进行观测和灌浆处理。

第 8 章　安 全 监 测

8.1　安全监测项目布置

8.1.1　监测断面布置

右岸地下引水发电系统主要监测项目为洞室群内部变形、支护结构应力、渗流渗压监测，以及进出水口边坡外部变形、深部变形、支护结构应力等。各建筑物主要监测断面和监测项目见表 8.1 - 1。

表 8.1 - 1　右岸地下引水发电系统主要监测断面和监测项目

监测部位		监测断面布置	监测仪器
引水洞		1 号、3 号洞各布置 4 条监测断面，共 8 条监测断面	多点位移计、锚杆应力计、锚索测力计、钢筋计、应力应变计、测缝计等
地下厂房	主厂房	顶拱布置 7 条监测断面，上下游边墙各布置 5 条监测断面，共 17 条监测断面	
	吊车岩锚梁	14 条围岩变形及锚固监测断面，12 条混凝土应力监测断面，共 26 条监测断面	
	主变洞	布置 4 条监测断面	
尾水洞		1 号、2 号尾水主洞各布置 3 条监测断面	
进水口边坡		设置 C1 - C1 ~ C5 - C5 共 5 条监测断面	外部变形测量标墩、多点位移计、锚杆应力计、锚索测力计、测斜孔、水位孔等
尾水出口边坡		设置 d1 - d1 ~ d3 - d3 共 3 条监测断面	

8.1.2　监测仪器数量

右岸地下引水发电系统安全监测仪器从 2006 年 6 月随土建施工开始埋设，至 2013 年 12 月全部仪器安装结束，共埋设安装监测仪器设备 1617 台套，目前监测仪器完好率为 86.9%。右岸地下引水发电系统监测仪器埋设数量见表 8.1 - 2。

表 8.1-2　右岸地下引水发电系统监测仪器埋设数量统计表

序号	仪器名称	单位	工程部位						小计
			主厂房	引水洞	尾水洞	辅助洞室	排水廊道	进出水口边坡	
1	多点位移计	套	48	36	47	18		16	165
2	渗压计	支		24	28	6			58
3	锚杆应力计	支	250	71	120	19		164	624
4	锚索测力计	台	46		26			31	103
5	测缝计	支	32	14	59				105
6	裂缝计	支	3						3
7	钢筋计	支	17	40	118	15		50	240
8	钢板计	支		8	30	0			38
9	应变计	支	1	18	13	3			35
10	无应力计	支	4	18	15	3			40
11	三向应变计	组	4						4
12	五向应变计	组							0
13	测压管	套					85	14	99
14	量水堰	个					10	6	16
15	水平位移基点							2	2
16	垂直位移基点							6	6
17	水平位移测点							35	35
18	垂直位移测点		32					12	44
	合计		437	229	456	64	95	336	1617

8.2　引水洞

8.2.1　监测仪器布置

1 号和 3 号引水隧洞监测断面分别布置 4 条监测断面,监测断面位于引水隧洞上平段、上弯段、下弯段和下平段,监测断面布置见图 8.2-1。

各监测断面主要埋设多点位移计、锚杆应力、钢筋计、钢板计、应力应变计、收敛测桩等,上平段、下弯段和下平段监测断面主要在隧洞上半圆部分布置监测仪器,上弯段监测断面在隧洞全断面均布置监测仪器。典型监测断面仪器布置图见图 8.2-2。

8.2.2　多点位移计

各监测断面布置 3~4 套多点位移计,大部分仪器埋设后 6 个月内测值趋于稳定,当前围岩测点大部分位移在 4mm 之内,当前变形量均较小。引水洞围岩变形特征值分布图见图 8.2-3。

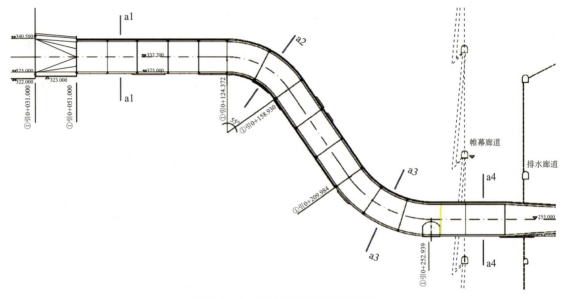

图 8.2-1　引水洞监测断面布置图

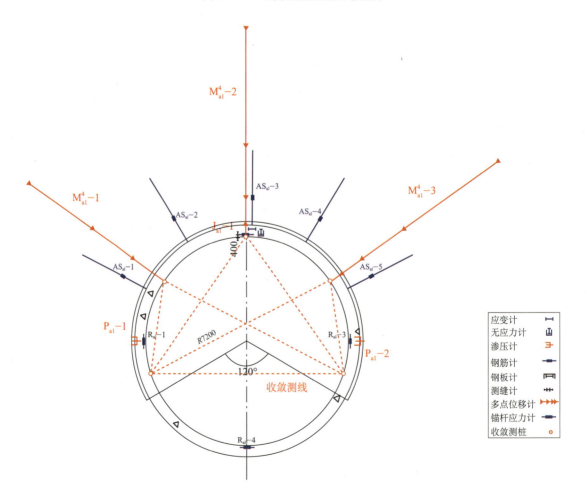

图 8.2-2　引水洞监测断面仪器布置图

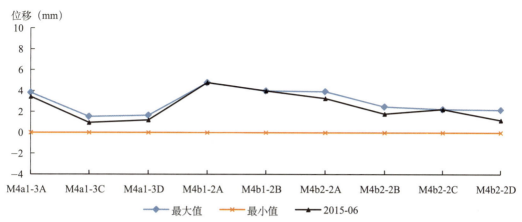

图 8.2-3　引水隧洞多点位移计位移特征值分布图

受机组发电引水隧洞充水影响，位于引水隧洞下平段多点位移计 M4a4-2 深度 1m 的测点在 354m 蓄水期间变化较大，围岩位移最大压缩至 7.36mm，370m、380m 蓄水过程中变化量较小，目前测值稳定，变化较大的原因为流道充水时动水压力对浅层岩体产生压应力，使浅层岩体产生压缩变形。多点位移计 M4a4-2 各深度测点位移曲线见图 8.2-4。

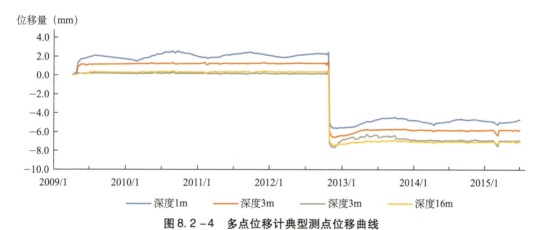

图 8.2-4　多点位移计典型测点位移曲线

8.2.3　测缝计

各监测断面在拱顶部位混凝土与基岩交界面布置 1 支测缝计，大部分仪器埋设后 4 至 5 个月内趋于稳定，当前缝开合度在 -0.95～2.48mm 之间，测缝计变化量较小。缝开合度特征值分布图见图 8.2-5。

施工期缝开合度变化较小，354m 蓄水期间，受流道充水影响，缝开合度变化相对较大，变化范围在 -2.11～0.44mm 之间，370m 蓄水和 380m 蓄水变化均较小。目前，引水隧洞测缝计在机组运行工况不变的情况下，基本呈稳定状态。典型测点缝开合度曲线见图 8.2-6。

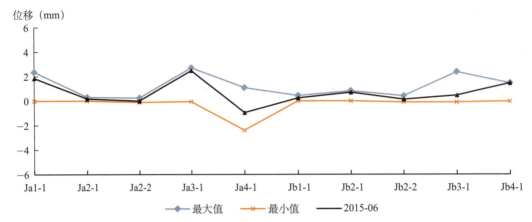

图 8.2－5　引水隧洞测缝计缝开合度特征值分布图

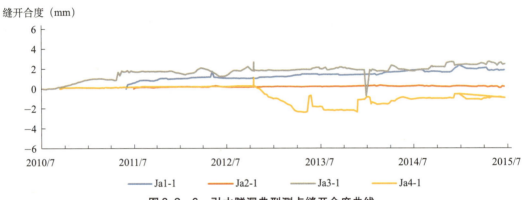

图 8.2－6　引水隧洞典型测点缝开合度曲线

8.2.4　锚杆应力

各监测断面锚杆应力主要以受拉为主，锚杆应力大多小于 100MPa，各测点测值稳定。引水隧洞锚杆应力特征值分布图见图 8.2－7。

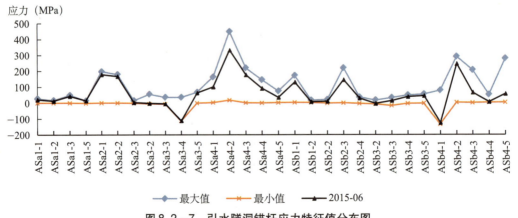

图 8.2－7　引水隧洞锚杆应力特征值分布图

施工期锚杆应力变化量较小，各年累计变化均未超过 15MPa。354m 蓄水期间，受流道充水影响，锚杆应力变化较大，变化范围在 −50.9 ~ 22.3MPa，370m、380m 蓄水变化均不大。典型测点应力曲线见图 8.2 −8。

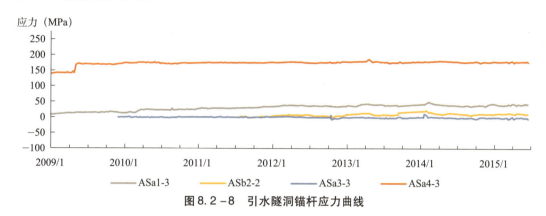

图 8.2 −8　引水隧洞锚杆应力曲线

8.2.5　钢筋应力

混凝土钢筋计钢筋应力总体不大，最大测点 Rb1 −2 钢筋应力为 58.53MPa，钢筋应力总体呈稳定态势。钢筋计应力特征值分布图见图 8.2 −9。

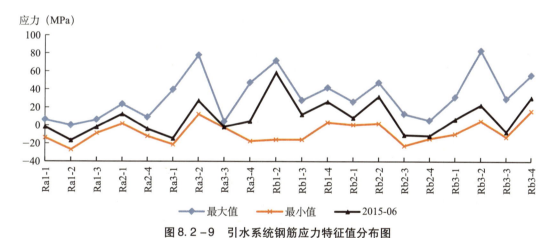

图 8.2 −9　引水系统钢筋应力特征值分布图

钢筋应力主要受温度影响呈周期性变化，历次蓄水钢筋应力变化均未超过 13MPa。典型钢筋计应力 −时间曲线见图 8.2 −10，钢筋计应力 −温度相关图见图 8.2 −11。

8.2.6　流道渗压

每条监测断面布置 2 支渗压计，引水洞下平段监测断面位于帷幕下游，其余断面在帷幕前，渗压计入岩深度为 0.5m。

渗压计各测点 354m 蓄水前均呈无水压或有微小水压状态。354m 蓄水流道充水后，帷幕前后渗压计折算水位均有所增加，帷幕前渗压计折算水位增加幅度在 70m 左右，帷幕后左侧渗压计折算水位增加较小，右侧折算水位增加幅度与帷幕前相当，左右侧两支渗压计折算水位出现较大水位差。

图 8.2－10　引水系统钢筋计钢筋应力－时间曲线

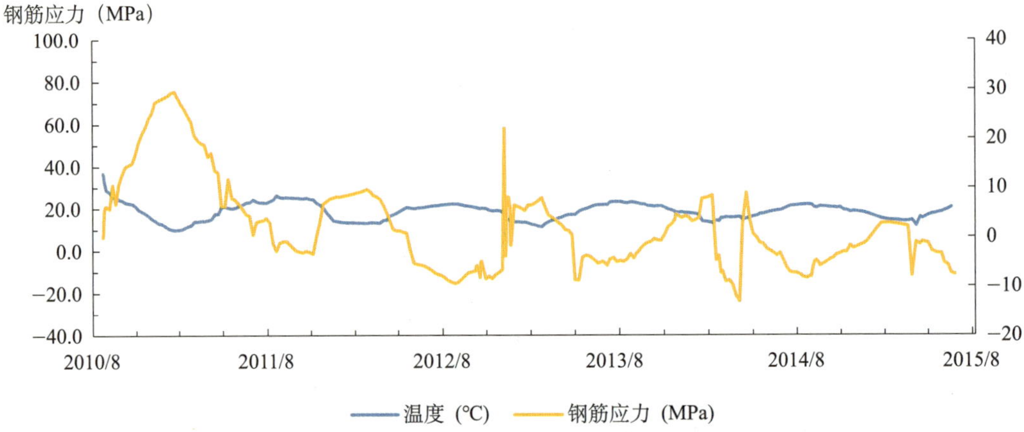

图 8.2－11　引水系统钢筋计 Rb3－3 钢筋应力－温度相关图

2013 年初，引水隧洞放空检修处于无水状态时，围岩渗压计折算水位下降，帷幕后左右侧两支渗压计折算水位基本相同。2013 年底经过灌浆补强施工后，引水洞充水时帷幕后右侧渗压计折算水位大幅降低，左右侧渗压计折算水位基本一致，且随工况变化同步变化，帷幕前与帷幕后渗压计折算水位相差约 80m。8 号机渗压计折算水位过程线见图 8.2－12。

8 号机道灌浆前后渗压折算水位分布图见图 8.2－13。2012 年 10 月 9 日为 354m 蓄水前数据，基本为无压状态；2013 年 9 月 14 日为引水洞充水状态下蓄水至 380m 后渗压数据，监测成果显示，帷幕前后折算水位增加明显，帷幕前增幅较帷幕后大，帷幕后右侧较左侧高约 46m；2014 年 1 月 18 日为灌浆补强施工后流道充水时渗压数据，帷幕后折算水位低于帷幕前约 80m，帷幕后左右两侧渗压值基本一致。

8.3　主厂房

8.3.1　监测仪器布置

主厂房总长 245m，吊车梁以上宽度 33m，吊车梁以下宽度 31m，开挖高度 85.5m。主厂

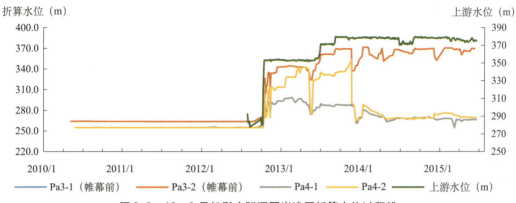

图 8.2－12　8 号机引水隧洞围岩渗压折算水位过程线

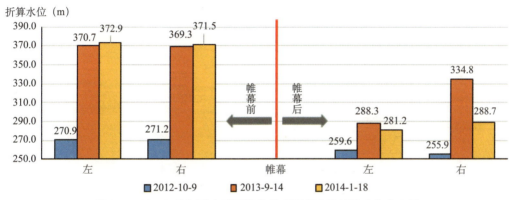

图 8.2－13　8 号机引水隧洞帷幕前后围岩渗压折算水位分布图

房共布置 7 个监测断面，主要布设多点位移计、锚杆应力计、锚索测力计等监测仪器。监测断面典型仪器布置图见图 8.3－1。

8.3.2　多点位移计

受洞室爆破开挖影响，主厂房施工期多点位移计变化较大，最大变形量在－10.12～12.23mm 之间，354m、370m、380m 蓄水时多点位移计变化量均较小，当前围岩变形在－10.12～33.54mm 之间，各测点趋于稳定。典型测点曲线见图 8.3－2。

多点位移计变化与开挖施工进度密切相关，且表面变形量大于基岩深部。在测点附近开挖时，位移较明显，随着开挖高程的深入，受开挖施工的影响逐渐减小，且变形主要发生在主厂房 I 层开挖期间。多点位移计位移与开挖深度相关曲线见图 8.3－3。

8.3.3　锚杆应力

主厂房锚杆应力计大部分在埋设后的 5 个月内趋于稳定，个别测点受施工及爆破影响变化较大，随着开挖高程的不断降低，锚杆应力逐渐趋于平稳。历次蓄水变化均较小，当前测值在－35.95～356.70MPa 之间。典型锚杆应力计应力－时间曲线见图 8.3－4。

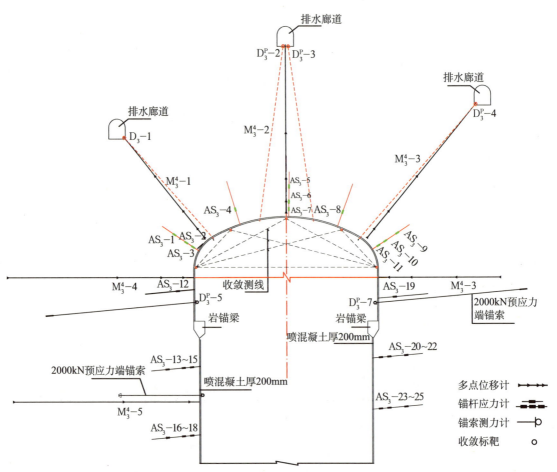

图 8.3-1　主厂房监测断面典型仪器布置图

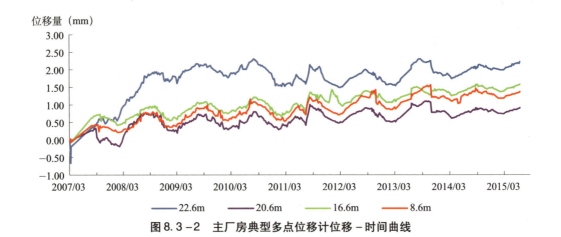

图 8.3-2　主厂房典型多点位移计位移 – 时间曲线

8.3.4　锚索荷载

锚索荷载蓄水前变化较小，在历次蓄水过程中锚索荷载变化不大，当前锚索荷载在

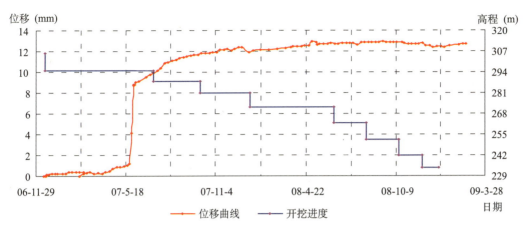

图 8.3-3　1-1 断面上游侧拱肩围岩变形-时间/开挖进度关系曲线

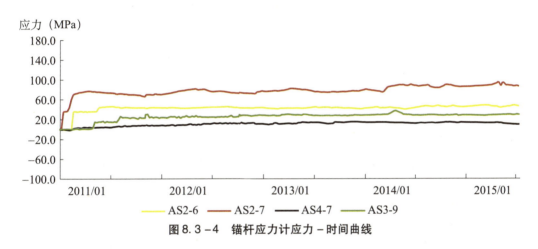

图 8.3-4　锚杆应力计应力-时间曲线

411.35~2470.741kN 之间，锚索荷载基本呈稳定趋势。典型锚索荷载过程线见图 8.3-5。

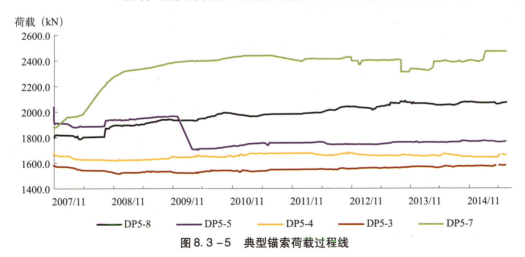

图 8.3-5　典型锚索荷载过程线

8.3.5　岩锚梁

岩锚梁部位布置有 26 个监测断面，其中 14 个为围岩变形及锚固监测断面，布置锚杆应力计和测缝计；12 个为混凝土应力监测断面，布置钢筋计、三向应变计组、单向应变计、无应力计、测缝计和裂缝计等监测仪器。岩锚梁锚杆应力计及测缝计典型布置示意图见图 8.3－6。

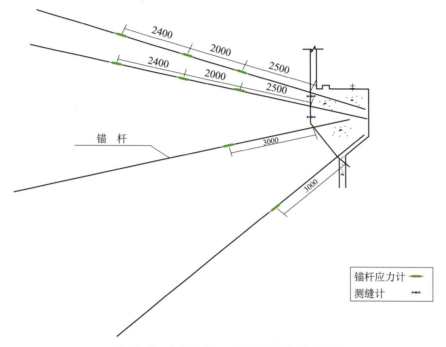

图 8.3－6　主厂房岩锚梁监测断面布置示意图

岩锚梁混凝土与围岩接触缝间测缝计总体变化较小，Jy11－1 当前缝开合度为 7.81mm，变化主要发生在施工期，经处理后变化较小；其余测缝计当前缝开合度在 －0.69～3.08mm 之间。目前各部位缝开合度已趋于稳定。典型测缝计缝开合度曲线见图 8.3－7，测缝计特征值分布图见图 8.3－8。

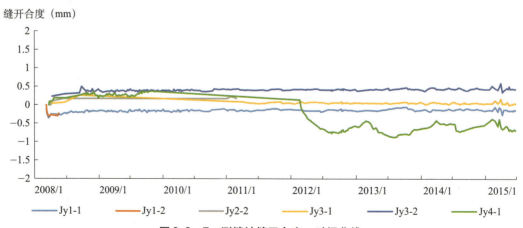

图 8.3－7　测缝计缝开合度－时间曲线

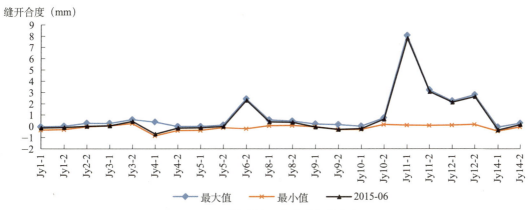

图 8.3-8 测缝计缝开合度特征值分布图

锚杆应力在岩锚梁浇筑时有小幅波动，但变化较小，岩锚梁锚杆应力总体较小，当前锚杆应力在 -35.95 ~ 356.70MPa 之间，锚杆应力在历次蓄水时变化不大。岩锚梁典型锚杆应力曲线见图 8.3-9，锚杆应力特征值分布图见图 8.3-10。

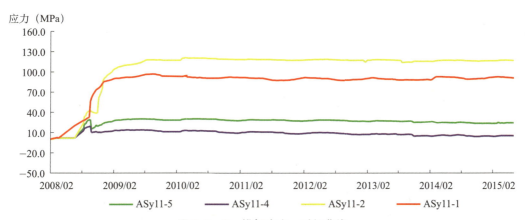

图 8.3-9 锚杆应力-时间曲线

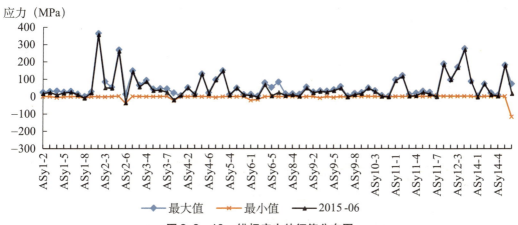

图 8.3-10 锚杆应力特征值分布图

钢筋计钢筋应力在埋设后较短的时间就达到蓄水前的90%左右，之后均为时效变化，当前钢筋应力在 −16.12~98.20MPa 之间，钢筋应力总体趋于稳定。钢筋计特征值分布图见图 8.3 −11。

图 8.3 −11　钢筋应力特征值分布图

8.4　尾水洞

8.4.1　监测仪器布置

1 号、2 号尾水主洞分别长 263m、200m，宽、高均为 22m、33m，两条洞室分别布置三个监测断面，主要布设多点位移计、锚杆应力计、锚索测力计、渗压计、钢筋计等。

8.4.2　多点位移计

多点位移计变化主要发生在尾水洞前期施工阶段，施工后期变化不大。蓄水前围岩变形在 −13~10.2mm 之间，354m 蓄水尾水洞充水后围岩变形相对较大，围岩变化量在 −3.36~2.3mm 之间，370m 蓄水变化量在 −0.59~2.62mm 之间，380m 蓄水变化量在 −1.67~2.57mm 之间，当前围岩变形范围在 −12.36~13.2mm 之间。多点位移计位移 −时间曲线见图 8.4 −1，位移特征值分布图见图 8.4 −2。

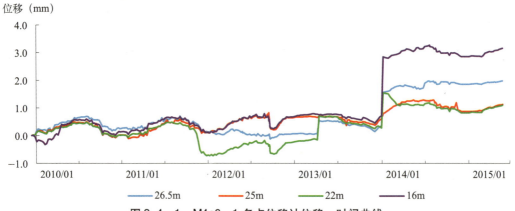

图 8.4 −1　M4a6 −1 多点位移计位移 −时间曲线

图 8.4-2　尾水主洞多点位移计位移特征值分布图

8.4.3　锚杆应力计

锚杆应力计大部分在埋设初期呈增大趋势，随后逐渐趋于稳定，并与温度呈一定的相关性。典型锚杆应力-温度过程线见图 8.4-3。

图 8.4-3　ASa8-11 锚杆应力-温度过程线

2012 年 10 月尾水隧洞充水，锚杆应力计出现较大的变化，随后各测点均恢复至蓄水前测值，锚杆应力变化范围在 -80.93~7.90MPa 之间，370m 蓄水和 380m 蓄水时尾水系统锚杆应力变化均较小，当前锚杆应力在 -399.73~339.47MPa 之间。锚杆应力-时间过程线见图 8.4-4，锚杆应力特征值分布图见图 8.4-5。

8.4.4　渗压计

尾水隧洞渗压计在蓄水前均呈无水压或有微小水压状态，受尾水洞充水影响，位于 2 号尾水支洞的 Pa5-1 和 Pa5-2 两支渗压计在 354m 蓄水期间折算水位上升约 20m，370m 蓄水和 380m 蓄水期间呈小幅波动状态；尾水隧洞其他测点变化不大，呈稳定状态。渗压计折算水位-时间曲线见图 8.4-6、图 8.4-7。

图8.4-4　锚杆应力-时间过程线

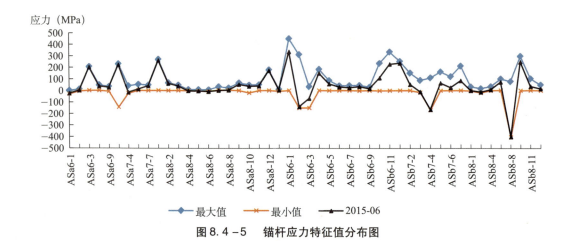

图8.4-5　锚杆应力特征值分布图

图8.4-6　尾水支洞典型渗压计折算水位-时间曲线

8.4.5　测缝计

测缝计在埋设后3个月内趋于稳定，蓄水前缝开合度范围在-1.1~0.83mm之间，2012

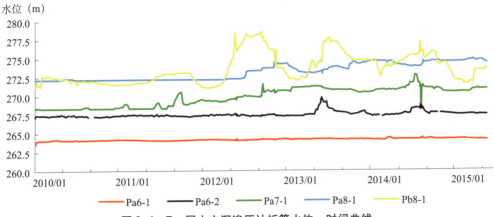

图 8.4－7　尾水主洞渗压计折算水位－时间曲线

年 10 月尾水隧洞充水后，缝开合度呈突然增大趋势，随后又回到蓄水前测值。历次蓄水缝开合度变化量均未超过 1mm，当前缝开合度在 －1.12～2.39mm 之间。测缝计缝开合度－时间曲线见图 8.4－8，缝开合度特征值分布图见图 8.4－9。

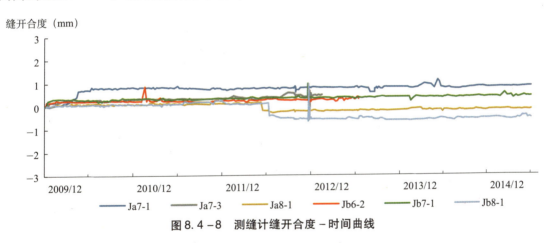

图 8.4－8　测缝计缝开合度－时间曲线

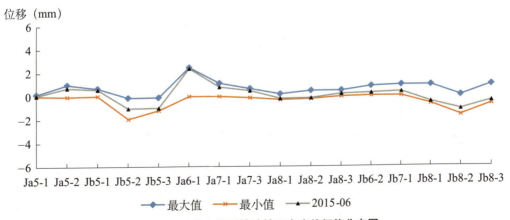

图 8.4－9　尾水洞测缝计缝开合度特征值分布图

8.4.6　钢筋计

钢筋计钢筋应力在埋设 2 个月内基本趋于稳定，后受温度影响出现小幅波动，蓄水前钢筋计钢筋应力在 −52.94 ~ 40.4MPa 之间，2012 年 10 月后受尾水系统充水影响，钢筋应力出现突变，尾水充水试验结束后，钢筋应力均回到蓄水前水平。370m 蓄水和 380m 蓄水尾水系统钢筋应力变化不大，当前钢筋应力在 −59.39 ~ 44.3MPa 之间。钢筋应力 − 温度相关过程线见图 8.4 − 10，钢筋应力 − 时间曲线见图 8.4 − 11，钢筋应力特征值分布图见图 8.4 − 12。

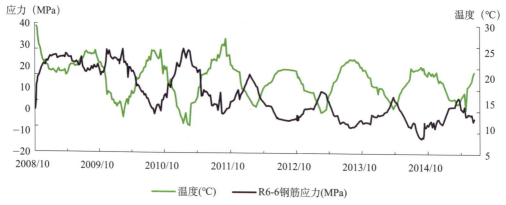

图 8.4 − 10　钢筋应力 − 温度相关过程线

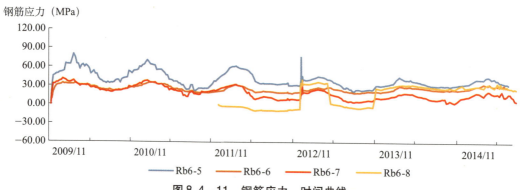

图 8.4 − 11　钢筋应力 − 时间曲线

图 8.4 − 12　钢筋应力特征值分布图

8.4.7　锚索测力计

锚索测力计荷载在埋设 6 个月内趋于稳定，历次蓄水变化均较小，当前荷载在 680.09 ~ 1604.98kN 之间。锚索荷载 – 时间曲线见图 8.4 – 13。

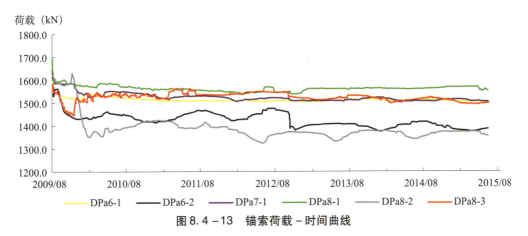

图 8.4 – 13　锚索荷载 – 时间曲线

8.5　进出水口边坡

8.5.1　监测仪器布置

进水口边坡共设置 5 个监测断面，分别布置在进水口正向坡（排沙洞中心线）、侧向坡及外侧坡处；尾水出口边坡共设置 3 个监测断面，分别布置在尾水洞轴线、右侧边坡中部。布置的仪器主要为地下水位观测孔、测斜孔、多点位移计、锚杆应力计、锚索测力计、钢筋桩钢筋计及外部变形测点等。

8.5.2　外部变形

1. 进水口边坡

进水口开挖边坡自 2007 年 4 月建立测点并进行初值观测，测点 X 方向累计位移值在 −8.97mm（J43 高程 436m）~ 11.81mm（J33A 高程 384m）之间；Y 方向累计位移值在 2.17mm（J32 高程 419m）~ 16.74mm（J61 高程 421m）之间；垂直方向累计位移值在 −13.65mm（J43 高程 436m）~ 5.59mm（J54 高程 405m）之间。各测点变化均较平稳，目前已趋于稳定。进水口边坡典型测点累计位移曲线见图 8.5 – 1 ~ 图 8.5 – 3。

2. 尾水口边坡

尾水口边坡布置 11 个测点，目前完成 7 个测点，当前 X 方向累计位移值在 −4.43mm（W23A）~ 12.67mm（W13B）之间；Y 方向累计位移值在 2.13mm（W23A）~ 20.16mm（W11）之间；垂直方向累计位移值在 −1.66mm（W13B）~ 6.41mm（W21）之间。尾水边坡测点位移主要发生在 2009、2010 年度尾水开挖阶段，目前已基本趋于稳定。右岸尾水边坡典型测点累计位移曲线见图 8.5 – 4 ~ 图 8.5 – 6。

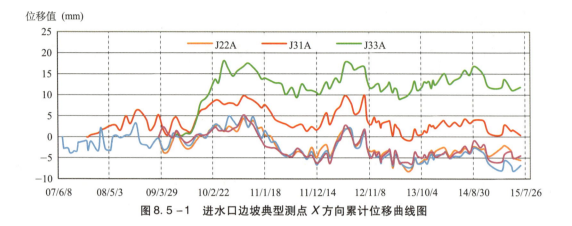

图 8.5-1　进水口边坡典型测点 X 方向累计位移曲线图

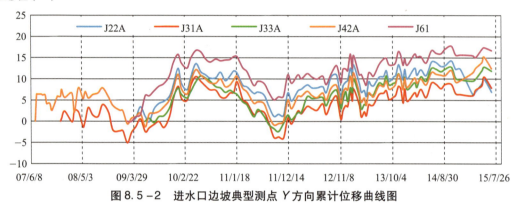

图 8.5-2　进水口边坡典型测点 Y 方向累计位移曲线图

图 8.5-3　进水口边坡典型测点垂直方向累计位移曲线

8.5.3　深部变形

1. 多点位移计

进水口边坡高程 385～465m 范围内共安装多点位移计 6 套，不同深度测点的累计位移在 −1.98～13.37mm（M4c2−1）之间；尾水出口边坡高程 295～341m 范围内共安装多点位移计 7 套，不同深度测点的累计位移量在 −2.36～7.48mm（M4d1−2）之间。目前，

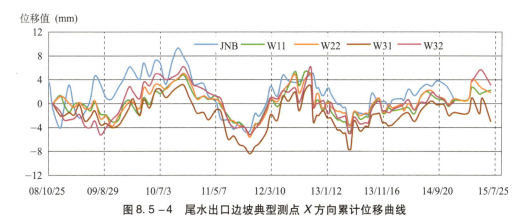

图 8.5－4　尾水出口边坡典型测点 X 方向累计位移曲线

图 8.5－5　尾水出口边坡典型测点 Y 方向累计位移曲线

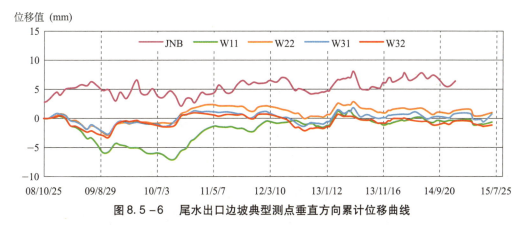

图 8.5－6　尾水出口边坡典型测点垂直方向累计位移曲线

进、出水口边坡多点位移计各测点年度变化量逐渐减小，边坡深部位移已趋于稳定。进水口边坡多点位移计特征值分布图见图 8.5－7，尾水出口边坡多点位移计特征值分布图见图 8.5－8。

2. 测斜管

进水口边坡共安装 7 套测斜管，尾水出口边坡共安装 2 套测斜管，自 2008 年 2 月起测至今，各测斜管深部累计位移量值在 4.30～42.33mm 之间，测值稳定无异常。

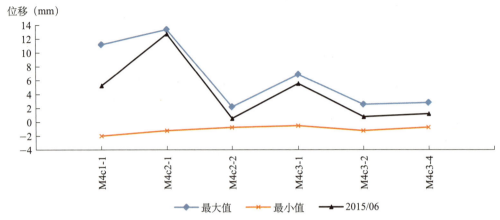

图 8.5 – 7　右岸进水口边坡多点位移计特征值分布图

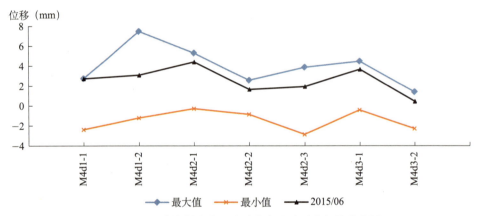

图 8.5 –8　右岸尾水出口边坡多点位移计特征值分布图

8.5.4　支护结构应力

1. 锚杆应力

进、出水口边坡共埋设 164 支锚杆应力计，大部分锚杆应力测值较小，应力变化已趋于稳定，变化量不大。锚杆应力主要以受拉为主，大多小于 100MPa，最大拉应力发生在进水口边坡 ASc3 – 16 测点（位于高程 424m，c3 – c3 断面），最大测值为 307.63MPa；最大压应力发生在进水口边坡 ASc2 – 15 测点（位于高程 355.63m，c2 – c2 断面），最大测值为 –95.26MPa。进水口边坡锚杆应力特征值分布图见图 8.5 – 9，尾水出口边坡锚杆应力分布图见图 8.5 – 10。

2. 钢筋桩钢筋应力

进、出水口边坡埋设的钢筋桩钢筋计自 2006 年 12 月起测，测点钢筋应力均较小，多在 100MPa 以内，应力变化不大，历年变化趋势较平缓。个别测点测值较大，主要是受周边局部地质条件和爆破开挖影响。进、出水口边坡钢筋桩钢筋计应力特征值分布图见图 8.5 – 11、图 8.5 – 12。

图 8.5 – 9　右岸进水口边坡锚杆应力特征值分布图

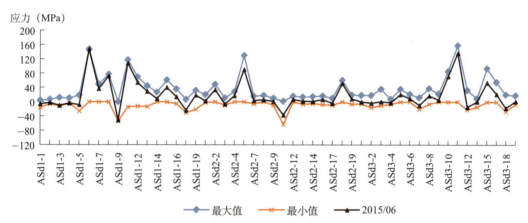

图 8.5 – 10　右岸尾水口边坡锚杆应力特征值分布图

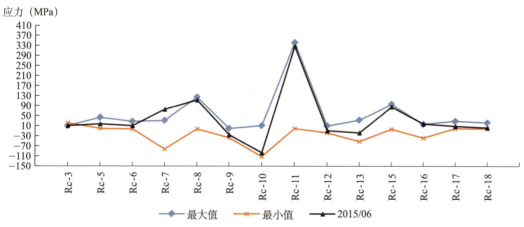

图 8.5 – 11　右岸进水口边坡钢筋计应力特征值分布图

3. 锚索测力计

进出水口边坡共埋设 25 台锚索测力计，锚索测力计荷载当前测值在 1097.1 ~ 1654.8kN

图 8.5-12　右岸尾水出口边坡钢筋计应力特征值分布图

之间，各锚索测力计荷载变化趋势总体较为平稳，无异常变化。进水口边坡锚索测力计平均荷载为 1561.71kN，锁定后平均荷载损失率为 1.42%；尾水口边坡锚索测力计平均荷载为 1354.1kN，锁定后平均荷载损失率为 8.19%。进、出水口边坡锚索测力计荷载特征值分布图见图 8.5-13、图 8.5-14。

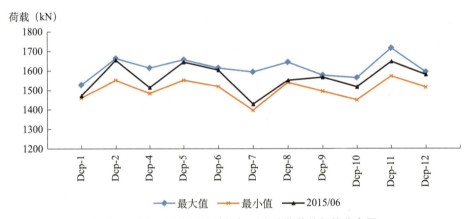

图 8.5-13　进水口边坡锚杆测力计荷载特征值分布图

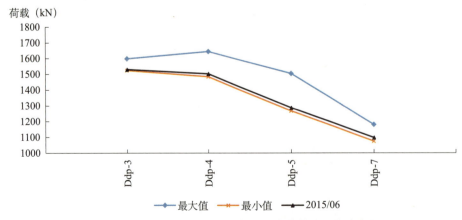

图 8.5-14　尾水出口边坡锚杆测力计荷载特征值分布图

8.5.5　边坡地下水位监测

进出水口边坡安装地下水位观测孔 14 个，进水口边坡水位孔地下水位在 374.60mm（OHc－3）~450.90mm（OHc－4）之间，水位变幅在 27.75~45.18m 之间；出水口边坡水位孔地下水位在 291.86m（OHd－4）~316.09m（OHd－2）之间，水位变幅在 0.96~10.92m 之间。水位变化主要受降雨影响，最高水位多发生在每年 6 月，最低水位多发生在每年 2 月，水位孔总体变化趋势较稳定。

8.6　排水廊道

8.6.1　监测仪器布置

右岸地下引水发电系统在第一层至第四层排水廊道共布置了 85 支测压管、10 套量水堰。

8.6.2　测压管

各层排水廊道测压管水位自安装之日起基本保持稳定。第一层排水廊道折算水位在 303.758~334.36m 之间，第二层排水廊道折算水位在 291.605~316.016m 之间，第三层排水廊道折算水位在 254.966~273.764m 之间，第四层排水廊道折算水位在 228.699~236.462m 之间。第四层排水廊道典型测压管折算水位－时间曲线见图 8.6－1。

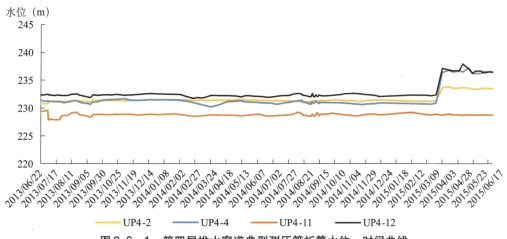

图 8.6－1　第四层排水廊道典型测压管折算水位－时间曲线

8.6.3　量水堰

目前仅第三、四层排水廊道量水堰过水，最大渗流量不超过 500L/min，当前第三、四层渗流量分别为 118.884L/min、234.047L/min。第三、四层排水廊道渗流量－时间曲线见图 8.6－2。

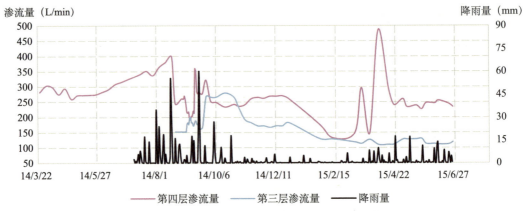

图 8.6-2　第三、四层排水廊道渗流量-时间曲线

8.7　小结

（1）引水隧洞监测成果主要受流道工况影响，在充水试验、放空检修等工况下各监测数据均有所变化，且较好地反映结构的工作性态，除下平段渗压计变化稍大外，其余监测仪器变化均不大。高程354m蓄水时引水隧洞下平段（帷幕后）左、右侧2支渗压计出现压差较大现象，2014年初对该部位进行补强灌浆后，左、右侧渗压计监测成果基本一致，帷幕后折算水位较帷幕前有较大折减。

（2）主厂房顶拱及边墙监测成果主要受前期施工影响波动较明显，与开挖进度呈较好的相关性，后逐渐趋于稳定。历次蓄水期间及蓄水运行初期，主厂房围岩变形、锚杆应力、锚索荷载等监测数据变化较小，监测成果较平稳。

（3）主厂房岩锚梁前期施工时发现局部裂缝，经处理后测缝计缝开合度呈稳定状态，试验及正常工况下岩锚梁各监测项目数据变化均较小，岩锚梁结构性态良好。

（4）尾水系统锚杆应力、钢筋桩钢筋应力等受尾水充水影响监测成果变化较大，充水结束后，监测数据变化平稳。

（5）排水廊道测压管折算水位呈较稳定趋势，第一层～第三层排水廊道基本无水，第四层排水廊道渗流量较小。

（6）进、出水口边坡经过多年监测基本处于稳定状态，外部、深部变形测点变形量不大，结构支护应力在正常范围之内，地下水位变化主要受降雨影响。

综上所述，向家坝水电站右岸引水发电系统各洞室及边坡等建筑物工作性态正常。

第9章 有毒有害气体防治

目前尚没有专门针对水电站地下洞室施工的瓦斯隧道技术规范，对瓦斯隧道进行瓦斯等级鉴定和防治的标准有 TB 10120—2002《铁路瓦斯隧道技术规范》和《煤矿安全规程》（2007 年版）。向家坝水电站地下洞室以此为参考，结合现场实际，首次对水电站地下洞室瓦斯等级进行了鉴定，并采取科学的大型洞室群低瓦斯安全控制技术，有效防止了瓦斯安全事故发生，完善了特大型洞室群低瓦斯安全控制技术理论。

向家坝水电站有毒有害气体防治工作分施工期和运行期两部分。施工期主要采用瓦斯检测安全监控、通风、防治异常瓦斯涌出等安全技术管理手段；运行期主要采用衬砌支护结构措施、设施设备防爆措施、洞室和廊道通风措施、在线监测措施和管理措施等。

9.1 有毒有害气体来源及危害性评价

9.1.1 有毒有害气体来源

右岸地下电站洞室群主要由主厂房、主变洞、引水洞、尾水洞、帷幕灌浆廊道、排水廊道和进厂交通洞，以及 2 号、4 号、5 号、6 号施工支洞、排沙洞等组成。

右岸地下电站洞室群位于岩层 T_3^{2-6} 亚组，岩性以砂岩为主，只夹有几层厚度 1~2m 的泥质岩石，仅局部含细小的煤线或少量鸡窝状不规则的煤团。这样的岩层瓦斯气含量一般很低，局部分布的煤线或小型煤团块积聚的瓦斯量也非常有限。含薄煤层（单层煤的厚度小于 30cm）的 T_3^3 岩组位于洞室的上部，与洞室顶拱相距 48m 以上，该岩组内分布的薄煤层普遍被非正规开采，主平硐深度一般为 500~600m，个别达到 1000 多米，采空区高度 60~80cm。据调查访问，当地采煤过程中从未发生过瓦斯爆炸事故，说明该岩组中瓦斯含量较低。并且采煤使得 T_3^3 岩组中蕴藏的煤瓦斯已大部分释放，残存的蕴藏量有限。加之右岸地下洞室区没有延伸长度上百米的较大断层发育，不会导致 T_3^3 层位的煤瓦斯沿断层带集中从洞室涌出。虽然 T_3^{2-6} 亚组中少数几层含炭质的泥质岩局部可能含有瓦斯气体，但其厚度较小，从洞室施工期间揭露的情况看，仅局部含煤线或煤层透镜体，施工过程中遇到煤层或煤层透镜体时有少量的瓦斯涌出，其成分主要是瓦斯。

在电站运行期间，洞室施工已结束，不会揭露新的煤线或煤层透镜体，灌浆廊道的灌浆孔已灌浆封闭，即使灌浆孔施工中穿过煤线或煤层透镜体，也不会有瓦斯从灌浆孔涌出。

排水廊道中的排水孔深入到基岩内，在电站运行期间，围岩内的压力水通过排水孔排至排水廊道，围岩裂隙中含的游离瓦斯和围岩中煤线或煤层透镜体的瓦斯通过排水泄漏到排水廊道。

9.1.2 有毒有害气体危害性评价

9.1.2.1 瓦斯气体危害性评价

在向家坝水电站施工及运行期间，地下洞室和廊道会通过排水孔涌出瓦斯，成分主要为瓦斯和硫化氢，在不通风或通风不良的情况下，涌出的瓦斯会积聚在洞室的顶部，硫化氢积聚在洞室的底部，形成局部瓦斯积聚。

1. 瓦斯对人体的危害

瓦斯无色、无味、无毒，对空气的比重为 0.544，比空气轻，易积聚于洞室内的上部。瓦斯没有毒，但不能供人呼吸。如果瓦斯在空气中的含量大，就会降低空气中的氧含量，人员呼吸后会因缺氧而发生窒息事故。

2. 瓦斯爆炸危害

瓦斯具有燃烧性和爆炸性，在瓦斯浓度为 5% ~16% 时遇火源、有氧气时会发生爆炸，16% 以上时遇火源、有氧气时会发生燃烧。在新鲜空气中，当瓦斯浓度达到 9.5% 时，混合气体中的瓦斯和氧气就会全部参加反应，这时化学反应最完全，产生的温度和压力也最大。瓦斯在新鲜空气中的爆炸下限为 5% ~8%，上限为 14% ~16%，爆炸浓度界限为 5% ~16%。瓦斯爆炸界限并不是固定不变的，当受到一定因素影响时（如混有其他可燃气体），爆炸界限会相应缩小或扩大。且发生最初着火（爆炸）的瓦斯浓度会因火源不同而异，瓦斯最初爆炸浓度见表 9.1-1。

表 9.1-1 瓦斯最初爆炸浓度表

着火源	爆炸下限（%）	最佳爆炸浓度（%）	爆炸上限（%）
正常条件下弱火源	5	6.5 ~8.5	15
强火源	2	8.5 ~10	75

瓦斯爆炸后产生高温高压，促使爆炸源附近的气体以极大的速度向外冲击，造成人员伤亡，破坏洞室和设备设施。另外，爆炸后生成大量的有害气体，会造成人员中毒死亡。

9.1.2.2 硫化氢气体危害性评价

1. 硫化氢对人体的危害

硫化氢是一种无色、有臭鸡蛋气味的气体，剧毒，可溶于水，$1m^3$ 的水可溶解 2.6m^3 硫化氢，密度 1.438kg/m^3，对空气的相对密度为 1.177，比重较重，易在洞室内的低洼处积聚，并且能在较低处扩散至相当远的地方，遇明火迅速引着回燃。

按照 GB 5044—85《职业性接触毒物危害程度分级》标准，硫化氢属Ⅱ级（高度危害）毒物，根据 GBZ 2.1—2007《工作场所有害因素职业接触限值 化学有害因素》规定，工作场所空气中硫化氢的最高容许浓度为 10mg/m^3。硫化氢主要经呼吸道进入人体内，在血液内可与血红蛋白结合为硫血红蛋白。一部分游离的硫化氢经肺排出，一部分被氧化为无毒的硫酸盐和硫代硫酸盐，随尿排出。硫化氢遇到潮湿的黏膜迅速溶解，并与体液中的钠离子结合成碱性的硫化钠，对黏膜和组织产生刺激和腐蚀作用。进入人体内的硫化氢如未及时被氧化解毒，就会与氧化型细胞色素氧化酶中的二硫键或三价铁结合，使之失去传递电子的能力，造成组织细胞内窒息，其中神经系统最为敏感。

不同浓度硫化氢对人体的危害见表 9.1-2。

表 9.1-2　不同浓度硫化氢对人体的危害

浓度		接触时间	毒性反应
（‰）	（mL/m³）		
3×10^{-3}	4.5	—	有较强的臭鸡蛋味
5×10^{-3}	7.5	—	臭味引起不适
0.01	15	—	刺激眼睛
0.01~0.015	15~22.5	6h	眼睛会发生炎症
0.02~0.03	30~45	—	强烈刺激黏膜
0.03~0.04	45~60	—	臭味强烈，仍能忍受，是引起症状的界限浓度
0.05	75	1h 以上	眼角膜和结膜组织炎症，眼痛，流泪畏光
0.05~0.1	75~150	长时期	刺激呼吸道，易引起眼结膜炎、肺水肿
0.07~0.15	105~225	1~2h	呼吸道和眼受刺激，吸 2~3min 后不再闻到臭味
0.1~0.2	150~300	15min	嗅觉麻痹，闻不到臭味
0.2	300	长时间	引起中毒症状
0.2~0.3	300~450	1h	可引起亚急性中毒
0.3	450	5~8min	鼻、咽喉的黏膜灼热性疼痛，可感受 30min，时间稍长引起肺水肿
0.25~0.35	375~525	4~8h	有生命危险
0.35~0.4	525~600	14h	有生命危险
0.5	750	15~30min	亚急性中毒
0.6	900	30min	引起致命的急性中毒
0.6667	1000	数秒钟	很快出现急性中毒，呼吸加快，麻痹死亡
0.7~0.8	1050~1200	30min	死亡
0.933	1400	数秒钟	昏迷、呼吸麻痹、死亡
1.0~1.5	1500~2250	立即	死亡

2. 硫化氢对设施设备的危害

硫化氢为弱酸性气体，空气中的硫化氢会对洞室内的金属材质设备、设施造成表面腐蚀，对设备、设施造成损伤甚至损坏，对非金属材料则具有老化作用。《煤矿安全规程》规定，空气中硫化氢浓度不得超过 0.00066%。

（1）对金属材料的腐蚀危害。

金属材料遭受硫化氢腐蚀时，其腐蚀破坏形式是多种多样的，包括全面腐蚀、坑蚀、氢鼓泡、氢诱发阶梯裂纹、氢脆及硫化物应力腐蚀破坏等。

硫化氢对设备的腐蚀作用受到环境、使用条件和材料的影响。环境因素包括硫化氢浓度、pH 值、温度和共存物质。环境中含有一定量以上的硫化氢和水分并且水或凝缩物的 pH 值偏酸性是金属材料发生破裂的必要条件。硫化氢浓度越高，就越容易发生破裂。pH 值越低，越容易破裂；pH 值呈中性或碱性就难以破裂。温度在室温附近时容易破裂，在 65℃ 以上时难以破裂。

为了防止硫化氢应力腐蚀破裂，必须采用适当的热处理以减轻残余应力，同时也必须避免应力集中的缺陷和切口。

在材质影响因素方面，包括强度、组织和合金元素。强度越高，对硫化氢腐蚀破裂的敏感性越高，越容易破裂。氢脆破坏很大程度上受非金属夹杂物和成分元素偏析的影响。

（2）对非金属材料的老化危害。

硫化氢还能加速非金属材料的老化。一些设施设备中的非金属材料制作的密封件在硫化氢环境中使用一定时间后，橡胶会产生鼓泡胀大，失去弹性而导致密封件失效。

9.2　有毒有害气体检测及等级鉴定

9.2.1　瓦斯鉴定依据

目前，国内暂无针对水电站地下洞室和廊道瓦斯等级鉴定的标准规范。向家坝水电站属隧道施工类型，与铁路隧道相比，除用途不同、开挖断面有差异外，施工方法及施工安全问题基本类似，因此主要借鉴《铁路瓦斯隧道技术规范》对向家坝水电站地下洞室和廊道系统进行瓦斯等级鉴定，同时参考《矿井瓦斯等级鉴定规范》《煤矿安全规程》等有关规定。

当瓦斯涌出量为 0 时鉴定为无瓦斯隧道，瓦斯涌出量小于 0.5m³/min 鉴定为低瓦斯隧道，瓦斯涌出量大于或等于 0.5m³/min 鉴定为高瓦斯隧道。

对有相互联系的洞室群，其瓦斯等级按该洞室群中检测到的最高瓦斯涌出量来确定瓦斯等级：当洞室群中一处有瓦斯涌出且瓦斯涌出量小于 0.5m³/min 时，则该洞室群即确定为低瓦斯隧道；若洞室群中一处有瓦斯涌出且瓦斯涌出量大于或等于 0.5m³/min，则该洞室群即确定为高瓦斯隧道。

9.2.2　有毒有害气体检测方法

由于瓦斯隧道的鉴定方法在 TB 10120—2002《铁路瓦斯隧道技术规范》中没有明确规定，借鉴煤矿瓦斯等级鉴定的方法，确定向家坝水电站主厂房、主变洞及进厂交通洞等各洞室瓦斯等级鉴定方法为：在隧道正常施工的情况下，选择 4～5d 的时间进行通风瓦斯的现场测定，每天分早、中、晚三班进行测定。

1. 风流瓦斯浓度测定

风流瓦斯浓度及风量测定在隧道内选择三个断面进行，三个断面分别位于洞口往里 10m 处、洞口往里 100m 处及工作面处。每个测定断面设 3 个测点（见图 9.2 - 1），分别位于隧道拱顶 a、右拱肩 b、左拱肩 c，每班每个点测定三次，取其平均值。断面各测点风流瓦斯浓度的平均值作为该班该断面的风流瓦斯浓度测定结果。

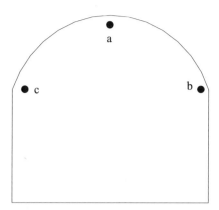

图 9.2 - 1　风流瓦斯浓度检测点布置图

2. 风量测定

对于风量测定，考虑到所测隧洞断面较大，风速测定不可能采用全断面线路法，故采用随机取点法，即在所测隧洞中随机选取不同的点进行风速的测量，取平均值为该班该断面风速。具体操作时在测量风量时随机选取了 5 个不同的点进行测量，且对每个点的风速测量三次，取平均风速计算风量。

3. 测定仪器

风流瓦斯浓度测定采用 CJG10 型光干涉式甲烷测定器，其测量范围为 0% ~ 10%，在甲烷浓度不超过 1% 时基本误差为 0.02%。采用 CFD - 5 及 CFD - 25 型风表测定风速。

4. 数据处理

某班某断面的瓦斯涌出量 Q_W 按以下公式计算：

$$Q_W = \frac{60(V_1 + V_2 + V_3 + \cdots + V_n)S}{n} \times \frac{P_1 + P_2 + P_3}{3}$$

式中　Q_W——当班通过该断面的瓦斯涌出量，m^3/min；

　　　S——该断面有效面积，即隧道断面减去风筒及测定人员所占面积，m^2；

　　　V_1、V_2、$\cdots$、V_n——当班该断面各次测点测定的平均风速，m/min；

　　　P_1、P_2、P_3——当班该断面各测点测定的平均瓦斯浓度。

9.2.3　施工期风量测定及风流瓦斯浓度检测结果

根据现场施工情况，对主厂房、主变洞、进厂交通洞、4 号施工支洞、灌排廊道等各隧洞测定瓦斯浓度和风量，并计算出相应的瓦斯涌出量，部分结果见表 9.2 - 1。

表 9.2 - 1　瓦斯浓度及风量测定数据

隧道名称	测量位置	测定时间	2007 年 3 月 2 日								瓦斯涌出量（m^3/min）	备注
			实测瓦斯浓度（%）				风量（m^3/min）					
			第一次	第二次	第三次	平均	第一次	第二次	第三次	平均		
主厂房	进厂25m	06:30	0.03	0.03	0.03	0.03	560	572	556	563	0.169	主变洞与主厂房会合处

隧道名称	测量位置	测定时间	2007 年 3 月 2 日								瓦斯涌出量（m³/min）	备注
			实测瓦斯浓度（%）				风量（m³/min）					
			第一次	第二次	第三次	平均	第一次	第二次	第三次	平均		
主厂房	进厂 100m	06：50	0.02	0.02	0.02	0.02	540	565	545	550	0.11	
主厂房	工作面	07：00	0.01	0.03	0.02	0.02	520	525	515	520	0.104	
主变洞	进洞 100m	07：10	0.01	0.02	0.02	0.02	505	496	481	494	0.098	
主变洞	工作面	07：20	0.03	0.03	0.03	0.03	489	477	462	476	0.133	
进厂交通洞	进洞 25m	07：40	0.03	0.02	0.04	0.03	894	895	881	890	0.267	有一分支洞
进厂交通洞	进洞 150m	07：50	0.02	0.02	0.02	0.02	530	512	525	523	0.105	有一分支洞
进厂交通洞	工作面	08：10	0.02	0.02	0.02	0.02	520	513	500	511	0.088	
灌排廊道	进洞 25m	08：30	0.03	0.03	0.03	0.03	305	220	205	210	0.061	
灌排廊道	进洞 150m	08：40	0.03	0.03	0.03	0.03	180	190	180	184	0.059	
灌排廊道	工作面	08：50	0.03	0.03	0.03	0.03	175	170	174	173	0.056	
主厂房	进厂 25m	15：30	0.03	0.03	0.03	0.03	565	577	561	565	0.171	主变洞与主厂房会合处
主厂房	进厂 100m	15：50	0.02	0.02	0.02	0.02	555	535	545	545	0.109	
主厂房	工作面	16：00	0.02	0.02	0.02	0.02	525	515	520	520	0.104	
主变洞	进洞 100m	16：10	0.02	0.02	0.02	0.02	505	495	483	494	0.099	
主变洞	工作面	16：20	0.03	0.03	0.03	0.03	490	470	469	476	0.132	
进厂交通洞	进洞 25m	16：40	0.03	0.03	0.03	0.03	899	885	883	889	0.266	有一分支洞
进厂交通洞	进洞 150m	16：50	0.02	0.02	0.02	0.02	525	515	525	523	0.105	有一分支洞
进厂交通洞	工作面	17：10	0.02	0.02	0.02	0.02	520	516	500	512	0.090	
灌排廊道	进洞 25m	17：30	0.03	0.03	0.03	0.03	220	230	220	224	0.098	
灌排廊道	进洞 100m	17：40	0.03	0.03	0.03	0.03	205	210	200	205	0.061	

续表

隧道名称	测量位置	测定时间	2007 年 3 月 2 日								瓦斯涌出量（m³/min）	备注
			实测瓦斯浓度（%）				风量（m³/min）					
			第一次	第二次	第三次	平均	第一次	第二次	第三次	平均		
灌排廊道	工作面	17：50	0.03	0.03	0.03	0.03	195	190	192	193	0.059	
主厂房	进厂25m	22：30	0.03	0.03	0.03	0.03	565	567	552	561	0.168	主变洞与主厂房会合处
主厂房	进厂100m	22：50	0.02	0.02	0.02	0.02	550	555	545	550	0.11	
主厂房	工作面	23：00	0.01	0.03	0.02	0.02	520	525	510	517	0.101	
主变洞	进洞100m	23：10	0.02	0.02	0.02	0.02	504	493	484	494	0.099	
主变洞	工作面	23：20	0.03	0.03	0.03	0.03	489	487	462	480	0.136	
进厂交通洞	进洞25m	23：40	0.03	0.02	0.04	0.03	892	897	884	891	0.269	有一分支洞
进厂交通洞	进洞150m	23：50	0.02	0.02	0.02	0.02	530	512	523	522	0.103	有一分支洞
进厂交通洞	工作面	24：00	0.02	0.02	0.02	0.02	523	510	500	511	0.088	

风机	主厂房风机			进厂交通洞右风机			进厂交通洞左风机		
吸风口风量	第一次	第二次	第三次	第一次	第二次	第三次	第一次	第二次	第三次
	1310	1220	1270	1230	1250	1140	1220	1250	1270
出风口风量	第一次	第二次	第三次	第一次	第二次	第三次	第一次	第二次	第三次
	1280	1180	1230	1190	1210	1090	1170	1220	1230

隧道名称	测量位置	测定时间	2007 年 3 月 3 日								瓦斯涌出量（m³/min）	备注
			实测瓦斯浓度（%）				风量（m³/min）					
			第一次	第二次	第三次	平均	第一次	第二次	第三次	平均		
主厂房	进厂25m	06：20	0.03	0.03	0.03	0.03	550	562	546	563	0.165	主变洞与主厂房会合处
主厂房	进厂100m	06：40	0.02	0.02	0.02	0.02	530	555	535	540	0.109	
主厂房	工作面	06：50	0.02	0.02	0.02	0.02	520	515	515	517	0.101	
主变洞	进洞100m	07：10	0.01	0.02	0.02	0.02	505	492	487	494	0.099	
主变洞	工作面	07：10	0.03	0.03	0.03	0.03	489	475	464	476	0.133	
进厂交通洞	进洞25m	07：30	0.03	0.02	0.04	0.03	892	895	881	889	0.266	有一分支洞

隧道名称	测量位置	测定时间	2007 年 3 月 3 日								瓦斯涌出量（m³/min）	备注
			实测瓦斯浓度（%）				风量（m³/min）					
			第一次	第二次	第三次	平均	第一次	第二次	第三次	平均		
进厂交通洞	进洞150m	07：40	0.02	0.02	0.02	0.02	530	512	522	522	0.104	有一分支洞
进厂交通洞	工作面	08：00	0.02	0.02	0.02	0.02	510	511	500	507	0.085	
主厂房	进厂25m（炮后5分钟）	15：30	0.06	0.07	0.06	0.064	556	572	556	562	0.360	主变洞与主厂房会合处
主厂房	进厂100m（炮后15分钟）	15：40	0.05	0.06	0.06	0.058	540	562	545	549	0.319	
主厂房	工作面（炮后20分钟）	15：50	0.05	0.05	0.06	0.054	520	525	515	520	0.260	
主变洞	进洞100m	16：00	0.01	0.02	0.02	0.02	505	493	481	493	0.098	
主变洞	工作面	16：10	0.03	0.02	0.03	0.03	489	487	462	477	0.135	
进厂交通洞	进洞25m	16：30	0.03	0.02	0.04	0.03	894	894	887	892	0.271	有一分支洞
进厂交通洞	进洞150m	16：40	0.02	0.02	0.02	0.02	530	512	522	522	0.105	有一分支洞
进厂交通洞	工作面	17：00	0.02	0.02	0.02	0.02	520	513	510	515	0.090	
灌排廊道	进洞25m	17：10	0.04	0.04	0.04	0.04	201	220	210	210	0.083	
灌排廊道	进洞100m	17：20	0.04	0.04	0.04	0.04	190	188	180	188	0.086	
灌排廊道	工作面	17：30	0.03	0.04	0.04	0.04	185	180	184	183	0.082	
主厂房	进厂25m	22：30	0.03	0.03	0.03	0.03	560	562	556	560	0.166	主变洞与主厂房会合处

续表

隧道名称	测量位置	测定时间	2007 年 3 月 3 日								瓦斯涌出量 (m³/min)	备注
			实测瓦斯浓度（%）				风量（m³/min）					
			第一次	第二次	第三次	平均	第一次	第二次	第三次	平均		
主厂房	进厂100m	22:40	0.02	0.02	0.02	0.02	540	562	545	549	0.11	
主厂房	工作面	22:50	0.01	0.03	0.02	0.02	520	525	515	520	0.104	
主变洞	进洞100m	23:00	0.01	0.02	0.02	0.02	505	486	481	490	0.094	
主变洞	工作面	23:10	0.03	0.02	0.03	0.03	481	477	462	474	0.130	
进厂交通洞	进洞25m	23:30	0.03	0.02	0.04	0.03	884	875	891	880	0.261	有一分支洞
进厂交通洞	进洞150m	23:50	0.02	0.02	0.02	0.02	530	512	521	522	0.104	有一分支洞
进厂交通洞	工作面	24:00	0.02	0.02	0.02	0.02	523	513	500	512	0.089	

风机	主厂房风机			进厂交通洞右风机			进厂交通洞左风机		
	第一次	第二次	第三次	第一次	第二次	第三次	第一次	第二次	第三次
吸风口风量	1210	1260	1250	1250	1260	1140	1280	1350	1170
出风口风量	1170	1220	1220	1210	1230	1080	1260	1260	1140

隧道名称	测量位置	测定时间	2007 年 3 月 5 日								瓦斯涌出量 (m³/min)	备注
			实测瓦斯浓度（%）				风量（m³/min）					
			第一次	第二次	第三次	平均	第一次	第二次	第三次	平均		
灌排廊道	进洞25m	06:00	0.05	0.05	0.05	0.05	210	205	200	205	0.103	
灌排廊道	进洞100m	06:10	0.05	0.05	0.05	0.05	190	190	190	190	0.09	
灌排廊道	工作面	06:20	0.05	0.05	0.05	0.05	185	180	184	183	0.082	
主厂房	进厂25m	06:30	0.03	0.03	0.03	0.03	560	572	557	564	0.167	主变洞室炮后5分钟
主厂房	进厂100m	06:50	0.02	0.02	0.02	0.02	550	560	545	553	0.114	
主厂房	工作面	07:00	0.01	0.03	0.02	0.02	510	520	515	515	0.101	
主变洞	进洞100m（炮后10分钟）	07:10	0.06	0.06	0.06	0.02	500	496	480	491	0.295	

隧道名称	测量位置	测定时间	2007 年 3 月 5 日								瓦斯涌出量（m³/min）	备注
			实测瓦斯浓度（%）				风量（m³/min）					
			第一次	第二次	第三次	平均	第一次	第二次	第三次	平均		
主变洞	工作面（炮后15分钟）	07:20	0.06	0.06	0.06	0.06	489	477	462	476	0.286	
进厂交通洞	进洞25m	07:40	0.03	0.02	0.04	0.03	894	899	881	891	0.269	有一分支洞
进厂交通洞	进洞150m	07:50	0.02	0.02	0.02	0.02	530	512	525	523	0.105	有一分支洞
进厂交通洞	工作面	08:10	0.02	0.02	0.02	0.02	525	513	500	512	0.089	
灌排廊道	进洞25m	15:00	0.05	0.05	0.05	0.05	212	203	209	208	0.104	
灌排廊道	进洞100m	15:10	0.05	0.05	0.05	0.05	196	193	190	192	0.096	
灌排廊道	工作面	15:20	0.05	0.05	0.05	0.05	188	186	184	185	0.091	
主厂房	进厂25m	15:30	0.03	0.03	0.03	0.03	560	576	556	565	0.171	主变洞与主厂房会合处
主厂房	进厂100m	15:50	0.02	0.02	0.02	0.02	540	565	545	550	0.11	
主厂房	工作面处	16:00	0.01	0.03	0.02	0.02	520	525	515	520	0.104	
主变洞	进洞100m	16:10	0.01	0.02	0.02	0.02	505	496	489	494	0.099	
主变洞	工作面	16:20	0.03	0.02	0.03	0.03	489	487	462	478	0.141	
进厂交通洞	进洞25m	16:40	0.03	0.02	0.04	0.03	894	875	887	890	0.259	有一分支洞
进厂交通洞	进洞150m	16:50	0.02	0.02	0.02	0.02	530	512	525	523	0.105	有一分支洞
进厂交通洞	工作面	17:10	0.02	0.02	0.02	0.02	520	513	500	511	0.088	
主厂房	进厂25m	22:30	0.03	0.03	0.03	0.03	560	572	556	563	0.169	主变洞与主厂房会合处
主厂房	进厂100m	22:50	0.02	0.02	0.02	0.02	530	565	545	549	0.109	
主厂房	工作面	23:00	0.01	0.03	0.02	0.02	520	525	515	520	0.104	

续表

隧道名称	测量位置	测定时间	2007 年 3 月 5 日								瓦斯涌出量（m³/min）	备注
			实测瓦斯浓度（%）				风量（m³/min）					
			第一次	第二次	第三次	平均	第一次	第二次	第三次	平均		
主变洞	进洞100m	23:10	0.01	0.02	0.02	0.02	509	498	487	496	0.102	
主变洞	工作面	23:20	0.03	0.02	0.03	0.03	479	467	462	472	0.13	
进厂交通洞	进洞25m	23:40	0.03	0.02	0.04	0.03	890	885	885	890	0.267	有一分支洞
进厂交通洞	进洞150m	23:50	0.02	0.02	0.02	0.02	530	512	520	523	0.102	有一分支洞
进厂交通洞	工作面	24:00	0.02	0.02	0.02	0.02	520	502	500	508	0.086	

风机	主厂房风机			进厂交通洞右风机			进厂交通洞左风机		
吸风口风量	第一次	第二次	第三次	第一次	第二次	第三次	第一次	第二次	第三次
	1310	1240	1250	1250	1260	1240	1180	1250	1270
出风口风量	第一次	第二次	第三次	第一次	第二次	第三次	第一次	第二次	第三次
	1260	1200	1210	1210	1220	1190	1160	1220	1230

隧道名称	测量位置	测定时间	2007 年 3 月 6 日								瓦斯涌出量（m³/min）	备注
			实测瓦斯浓度（%）				风量（m³/min）					
			第一次	第二次	第三次	平均	第一次	第二次	第三次	平均		
灌排廊道	进洞25m	06:00	0.06	0.06	0.06	0.06	206	203	203	204	0.122	
灌排廊道	进洞100m	06:10	0.06	0.06	0.06	0.06	193	192	197	194	0.118	
灌排廊道	工作面	06:20	0.06	0.06	0.06	0.06	187	187	189	186	0.115	
主厂房	进厂25m	06:40	0.03	0.03	0.03	0.03	560	572	556	563	0.169	主变洞与主厂房会合处
主厂房	进厂100m	06:50	0.02	0.02	0.02	0.02	540	565	545	550	0.11	
主厂房	工作面	07:00	0.01	0.03	0.02	0.02	520	525	515	520	0.104	
主变洞	进洞100m	07:10	0.01	0.02	0.02	0.02	505	496	489	496	0.106	
主变洞	工作面	07:20	0.03	0.02	0.03	0.03	489	477	465	477	0.135	
进厂交通洞	进洞25m	07:40	0.03	0.02	0.04	0.03	894	896	880	890	0.267	有一分支洞
进厂交通洞	进洞150m	07:50	0.02	0.02	0.02	0.02	536	512	525	524	0.109	有一分支洞

续表

隧道名称	测量位置	测定时间	2007 年 3 月 6 日								瓦斯涌出量（m³/min）	备注
			实测瓦斯浓度（%）				风量（m³/min）					
			第一次	第二次	第三次	平均	第一次	第二次	第三次	平均		
进厂交通洞	工作面	08:10	0.02	0.02	0.02	0.02	520	513	508	514	0.092	
灌排廊道	进洞25m	15:00	0.06	0.06	0.06	0.05	220	205	205	210	0.126	
灌排廊道	进洞100m	15:10	0.05	0.05	0.05	0.05	210	201	202	204	0.102	
灌排廊道	工作面	15:20	0.05	0.05	0.05	0.05	195	193	194	192	0.096	
主厂房	进厂25m	15:30	0.03	0.03	0.03	0.03	560	572	556	563	0.169	主变洞与主厂房会合处
主厂房	进厂100m	15:50	0.02	0.02	0.02	0.02	530	555	545	547	0.106	
主厂房	工作面处	16:00	0.01	0.03	0.02	0.02	525	525	518	523	0.109	
主变洞	进洞100m	16:10	0.01	0.02	0.02	0.02	503	490	480	493	0.097	
主变洞	工作面	16:20	0.03	0.02	0.03	0.03	486	467	462	474	0.129	
进厂交通洞（炮后5分钟）	进洞25m	16:40	0.04	0.04	0.04	0.03	899	895	887	894	0.358	有一分支洞
进厂交通洞（炮后15分钟）	进洞150m	16:50	0.04	0.05	0.04	0.044	535	522	525	528	0.233	有一分支洞
进厂交通洞（炮后15分钟）	工作面	17:10	0.05	0.04	0.04	0.044	517	512	500	512	0.229	
主厂房	进厂25m	22:30	0.03	0.03	0.03	0.03	560	572	556	563	0.169	主变洞与主厂房会合处
主厂房	进厂100m	22:50	0.02	0.02	0.02	0.02	540	565	545	550	0.107	
主厂房	工作面	23:00	0.01	0.03	0.02	0.02	520	525	515	520	0.104	

续表

隧道名称	测量位置	测定时间	2007 年 3 月 6 日								瓦斯涌出量（m³/min）	备注
			实测瓦斯浓度（%）				风量（m³/min）					
			第一次	第二次	第三次	平均	第一次	第二次	第三次	平均		
主变洞	进洞 100m	23：10	0.01	0.02	0.02	0.02	505	496	486	494	0.099	
主变洞	工作面	23：20	0.03	0.02	0.03	0.03	489	487	467	479	0.143	
进厂交通洞	进洞 25m	23：40	0.03	0.02	0.04	0.03	894	895	881	890	0.269	有一分支洞
进厂交通洞	进洞 150m	23：50	0.02	0.02	0.02	0.02	530	520	520	523	0.101	有一分支洞
进厂交通洞	工作面	24：00	0.02	0.02	0.02	0.02	523	514	502	512	0.089	

风机	主厂房风机			进厂交通洞右风机			进厂交通洞左风机		
吸风口风量	第一次	第二次	第三次	第一次	第二次	第三次	第一次	第二次	第三次
	1250	1270	1320	1250	1260	1240	1280	1270	1270
出风口风量	第一次	第二次	第三次	第一次	第二次	第三次	第一次	第二次	第三次
	1210	1230	1250	1090	1220	1190	1240	1230	1190

9.2.4　施工期瓦斯等级鉴定

根据向家坝地下洞室群各部位施工过程中的通风瓦斯检测结果，依照 TB 10120—2002《铁路瓦斯隧道技术规范》对各隧道进行瓦斯等级鉴定分类如下：

（1）主厂房最大瓦斯涌出量 $0.360m^3/min$，平均瓦斯涌出量 $0.128m^3/min$，因此主厂房施工工区为低瓦斯工区。

（2）主变洞最大瓦斯涌出量 $0.295m^3/min$，平均瓦斯涌出量 $0.116m^3/min$，因此主变洞施工工区为低瓦斯工区。

（3）进厂交通洞最大瓦斯涌出量 $0.358m^3/min$，平均瓦斯涌出量 $0.154m^3/min$，因此进厂交通洞施工工区为低瓦斯工区。

（4）根据前期施工瓦斯检测结果及现场测量得知，灌排廊道施工区域风流瓦斯浓度相对较高，一般风流瓦斯浓度都维持在 0.05% 以上，且在 2006 年 8 月 23 日当天炮后最大风流瓦斯浓度达 0.8%，随后又恢复到相对较低的水平。计算得出，2006 年 8 月 23 日当天炮后灌排廊道瓦斯涌出量为 $1.23m^3/min$。根据 2007 年 3 月 2 日—6 日灌排廊道正常施工期间及前期灌排廊道正常施工期间瓦斯及风量测定结果计算得出，灌排廊道最高瓦斯涌出量为 $0.416m^3/min$，平均瓦斯涌出量为 $0.119m^3/min$。综合分析确定灌排廊道施工工区为低瓦斯工区。

（5）第二层排水廊道施工工区在 2006 年 6 月—9 月平均瓦斯浓度相对较高，最高瓦斯涌出量为 $0.435m^3/min$，平均瓦斯涌出量为 $0.309m^3/min$，因此第二层排水廊道施工工区为低瓦斯工区。

（6）4 号施工支洞风流瓦斯浓度相对处于较低水平，计算得出，4 号施工支洞最大瓦斯涌出量为 $0.346m^3/min$，平均瓦斯涌出量为 $0.229m^3/min$，因此 4 号施工支洞施工工区为低瓦斯工区。

（7）第二层灌浆廊道分流瓦斯浓度相对处于较低水平，计算得出，第二层灌浆廊道最大瓦斯涌出量为 $0.327m^3/min$，平均瓦斯涌出量为 $0.213m^3/min$，因此第二层灌浆廊道施工工区为低瓦斯工区。

9.2.5　运行期瓦斯等级鉴定

向家坝地下洞室群开挖结束后，对洞内有毒有害气体进行了再次检测及鉴定。其中，2009年6月4日—12日，煤炭科学研究院（以下简称煤科院）在现场开展了检测工作；2011年4月26日—30日，中国安全生产科学研究院（以下简称安科院）在现场开展了检测工作。

9.2.5.1　检测方法

由于检测期间洞室未采用机械通风，无法通过测定回风风流中瓦斯浓度来计算洞室的瓦斯涌出量，只能采用全面检测的办法确定洞室内瓦斯浓度情况，对所有已竣工的地下洞室廊道，由外往里逐次进行，每10m选择一个检测断面。

根据有毒有害气体的密度特点，瓦斯浓度检测一般在洞室拱顶进行，在能够检测到的地点分左、中、右进行检测，取平均作为该断面的瓦斯浓度检测结果；硫化氢浓度检测在洞室下半断面分左、中、右进行，取平均作为该断面的硫化氢浓度检测结果；氧气、二氧化碳、一氧化碳与空气密度相近，在洞室的中部分左、中、右进行检测，取各自的平均作为该断面的检测结果。

所有检测仪器均经过专业检定机构检定，为合格检测仪器。主要检测仪器有 AZJ - 2000型瓦斯检测报警仪、CJG10 型便携式光干涉甲烷测定器、CLH100 型硫化氢检测报警仪、CST - T2101 - O$_2$ 型氧气检测报警仪、CST - T2101 - CO 型一氧化碳检测报警仪。

9.2.5.2　检测结果及分析

1. 煤科院检测结果

综合分析煤科院专业技术人员对已竣工地下洞室和廊道的检测结果，洞室内瓦斯浓度为0%~0.02%，硫化氢浓度为 0~1ppm，二氧化碳浓度为 0.03%~0.04%，一氧化碳浓度为0，氧气浓度为20.3%~21%。

在自然通风条件下，瓦斯、硫化氢检测出的浓度均在检测仪器的误差范围内，可以判定为0，二氧化碳浓度与大气中的浓度基本一致，洞室内无一氧化碳涌出；洞室内氧气含量超过20%。

2. 安科院检测结果

主要针对地下洞室和廊道的瓦斯进行检测，检测区域主要包括右岸地下厂房帷幕灌浆廊道、排水廊道和坝体廊道，检测结果见表9.2-2、表9.2-3。

表9.2-2　右岸地下厂房帷幕灌浆廊道

帷幕灌浆廊道	瓦斯含量（%）
第一层	0
第二层	0
第三层	0

表 9.2 - 3　右岸地下厂房排水廊道

排水廊道	瓦斯含量（%）
第一层	0
第二层	0
第三层	0.14
第四层	0.01

9.2.5.3　气样分析

2009 年 6 月 9 日分别在右岸地下厂房洞室群及帷幕灌浆廊道岩锚梁 1 和岩锚梁 2 采集气样，并采用 SP3400 气相色谱仪进行气体成分分析。检测结果表明：气样 1 中含瓦斯浓度为 0.05686%，一氧化碳浓度为 39.66ppm；气样 2 中一氧化碳浓度为 67.41ppm。两气样中二氧化碳浓度均为 0.064%，属正常范围。

采集气样时，为自然通风状态，内燃机车在洞内行驶，有人作业。根据勘察资料，右岸主厂房所处地层不含一氧化碳，从 2007 年施工期间检测结果看，洞室无一氧化碳涌出，因此，判断气样中一氧化碳为内燃机车排出的尾气。

在电站运行期不会有大量的内燃机车在洞内运行，且通风良好，洞室不会产生、聚积一氧化碳。

9.2.5.4　瓦斯等级鉴定

经鉴定，在向家坝水电站地下洞室和廊道运行期，右岸地下厂房洞室群及帷幕灌浆廊道为无瓦斯隧道，右岸地下厂房排水廊道为低瓦斯隧道。

9.3　施工期瓦斯防治技术

低瓦斯隧道中的瓦斯涌出量虽然不大，但由于隧道采用非防爆电气设备，若通风不良、风速太小可能出现风流瓦斯超限或局部瓦斯积聚，对安全施工构成隐患。因此，向家坝地下洞室在施工过程中实施了相应的瓦斯防治技术。

9.3.1　瓦斯检测安全监控

（1）建立由光学瓦斯检测仪（专职瓦斯检查员携带）、便携式瓦斯检测报警仪（管理人员、班组长、特殊作业人员及行走机械操作人员等携带）和安全监控系统构成的综合瓦斯监控体系，安全监控系统布置示意图见图 9.3 - 1。

（2）安全监控系统须具有甲烷断电仪和甲烷风电闭锁装置的全部功能；当主机或系统电缆发生故障时，系统须保证甲烷断电仪和甲烷风电闭锁装置的全部功能；当电网停电后，系统必须保证正常工作时间不小于 2h；系统必须具有防雷电保护；系统必须具有断电状态和馈电状态监测、报警、显示、存储和打印报表功能。

（3）专职瓦斯检查员必须实行三班跟班检查工作制。

（4）配备一定数量的 H_2S 检测报警仪（当浓度超过 18ppm 时自动报警），见图 9.3 - 2。施工过程中遇到 H_2S 时，立即撤离现场人员，对 H_2S 进行检测后采取相应措施。首先是要加

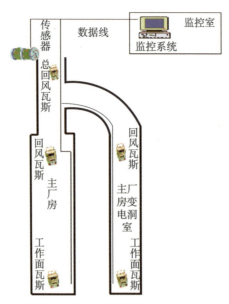

图9.3-1 主厂房及主变洞安全监控系统瓦斯浓度传感器布置示意图

强通风，然后可以通过喷洒石灰水降低 H_2S 的浓度，直至下降至对人体无害的浓度。

图9.3-2 有毒有害气体检测设备

9.3.2 钻爆作业

（1）瓦斯工区爆破作业必须按照煤矿爆破作业要求进行；对瓦斯涌出异常区必须采用湿式钻机；炮眼深度不应小于 0.6m，炮眼内岩粉、煤粉应清除干净；炮眼封泥不足或不严时不得进行爆破。

（2）瓦斯工区必须采用煤矿许用毫秒延期电雷管，且最后一段的延期时间不得大于130ms。爆破时严禁反向装药。采用正向连续装药时，雷管以外不得装药卷；岩层内爆破时，炮眼深度不足 0.9m 时，装药长度不得大于炮眼深度的 1/2；炮眼深度为 0.9m 以上时，装药长度不得大于炮眼深度的 2/3。含煤地层爆破时，装药长度不得大于炮眼深度的 1/2。所有炮眼的剩余部分应用炮泥封堵。炮泥应用水炮泥和黏土炮泥。水炮泥外剩余部分应用黏土炮泥填满封实。严禁用块状材料或其他可燃性材料做炮泥。

（3）在低瓦斯工区进行爆破作业时，爆破 15min 后应巡视爆破地点，检查通风、瓦斯、粉尘、瞎炮、残炮等情况，遇有危险必须立即处理。在瓦斯浓度小于 0.5%，解除警戒后，工作人员方可进入开挖工作面作业。

（4）贯彻执行"一炮三检制"（装药前、放炮前、放炮后检查瓦斯）和"三人连锁放炮责任制"。即放炮员将放炮警戒牌交给班长；班长安排好警戒，检查顶板支护情况后把放炮命令牌交给瓦检员；瓦检员检查放炮工作面的风流瓦斯后把放炮牌交给放炮员放炮；放炮以后三牌各归其主。

9.3.3   通风

（1）向家坝水电站地下洞室多，断面尺寸大，弯道多，且与外界连通的洞口较少，施工期间通风系统较复杂，施工中必须采用合理、可靠的通风方式，形成稳定可靠的通风系统，保证风量足风流稳定，并组织专业的通风队伍对通风系统进行管理，加强风量测定工作，及时排除通风中存在的安全隐患。

（2）根据不同瓦斯浓度制定相应措施。工区内任何地点、任何时刻的风流瓦斯浓度应不大于 0.3%；任何地点瓦斯浓度达到 0.3%～0.5% 时，应立即报警，找出原因，及时处理；瓦斯浓度达到或超过 0.5% 时，应在前后 20m 范围内立即停工，切断电气设备电源，查找原因并加强通风，观测浓度变化；瓦斯浓度达到或超过 0.5% 时，工作面至二次衬砌起点之间立即断电，停工撤人，如加强通风后浓度仍降不下来，则全工区停电撤人，改按高瓦斯工区管理，进行设备换装。

（3）瓦斯工区在施工期间，应实施连续通风。因检修、停电等原因停风时，必须撤出人员，切断电源。恢复通风前，必须检查瓦斯浓度。当停风区中瓦斯浓度不超过 0.5%，且压入式局部通风机及其开关地点附近 10m 以内风流中的瓦斯浓度不超过 0.5% 时方可人工开动风机。当停风区中瓦斯浓度超过 0.5% 时，必须制定排除瓦斯的安全措施，回风系统内必须停电撤人。只有经检查证实停风区中瓦斯浓度不超过 0.5% 时方可人工恢复停风隧洞中的电气设备的供电。

（4）隧洞内装有多台风机时，一定要注意避免风机同时开动时造成的风流短路。

（5）对于瓦斯工区，必须有一套同等性能的备用风机和电源，即双电源双风机，同时要求"三专两闭锁"（"三专"指风机专用开关、专用电源、专用电缆；"两闭锁"指风电闭锁、瓦斯电闭锁），且备用风机经常保持良好的备用状态。

9.3.4   防治异常瓦斯涌出

（1）对低瓦斯工区，若按《煤矿安全规程》管理，工作面机械设备必须使用防爆设备；若按《铁路瓦斯隧道技术规范》管理，可使用非防爆设备，但必须确保隧道整个施工过程中不得出现异常瓦斯涌出，以避免发生意外瓦斯事故。

（2）在低瓦斯工区施工过程中，必须高度重视因塌方可能造成的大量瓦斯快速涌出。根据围岩情况及前方可能遇到的瓦斯地质构造，支护应紧跟开挖工作面并需加强支护、调整爆破参数，保证不发生大面积塌方。

（3）做好超前预测预报工作，提前探明开挖面前方的地质构造、煤层情况、瓦斯赋存情况，做到"有疑必探，先探后掘"。避免出现异常瓦斯涌出而造成的瓦斯事故。

（4）建立健全各种规章制度，如特殊作业人员的岗位责任制，入洞检身及出入洞登记制度，瓦斯检测制度等。做到有令必行，有禁必止。施工人员及管理人员必须经过安全技术培训。特殊作业人员必须持证上岗，形成从上至下的全方位瓦斯防治管理体系，及时发现分析解决施工过程中的瓦斯问题。

9.3.5　安全技术管理

（1）低瓦斯隧道可划分为无瓦斯工区和低瓦斯工区，对无瓦斯工区，在保证正常通风的前提下，可采用普通的爆破器材、电气设备，但瓦斯检查必须按有关规程规定进行，安全监控系统必须保持正常工作状态，以便及时发现施工中的瓦斯涌出，一旦发现有瓦斯涌出，立即按瓦斯工区进行管理。低瓦斯工区施工时，在保证可靠的通风系统、瓦斯检测与监控、任一地点风流瓦斯浓度不超过 0.5% 的前提下，可采用普通电气设备，但爆破必须采用煤矿许用爆破器材。

隧道施工中瓦斯涌出量为 0 的工区为无瓦斯工区。考虑到实际可操作性，可采用以下办法进行工区等级的判别，即当施工中出现以下情况之一时，则工区升级为低瓦斯工区、高瓦斯工区或瓦斯突出工区：

① 超前钻探发现掌子面前方有煤层。

② 超前钻探时钻孔内有瓦斯涌出。

③ 打炮眼时发现炮眼内有瓦斯涌出。

④ 掌子面或后巷发现有裂隙瓦斯涌出。

⑤ 考虑到光干涉式甲烷测定器的测量精度，经光干涉式甲烷测定器检测发现隧道内有一处瓦斯浓度达到 0.1%。

（2）不排除隧道施工中遇煤线放炮后出现短时间瓦斯涌出量较大的可能。除加强超前探测及时发现开挖工作面前方的煤层情况、瓦斯涌出情况外，还应做到按《煤矿安全规程》进行爆破作业；风筒口距工作面距离不超过规定；放炮时装、运设备熄火；放炮时人员撤至洞外；放炮后至少 15min 后方可进入工作面检查瓦斯等。

（3）施工过程中，对于瓦斯涌出量较大的施工地段，如果风流瓦斯浓度超过了 0.2%，为减少隧洞施工过程中和运行期间的瓦斯涌出量和运行期间的瓦斯渗出量，可采用气密性混凝土进行衬砌，必要时需在衬砌内设置瓦斯隔离层。对于一般无明显瓦斯涌出地段可用一般混凝土进行衬砌。

9.4　运行期间的瓦斯防治技术

经研究，向家坝水电站地下洞室和廊道瓦斯防治采用如下措施有：地下洞室和廊道衬砌支护结构措施、设施设备防爆措施、洞室和廊道通风措施、在线监测措施、管理措施等。

9.4.1　结构支护措施

通过鉴定，向家坝水电站地下洞室和廊道为无瓦斯隧道或低瓦斯隧道。低瓦斯隧道的衬砌支护结构应有防瓦斯措施，一般有围岩注浆、喷射混凝土中掺气密剂、设置瓦斯隔离层、模筑混凝土中掺气密剂、模筑混凝土中掺钢纤维、施工缝气密处理等措施。根据向家坝水电站地下洞室和廊道埋置的深度、围岩级别、工程地质和水文地质条件、使用功能、瓦斯等级，按照水电站有关规范进行洞室支护设计，同时兼顾瓦斯的防治要求。

9.4.1.1 右岸地下厂房洞室群及帷幕灌浆廊道

右岸地下厂房洞室群包括引水隧洞、主厂房洞、主变洞、母线洞、电缆竖井、排烟竖井、右岸进厂交通洞、尾水隧洞等洞室。右岸地下厂房洞室群为无瓦斯隧道，主要结构措施见表9.4-1。

表9.4-1 右岸地下厂房洞室群主要衬砌结构

洞室名称	衬砌结构	其他
主厂房洞室	主厂房洞室高85.5m，其下部42.5m高度内全部采用喷混凝土和钢筋混凝土衬砌封闭，喷混凝土厚200mm，最小混凝土厚度2000mm；其上部43m采用喷混凝土200mm，挂钢筋网	运行期厂房设有排风系统
主变洞	全洞室喷混凝土150mm，挂钢筋网	运行期主变洞设有排风系统
母线洞	喷混凝土100mm，挂钢筋网，混凝土衬砌厚500mm，喷混凝土与混凝土衬砌之间有防水板。衬砌分缝之间设有止水	运行期母线洞设有排风系统
电缆竖井、排烟竖井	洞室全断面采用复合衬砌封闭，喷混凝土厚100mm，电缆竖井混凝土衬砌厚600mm，排烟竖井混凝土衬砌厚400mm。混凝土衬砌与喷混凝土之间设有防水板	
右岸进厂交通洞	洞室全断面采用复合衬砌封闭，喷混凝土厚100~120mm，钢筋混凝土衬砌厚400~500mm。衬砌混凝土和喷混凝土之间全断面布置复合防水板	

右岸地下厂房帷幕灌浆廊道以采用复合衬砌封闭为主，第一层帷幕廊道全断面喷C25混凝土50mm，Ⅳ、Ⅴ类围岩段按间排距1.5m×1.5m相间布置直径20mm、长度3m的锚杆，第二、三层帷幕廊道除全断面喷C25混凝土50mm，Ⅳ、Ⅴ类围岩洞段按间排距1.5m×1.5m相间布置直径20mm、长度3m的锚杆外，全断面采用钢筋混凝土衬砌，厚500~400mm。

9.4.1.2 右岸地下厂房排水廊道

右岸地下厂房排水廊道以喷混凝土封闭为主，排水廊道全断面喷C25混凝土50mm，Ⅳ、Ⅴ类围岩洞段按间排距1.5m×1.5m相间布置直径20mm、长度3m的锚杆。

9.4.2 设施设备措施

按《铁路瓦斯隧道技术规范》8.1.1条，在隧道内非瓦斯工区和低瓦斯工区的电气设备与作业机械可采用非防爆型。为了向家坝水电站运行期地下洞室和廊道安全可靠地运行，进一步提高安全性，低瓦斯隧道内电气设备参照《煤矿安全规程》第四百四十四条选用防爆电气设备，理由如下：

《铁路瓦斯隧道技术规范》对低瓦斯隧道施工期间采用普通电气设备的规定是出于经济和安全的综合考虑，而对于运行期间的低瓦斯隧道并未做出相应的规定。隧道施工工期一般为 1~3 年，若不穿过突出煤层，不在富集瓦斯地段发生大面积塌方，一般不会出现瓦斯异常涌出，正常通风即可将隧道内瓦斯浓度降到安全范围以下。为了保证安全，目前国内大多数施工单位在施工低瓦斯隧道时采用了防爆电气设备，施工机械安装了瓦斯监控系统，施工机械虽不能完全达到防爆的要求，但具备了隧道内瓦斯超限时自动熄火的功能。向家坝水电站运行是一个长期的过程，在电站运行期间，地下洞室和廊道的瓦斯涌出量总体呈衰减趋势，但要达到完全无瓦斯涌出，要经历相当长的一段时间。采用普通电气设备虽然在成本上有所节省，但对通风与瓦斯检测工作提出了更高的要求，一旦通风和防治瓦斯工作失误，就有可能造成事故，对电站运行安全造成巨大威胁。

右岸地下厂房洞室群及帷幕灌浆廊道为无瓦斯隧道，排水廊道为低瓦斯隧道，地下厂房洞室群内布置有水轮发电机组、主变压器等大型电气设备。尽管设计在右岸地下厂房洞室群，以及帷幕灌浆廊道与排水廊道连通处设置永久性防瓦斯密闭门，以防止排水廊道中的瓦斯气体进入无瓦斯的地下厂房洞室群及帷幕灌浆廊道。考虑到灌排廊道相互贯通，故按照低瓦斯隧道的标准布置永久照明（采用防潮、防爆灯具和开关）。灌排廊道内防爆灯见图 9.4 -1。

图 9.4 -1　灌排廊道内防爆灯

9.4.3　通风设计

为确保向家坝水电站运行期地下洞室和廊道安全，防止低瓦斯隧道、无瓦斯隧道产生瓦斯危害，发生安全事故，进行了地下洞室和廊道通风量、通风阻力计算，并就地下洞室和廊道的通风系统进行了总体设计。

9.4.3.1　通风系统总体设计

右岸地下厂房排水廊道为低瓦斯隧道，右岸地下厂房帷幕灌浆廊道为无瓦斯巷道，并且设计密闭门将帷幕灌浆廊道与排水廊道隔断，但在设计通风系统时，排水廊道的风流仍然需要经由帷幕灌浆廊道，同时考虑到密闭门的密封性随时间会出现下降，排水廊道内的瓦斯气体存在向帷幕灌浆廊道内泄漏的可能，因此仍然设计了帷幕灌浆廊道通风系统。通过通风竖井将一、二、三层帷幕灌浆廊道连接，同时利用各层排水廊道之间的联系，以及各层排水廊道与该层帷幕灌浆廊道的联系，对整个右岸地下厂房帷幕灌浆、排水廊道联合设立通风系统，见图 9.4 - 2。系统整体采用联合式通风，第一层排水廊道采用压入式通风，并分别在第一层帷幕灌浆廊道进入右岸 380m 混凝土系统平台以及第一层排水廊道的施工支洞设置通风机。

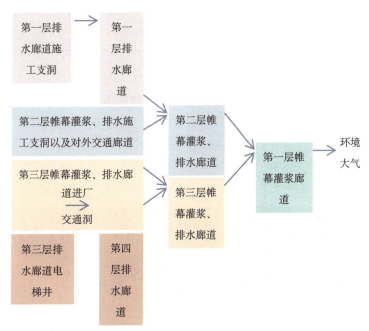

图 9.4 - 2　右岸地下厂房帷幕灌浆、排水廊道整体通风系统

右岸地下主厂房帷幕灌浆、排水廊道内存在一定数量的盲巷段，尤其是排水廊道为低瓦斯廊道，其他廊道也可能会因密闭门密封性的降低而存在少量的瓦斯气体，因此上述廊道内的盲巷段也会随着时间增加积聚起少量的瓦斯气体，需要对其进行通风改造。所有的盲巷段内均不应布置电气设备及设施，对于长度小于 10m 的盲巷段，不需要单独通风，但需要在盲巷段口设置警示标志，且人员进入时需携带便携式多参数测量仪，一旦仪器报警，则人员立即退出，并启动通风设备，同时临时架设通风机对盲巷段进行通风。对于长度大于 10m 的盲巷段，则需要在外侧巷道内布置引风挡板，使外侧巷道内的新鲜风流能够进入盲巷段，同时需要在盲巷段口设置警示标志，且人员进入时需携带便携式多参数测量仪，一旦仪器报警，则人员立即退出，并启动通风设备，同时临时架设通风机对盲巷段进行通风。

9.4.3.2　风机设计汇总及安装实施

1. 风机设计汇总

向家坝水电站地下洞室和廊道通风系统设计有多台风机，主要用于使地下洞室和廊道内的瓦斯气体得到及时稀释和扩散，防治瓦斯气体在廊道内的局部积聚。向家坝水电站运行期地下洞室和廊道通风系统的需风量、通风阻力、通风方式及风机类型见表 9.4 - 2。

表 9.4 - 2　通风系统设计汇总表

名称	需风量（m³/min）	通风阻力（Pa）	自然风压（Pa）	通风方式	风机类型	风机参数		
						功率（kW）	压头（Pa）	风量（m³/min）
右岸 1 号、2 号帷幕灌浆、排水廊道	1393	1.44	174.76	强制	FBCZ - 4 - №8	5.5	173 ~ 631	150 ~ 444
		14.8	-1539	强制	FBCZ - 6 - №13	22	208 ~ 761	420 ~ 1278
第四层排水廊道 3 号上坝电梯井	122.94	196.8	0	强制	FBCZ - 4 - №8	5.5	173 ~ 631	150 ~ 444

2. 风机安装实施

根据瓦斯鉴定结果可知，向家坝水电站地下洞室和廊道分为低瓦斯隧道和无瓦斯隧道，风机的安装和运行可以分阶段实施，即优先考虑在低瓦斯隧道中安装风机，再考虑在无瓦斯隧道中安装风机。但考虑到右岸地下厂房有变压器等大型带电设备，其通风系统运转对于防止出现瓦斯危害至关重要，因此对右岸地下厂房帷幕灌浆、排水廊道内的风机一次性安装、运行。灌排廊道内通风道见图 9.4 - 3。

图 9.4 - 3　灌排廊道内通风道

9.4.4　监测预警系统

9.4.4.1　在线监测预警系统总体设计

为保持地下洞室和廊道通风系统与瓦斯在线监测系统的整体性及一致性，简化监测数据的传输，方便监测数据的集中显示和进一步的分析处理，确定了向家坝水电站地下洞室和廊道瓦斯在线监测预警系统的总体设计方案。

瓦斯在线监测预警系统在物理上主要包括三个部分：

（1）包括瓦斯传感器、硫化氢传感器、风机开停传感器等设备在内的数据感知系统。

（2）包括传感基站、网络交换机及核心交换机和通信线缆等设备在内的数据采集及传输系统。

（3）包括监控计算机、数据处理软件在内的监控中心。

瓦斯在线监测预警系统在空间上主要设计一个独立的系统，即右岸地下主厂房帷幕灌浆、排水廊道瓦斯在线监测系统，具有相对独立的数据感知系统和数据采集及传输系统。虽然右岸地下厂房帷幕灌浆廊道为无瓦斯廊道，且与排水廊道之间设计有密闭门隔断，但考虑到瓦斯气体仍然有可能扩散进入帷幕灌浆廊道，因此在其内布置瓦斯传感器，使右岸地下主厂房帷幕灌浆、排水廊道整体形成瓦斯在线监测系统。

对于右岸地下主厂房帷幕灌浆、排水廊道，其内也存在一定数量的盲巷段，尤其是右岸地下主厂房排水廊道为低瓦斯廊道，其他廊道也可能会因密闭门密封性的降低而存在少量的瓦斯气体，因此上述廊道内的盲巷段也会随着时间增加积聚起少量的瓦斯气体，需要对其进行瓦斯监测。对于盲巷段的监测，主要采用离线监测手段即采用便携式多参数测量仪，在盲巷段口设置警示标志，人员进入时需携带便携式多参数测量仪，一旦仪器报警，则人员立即退出，并启动通风设备，同时临时架设通风机对盲巷段进行通风。

监控中心设置在右岸地下主厂房内。向家坝水电站地下洞室和廊道瓦斯在线监测预警系统总体设计见图 9.4-4。由图 9.4-4 可以看出，向家坝水电站运行期地下洞室和廊道瓦斯在线监测预警系统主要包括以下设备设施。

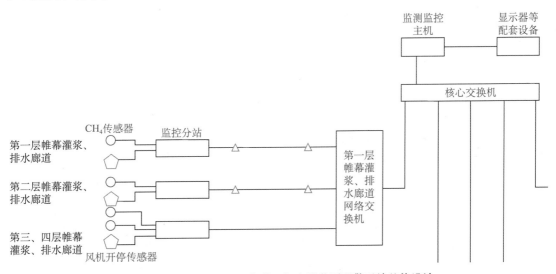

图 9.4-4　地下洞室和廊道瓦斯在线监测预警系统总体设计

①监控中心内的相关硬件设备及软件，包括核心交换机、监控主机及显示器等配套设备以及相应的数据处理软件。

②廊道内布置的设备，主要包括瓦斯传感器、硫化氢传感器及风机开停传感器等各类传感器、监控分站及网络交换机等。其中各类传感器的布置位置是瓦斯在线监测预警系统的重点，监控分站及网络交换机的布置则关系到整个系统的优化设计。

9.4.4.2 瓦斯在线监测预警系统设计

1. 廊道内设备布置及数据传输设计

由于监控中心设置在地下主厂房内，而第三层帷幕灌浆、排水廊道与地下主厂房的标高较为接近，因此该子系统的网络交换机布置在第三层帷幕灌浆、排水廊道中，其他三层帷幕灌浆、排水廊道的数据经布置在各层廊道内的传感器感知采集后由相应的线缆汇聚进入网络交换机。

对于第一层帷幕灌浆廊道，由于其只具有单一廊道，且同时根据通风系统的设计，该层廊道布置有风机，因此在廊道内布置有 CH_4 传感器和风机开停传感器。CH_4 传感器布置在廊道壁面上距顶部距离不大于 300mm 的位置，风机开停传感器则与风机相连（以下廊道同），同时在靠近 CH_4 传感器的位置布置监控分站，用于传感数据的输出和控制信号的传递。传感器之间通过四芯电缆 485 总线式传输，传感器与监控分站之间利用四芯电缆进行 485 总线式数据传输（以下廊道同），由于该层的监控分站直接接入右岸地下厂房帷幕灌浆、排水廊道瓦斯在线监测子系统的网络交换机，距离较远，因此监控分站和网络交换机之间采用两芯光缆进行数据传输，并在其之间安装一对光纤收发器用于光电信号的转换。

对于第一层排水廊道，分别在三条分支廊道内布置 CH_4 传感器，以监测各条廊道内的瓦斯含量，同时根据通风系统的设计，该层廊道布置有风机，因此在其廊道内布置风机开停传感器。考虑到各个传感器的布置位置，监控分站布置于第一层排水廊道与第二层排水廊道的联络道口。由于该层的监控分站需要通过第二层帷幕灌浆、排水廊道才可接入右岸地下厂房帷幕灌浆、排水廊道瓦斯在线监测子系统的网络交换机，距离较远，因此监控分站和网络交换机之间采用四芯光缆进行数据传输（其中两芯作为备用），并在其之间安装光纤收发器用于光电信号的转换。

对于第二层帷幕灌浆、排水廊道，根据通风系统的设计，分别在该层廊道进风流中设置 CH_4 传感器，同时在汇聚进入该层通风竖井的回风流廊道中设置 CH_4 传感器，见图 9.4 - 5。考虑到各个传感器的布置位置，监控分站布置于该层廊道的通风竖井附近。由于该层的监控分站需要通过通风竖井才可接入右岸地下厂房帷幕灌浆、排水廊道瓦斯在线监测子系统的网络交换机，距离较远，因此监控分站和网络交换机之间采用四芯光缆进行数据传输，并在其之间安装光纤收发器用于光电信号的转换。同时由于第一层排水廊道的监控分站与网络交换机的连接光缆需要经过第二层帷幕灌浆、排水廊道，因此在该层廊道还存在一路光缆布置。

对于第三层帷幕灌浆、排水廊道，根据通风系统的设计，分别在该层右侧廊道的进风流中设置 CH_4 传感器，由于右侧两条进风廊道的距离较短，因此不再单独设置传感器，而只在其汇聚进入该层通风竖井的回风流廊道中设置 CH_4 传感器。考虑到各个传感器的布置位置，监控分站布置于该层廊道的通风竖井附近，同时在其附近布置网络交换机。监控分站和网络交换机之间由于距离较近，因此同样采用四芯电缆进行数据传输，该层网络交换机与监控中心的核心交换机则利用四芯光缆进行数据传输。

对于第四层排水廊道，由于该层右侧廊道为一段距离较长的独头廊道，利用局部风机进行压入式通风，因此该独头廊道内布置 CH_4 传感器，并在其后的回风流廊道内布设传感器，以监测廊道内的瓦斯含量，同时根据通风系统的设计，该层廊道布置有风机，因此在其廊道内布置风机开停传感器。考虑到该层廊道传感器的个数及廊道的长度，该层廊道不再单独设

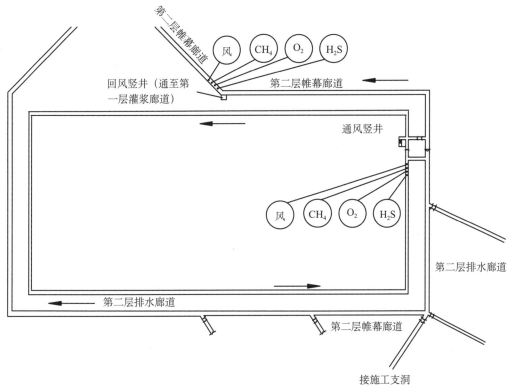

图 9.4-5　第二层帷幕灌浆、排水廊道瓦斯监控系统图

置监控分站，而所有的传感器直接通过通风或排水竖井接入第三层帷幕灌浆、排水廊道内的监控分站。

2. 监控中心设计方案

根据向家坝水电站运行期地下洞室和廊道瓦斯在线监测系统总体设计方案，监控中心设置在右岸地下主厂房内，主要的设计方案如下：

（1）在监控中心内布置 24 口的核心交换机，用于处理和分配各个瓦斯在线监测子系统网络交换机的传感器数据。

（2）监控中心内设置一台监控主机，配 UPS 电源，并在其中安装数据处理软件，该软件可由监控分站的生产厂家提供。

（3）配置 42 寸的液晶显示屏，用于监控数据的显示，同时还需配备打印机等配套设备。

9.4.4.3　廊道瓦斯在线监测预警系统设备清单

向家坝水电站运行期地下洞室和廊道瓦斯在线监测预警系统的主要监测内容为瓦斯气体及风机开停控制，涉及的主要设备有：CH_4 传感器，风机开停传感器，H_2S 传感器，监控分站，网络交换机，核心交换机，光纤收发器，监控主机，UPS 电源，液晶显示器，打印机等配套设备，光缆及通信电缆等。

右岸地下厂房帷幕灌浆、排水廊道瓦斯在线监测子系统共有 15 个 CH_4 传感器、15 个 H_2S 传感器、3 个风机开停传感器、5 台监控分站、6 个光纤收发器和 1 个网络交换机。

9.4.5　管理措施

在向家坝水电站运行期期间,针对地下洞室和廊道有毒有害气体防治工作,采取以下安全管理制度。

9.4.5.1　加强队伍建设,重视安全教育

将有毒有害气体防治作为电站运行管理重要任务之一,建立包括领导到具体工作人员的责任制,建立健全各项管理监督制度,购置设备仪器,实施标准化管理,严查安全管理工作质量,并按照相关规范和要求,配备专业的安全管理人员。

开展入职、日常和不定期的安全教育培训,对相关人员进行必要的有毒有害气体防治知识培训,提高防治瓦斯专用设备、仪器的使用和管理能力,掌握瓦斯等气体中毒的自救与互救技能。

作业人员应当经过资格取证培训、复训和安全承诺教育,取得作业资格证书后方可持证上岗操作。通过教育培训,使作业人员全面掌握瓦斯的危害、性质和特征,熟练掌握安全操作规程及有关管理规定,杜绝有章不循、违章作业现象。

9.4.5.2　加强劳动防护,重视职业性体检

按照相关规范和要求,配备劳动防护用品。教育作业人员熟练掌握其使用、维护及保管方法。使用前要确认其适用范围、质量和消毒灭菌情况,确保正确佩戴。使用中遇到故障要及时处理,使用后通知专业人员作检查,并进行清洁、消毒、充气等工作,以备后用。劳动防护用品的配置、管理、维护、使用等情况都应做好记录,列为交接班项目并落实到岗位责任制中。

对接触有毒有害气体的作业人员,应进行入职前体检和定期体检。有职业禁忌证的人员,不宜从事接触瓦斯等有毒有害气体的工作。定期体检,一旦发现有轻微职业病征兆的,应当立即调离相应的工作岗位。

9.4.5.3　合理设置安全警示标志

积累有毒有害气体监测数据,掌握地下洞室和廊道瓦斯涌出的变化规律,画出分布图,并在瓦斯有可能聚积的部位或区域设置安全警示牌。提醒非操作人员不得进入该危险区域,操作人员需要进入该区域时,必须佩戴劳动防护用品,配置便携式瓦斯检测仪。

9.4.5.4　加强机电设备管理,杜绝火源

严格执行设备定期查验、检测、维护、保养和检修制度,保证设备完好。

通过工艺防腐、设备材料升级等措施加强设备防腐工作。消除加工或装配过程中(焊接、热处理等)设备的残余应力,或在加工后进行有效的消除应力处理,使机电设备表面应力降低或松弛,提高抗应力腐蚀性能。应严格按工艺操作规程做好与防腐有关的指标测定工作,加强对设备高危部位的日常腐蚀监控和防护力度。

杜绝设备失爆,严禁使用国家明令淘汰的机电设备。洞室内拆迁、检修机电设备时要停电,不准带电作业。

严格制定和落实防明火、防电火花、防静电和防雷的必要措施。不允许任何人员携带烟草和点火物品进入洞室。严禁明火照明,严禁穿化纤衣服,必须穿戴防静电服装。安装必要的防雷和接地装置,杜绝一切火源。

9.4.5.5　规范通风管理制度

通风机必须按照设计的要求选型、安装，保证通风量达到设计要求。

通风机必须有专人管理，保证风机能够正常运行，风机出现故障时，应及时进行维修或更换，风机因故停止运转期间，应通过监控系统观察洞室内有毒有害气体浓度变化情况，禁止任何人员进入洞室内。

风机维修或更换恢复正常后，先观察监控系统反映的洞内有毒有害气体浓度检测结果，只有当瓦斯浓度低于 1% 时方可启动风机。瓦斯超过 1% 时，必须按《煤矿安全规程》制定专门的瓦斯排放措施进行排放。

所有通风设施（包括风门、调节风门、栅栏等）必须按设计进行施工，经过专业技术人员现场验收合格后，方可投入运行。运行期间，必须有专人定期检查、维护通风设施，保证通风设施完好。进入洞室的人员应经过专业培训，掌握洞室内通风设施的布置情况和使用方法，自觉爱护并正确使用洞内的通风设施。

在通风机及通风设施安装布置并验收合格后，应请有经验的专业技术人员组织测风工开展全面调风工作，保证洞室内风量符合设计要求。

在电站运行期间，应定期开展全面的风量测定工作并做好测量记录，当洞室内通风条件发生变化，导致通风系统发生较大变化时，必须由专业技术人员对通风系统重新进行调整。

9.4.5.6　规范瓦斯排放制度

因故造成隧道停风时，必须按瓦斯排放制度进行分级管理。

（1）停风区内瓦斯浓度不超过 1% 时，由监控室值班人员通知风机管理员开启风机，直接排放瓦斯。

（2）停风区内瓦斯浓度为 1%~3% 时，由瓦斯防治办公室编写专门排放瓦斯措施后组织实施。

（3）停风区内瓦斯浓度超过 3% 时，由瓦斯防治办公室编写专门排放瓦斯措施，报电厂总工程师审批后组织实施。

9.4.5.7　规范出入洞管理制度

（1）所有洞室门口均加锁进行管理。

（2）进入洞内人员必须说明进入理由，并经过瓦斯防治办公室同意后方可进入。

（3）进入洞内人员必须两人同行，持矿灯，携带氧气报警仪、瓦斯报警仪、硫化氢报警仪，发现报警，立即撤出，并向瓦斯防治办公室汇报。

（4）出洞后，及时向瓦斯防治责任部门或有关领导汇报情况。

9.4.5.8　专业电工操作规程

（1）不得带电检修、搬运电气设备（包括电缆）。检修或移动前，必须切断电源，用与电压相适应的电笔验电，检验无电后，再将导体对地完全放电（放电时必须事先检查巷道内有毒有害气体浓度，浓度超限时，不准放电，控制设备内部有放电装置的不在此限）。所有开关把手在切断电源后都应及时闭锁，并悬挂"有人工作，不准送电"警示牌，只有执行此项工作的人员才有权取下此牌并送电。工作人员必须持证上岗。

（2）非专职或非值班电气人员，不得擅自操作电气设备。操作高压电气设备主回路时必须穿绝缘鞋，戴绝缘手套，并有监护人员现场监护。

（3）井下电缆要有明显标志；电缆同电气设备的连接，必须用符合电气性能的矿用防爆设备；热补后的电缆，必须经浸水耐压试验，合格后方可使用；严禁井下电缆线路中出现"鸡爪子""羊尾巴"、明接头；电缆应悬挂整齐，并有一定高度，符合规定。

（4）不用的电缆应及时拆除、回收。

（5）更换支架时，必须保护电缆不受机械力破坏。

（6）送电和停电使用工作票制度，凡井下停电，检修必须有专人负责；执行工作许可制度，井下需全部停电检修，必须报矿调度室，在得到许可证后方准停电工作；执行工作监护制度，工作时必须两人以上，并有专人监护；执行送电制度，严格执行谁停电谁送电的原则。

（7）保证安全的技术措施：停电；验电；装接地线；挂标示牌。

（8）设备必须保持完好，不失爆。

（9）收尾工作：确保电气设备的完好；整理电缆；向班组长及接班人汇报设备运行、维护情况。

9.4.5.9　制订计划，保障资金投入

有毒有害气体防治责任人应做好防治瓦斯的资金计划，并纳入年度生产经营计划和财务预算。包括设备设施、劳动防护用品、实时监控系统配套部件、各种监测仪器和仪表、防腐防火材料和设备的配置、安装、维护、维修及保养，安全教育培训与作业人员体检，应急预案演练和有关应急物资配置、应急救援队伍训练等资金费用。并建立完善的监督制度，确保资金的投入与有效利用。

9.4.5.10　完善应急预案，加强应急演练

编制向家坝水电站运行期地下洞室和廊道瓦斯灾害应急预案，报上级部门审查后组织实施。完善应急救援队伍、装备、物资、技术等资源的配置和装备，增强预案的科学性和可操作性。加强与当地政府、有关部门的联系，对可能受到影响的周边群众进行宣传教育，提高应急能力。坚持预防为主、平战结合，搞好各种工况下的防瓦斯演习，并针对演练中发现的问题，及时进行总结，修订完善预案，提高应急处置能力。

9.4.5.11　完善事故管理和责任追究制度

全面落实安全生产责任制，建立健全事故报告制度，坚决杜绝漏报、谎报和瞒报行为；按照"四不放过"的原则对调查权限范围内的事故开展调查处理，对有关责任人进行责任追究；落实有关部门和地方人民政府做出的责任追究决定或建议；吸取教训，举一反三，认真整改。做好事故的防范工作，避免事故频繁或重复发生。